CÓMO VOLAR UN
CABALLO

KEVIN ASHTON

CÓMO VOLAR UN
CABALLO

OCEANO

Diseño de portada: Sergi Rucabado Rebés
Fotografía del autor: © The Hayes Brothers

CÓMO VOLAR UN CABALLO
La historia secreta de la creación, la invención y el descubrimiento

Título original: How to Fly a Horse.
    The Secret History of Creation, Invention and Discovery

© 2015, Kevin Ashton

 Traducción: Enrique Mercado

D. R. © 2016, Editorial Océano de México, S.A. de C.V.
Eugenio Sue 55, Col. Polanco Chapultepec
C.P. 11560, Miguel Hidalgo, Ciudad de México
Tel. (55) 9178 5100 • info@oceano.com.mx

Primera edición: 2016

ISBN: 978-607-735-886-2

Hecho en México / Made in Mexico

Para Sasha, Arlo y Theo

Un genio es aquel que más se parece a sí mismo.

THELONIOUS MONK

Haz tu mayor esfuerzo en ser tú. Eso es lo único que importa.

BILL MURRAY

ÍNDICE

EL MITO

En 1815, el *General Music Journal* de Alemania publicó una carta en la que Mozart describía su proceso creativo:

> Cuando soy, por así decirlo, completamente yo mismo, y estoy totalmente solo, y de buen humor, digamos viajando en un carruaje o paseando luego de una buena comida; o durante la noche, cuando no puedo dormir, es entonces cuando mis ideas fluyen mejor y con más abundancia. Todo esto enciende mi espíritu y, mientras nada me perturbe, mi tema se desenvuelve solo, se define y sistematiza, y el conjunto, aun si es largo, aparece completo y casi terminado en mi mente, de tal forma que puedo completarlo, como una bella pintura o una estatua hermosa, con sólo verlo. No oigo tampoco las partes en mi imaginación de manera sucesiva, sino que las escucho, por así decirlo, todas al mismo tiempo. Cuando procedo a escribir mis ideas, su registro en el papel es muy rápido, porque, como dije antes, todo está terminado ya, y rara vez difiere en el papel de lo que hubo en mi imaginación.[1]

En otras palabras, las grandes sinfonías, óperas y conciertos de Mozart se le presentaban completos cuando estaba solo y de buen humor. No necesitaba instrumentos para componer. Una vez que terminaba de imaginar sus obras maestras, lo único que le restaba era escribirlas.

Esta carta se ha utilizado en numerosas ocasiones para explicar la creación. Partes de ella aparecen en *The Mathematician's Mind*, libro escrito por Jacques Hadamard en 1945; en *Creativity: Selected Readings*, editado por Philip Vernon en 1976, y en el galardonado volumen de Roger Penrose, *The Emperor's New Mind* (1989), y se le menciona también en el best seller de Jonah Lehrer, *Imagine* (2012). Influyó en los poetas Pushkin y Goethe, y en el dramaturgo Peter Shaffer. Directa e indirectamente, contribuyó a dar forma a ideas muy extendidas sobre la creación.

Pero hay un problema. No fue escrita por Mozart. Es falsa. Así lo demostró el biógrafo de éste, Otto Jahn, en 1856, y así lo han confirmado desde entonces otros especialistas.

Las verdaderas cartas de Mozart —a su padre, su hermana y otras personas— revelan su auténtico proceso creativo.[2] Él era excepcionalmente talentoso, pero no componía por arte de magia. Bocetaba sus piezas, las corregía y, a veces, se estancaba. Le era imposible trabajar sin un piano o clavicordio. Dejaba de lado sus obras y volvía más tarde a ellas. Consideraba la teoría y el oficio mientras escribía; pensaba mucho en el ritmo, la melodía y la armonía. Aunque su talento y una vida de práctica le dieron rapidez y soltura, su trabajo era justamente eso: trabajo. Sus obras maestras no se le ocurrían completas en ininterrumpidos torrentes de imaginación, ni en ausencia de un instrumento, ni las escribía enteras e inmutables. Además de falsa, esa carta es un engaño.

Sobrevive porque apela a prejuicios románticos de la invención. Hay un mito sobre el surgimiento de algo nuevo. Los genios tienen momentos dramáticos de introspección en los que grandes cosas e ideas nacen completas. Los poemas se escriben en sueños. Las sinfonías se componen íntegras. La ciencia se consuma con gritos de *eureka*. Las empresas se forjan con un toque de magia. Algo no existe y, de pronto, ahí está. No vemos el camino que va de la nada a lo nuevo y quizá no queremos verlo. El arte tiene que ser magia difusa, no sudor y empeño. Carece de esplendor pensar que toda ecuación elegante, bella pintura y máquina imponente nace del esfuerzo y el error, de la progenie de los comienzos en falso y los fracasos; que cada creador es tan imperfecto, pequeño y mortal como el resto de nosotros. Resulta seductor concluir que las grandes innovaciones nos llegan de milagro, vía el genio. De ahí el mito.

Ese mito ha determinado nuestra idea de la creación desde que ésta empezó a ser objeto de examen. En las civilizaciones antiguas, la gente creía que las cosas se descubrían, no se creaban. Para ellas, todo había sido creado ya; compartían la perspectiva bromista de Carl Sagan sobre el tema: "Si quieres hacer un pay de manzana, antes debes inventar el universo". En la Edad Media la creación ya era posible, pero estaba reservada a la divinidad y a los dotados de inspiración divina. En el Renacimiento por fin se concibió a los seres humanos como capaces de crear, pero tenían que ser *grandes hombres*: Leonardo, Miguel Ángel, Botticelli y demás. Cuando el siglo XIX dio paso al XX, crear se volvió tema de indagación filosófica, y después psicológica. La pregunta era: "¿Qué hace a los grandes hombres?", y la respuesta tenía un residuo de intervención divina medieval. Gran parte del contenido del mito se añadió en esa época, en la que circularon anécdotas sobre genios y epifanías, entre ellas patrañas como la carta de Mozart. En 1926, Alfred North Whitehead sustantivó un verbo y dio nombre al mito: *creatividad*.[3]

El mito de la creatividad implica que pocos pueden ser creativos, todo creador venturoso experimentará dramáticos destellos de introspección y crear es más magia que trabajo. Son raros quienes tienen lo que se precisa, y para ellos la creación sucede fácilmente. Los esfuerzos de los demás están condenados al fracaso.

Cómo volar un caballo trata de por qué ese mito es erróneo.

Creí en él hasta 1999. Los primeros años de mi carrera —la publicación estudiantil de la London University, una empresa de sopas en Bloomsbury llamada Wagamama y una compañía de jabones y productos de papel conocida como Procter & Gamble— indicaron que no era bueno para crear. Me empeñaba en poner en práctica mis ideas. Cuando lo intentaba, la gente se enojaba; cuando tenía éxito, olvidaban que la idea era mía. Leí cada libro sobre creación que pude y todos decían lo mismo: que las ideas llegan como por arte de magia; que la gente les da una bienvenida calurosa y que los creadores son triunfadores. Mis ideas me llegaban poco a poco, la gente las recibía con exasperación más que con cordialidad y esto me hacía sentir un perdedor. Mis evaluaciones de desempeño eran malas. Siempre estaba en riesgo de ser despedido. No entendía por qué mis experiencias creativas no eran iguales a las que narraban los libros.

La primera vez que se me ocurrió que quizá los libros estaban equivocados fue en 1997, mientras trataba de resolver un problema aparentemente aburrido que terminó por ser interesante: no podía tener siempre, en los anaqueles de las tiendas, un popular color de lápiz labial de Procter &

Gamble; invariablemente faltaba en la mitad de ellas. Tras mucho investigar, descubrí que la causa del problema era insuficiencia de información. El único modo de saber qué había en un estante en un momento dado era ir a ver. Ésta era una limitación fundamental de la tecnología de la información del siglo xx. Casi todos los datos en las computadoras habían sido tecleados por personas, o escaneados de códigos de barras. Los empleados de las tiendas no tenían tiempo para vigilar los anaqueles todo el día y teclear los datos de lo que veían, así que el sistema de cómputo de las tiendas estaba ciego. Quienes descubrían que mi lápiz labial se había agotado no eran los empleados, sino las clientas. Ellas se alzaban de hombros y escogían otro —en cuyo caso probablemente yo perdía la venta— o no compraban ninguno —en ese caso también la tienda la perdía. El lápiz labial ausente era uno de los problemas más insignificantes del mundo, pero asimismo era síntoma de uno más grande: una computadora era un cerebro sin sentidos.

Esto era tan obvio que pocos lo veían. Las computadoras cumplieron cincuenta años en 1997. La mayoría había crecido con ellas y se había acostumbrado a su modo de funcionar. Procesaban datos que la gente introducía. Como lo confirmaba su nombre, se les consideraba máquinas pensantes, no sensibles.

Pero no fue así como se concibió originalmente a las máquinas inteligentes. En 1950, Alan Turing, el inventor de la computación, escribió: "Las máquinas acabarán compitiendo con los hombres en todos los campos puramente intelectuales. Pero ¿cuáles son los mejores para empezar? Muchos creen que lo mejor sería una actividad muy abstracta, como el ajedrez, pero también podría aducirse que lo ideal sería dotar a la máquina de los mejores órganos de los sentidos que el dinero puede comprar. Ambos métodos deberían probarse".

No obstante, pocas personas intentaron lo segundo. En el siglo xx, las computadoras se hicieron cada vez más rápidas y pequeñas, y se conectaron entre sí, pero no recibieron "los mejores órganos de los sentidos que el dinero puede comprar". No consiguieron ninguno. Así, en mayo de 1997, una computadora llamada *Deep Blue* fue capaz de vencer, por primera vez en la historia, a un ser humano, al campeón mundial de ajedrez en turno, Garri Kaspárov, pese a lo cual seguía siendo imposible que una computadora viera si había un lápiz labial en un estante. Éste era el problema que quería resolver.

Puse entonces un minúsculo microchip de radioondas en un lápiz labial y, en un anaquel, una antena; ese "sistema de almacenamiento" fue mi primer invento patentado. El microchip ahorraba dinero y memoria conectándose a internet, la cual empezó a ser pública en los años noventa, y guardaba ahí sus datos. A fin de que los ejecutivos de Procter & Gamble entendieran este sistema para conectar a internet cosas como el lápiz labial —lo mismo que pañales, detergentes, papas fritas o cualquier otro objeto—, le di un nombre breve y defectuoso: "Internet de las cosas". A fin de hacerlo realidad me sumé a Sanjay Sarma, David Brock y Sunny Siu en el Massachusetts Institute of Technology (MIT). En 1999 fundamos un centro de investigación, y emigré de Inglaterra a Estados Unidos para ser su director ejecutivo.

En 2003 nuestra investigación tenía ciento tres corporaciones como patrocinadores y laboratorios adicionales en universidades de Australia, China, Inglaterra, Japón y Suiza; y el MIT firmó un lucrativo contrato de licencia para autorizar el lanzamiento comercial de nuestra tecnología.

En 2013 mi frase "internet de las cosas" se incluyó en los diccionarios Oxford, que la definen como "propuesta para desarrollar internet donde objetos comunes se conectan con la red, lo que les permite enviar y recibir datos".

Nada en esta experiencia se parecía a las historias de "creatividad" que había leído. No hubo magia, y apenas unas cuantas ráfagas de inspiración, pero sí decenas de miles de horas de trabajo. Ejecutar la internet de las cosas fue un proyecto lento y difícil, cargado de política, infestado de errores, desvinculado de grandes planes o estrategias. Aprendí a tener éxito aprendiendo a fracasar. Aprendí a dar por hecho el conflicto. Aprendí a no sorprenderme de la adversidad, sino a prepararme para ella.

Usé lo que había descubierto para contribuir a la formación de empresas de tecnología. Una fue reconocida entre las diez "compañías más innovadoras de internet de las cosas" en 2014, y otras dos se vendieron a grandes consorcios (una de ellas, a menos de un año después de que la inicié).

También di charlas sobre mis experiencias creativas. La más popular atraía a tantas personas con tantas preguntas que, cada vez, tenía que prever al menos una hora más para contestar los cuestionamientos del público. Esa conferencia es el fundamento de este libro. Cada capítulo cuenta la historia real de una persona creativa; cada historia proviene de un lugar,

momento y un campo creativo distinto, y destaca una importante introspección sobre el acto de crear. Hay relatos dentro de relatos, y divagacio-
nes sobre la ciencia, la historia y la filosofía.

En conjunto, estas historias revelan un patrón de cómo hacemos cosas nuevas los seres humanos, lo cual es alentador y desafiante al mismo
tiempo. Lo alentador es que todos podemos crear, y demostrarlo de manera concluyente. Lo desafiante es que el momento mágico de la creación
no existe. Los creadores pasan casi todo el tiempo creando, perseverando
a pesar de la duda, el fracaso, el rechazo y el ridículo, hasta que logran hacer algo nuevo y útil. No hay trucos, atajos ni ardides para "ser creativo al
instante". El proceso es ordinario, aun si el resultado no lo es.

Crear no es magia sino trabajo.

CAPÍTULO 1

CREAR ES UN ACTO ORDINARIO

1 EDMOND

En el Océano Índico, dos mil quinientos kilómetros al este de África y seis mil quinientos al oeste de Australia, hay una isla que los portugueses llamaron Santa Apolónia, los británicos Bourbon y los franceses, por un tiempo, Île Bonaparte. Hoy se le conoce como Reunión. Una estatua de bronce se alza en Sainte-Suzanne, una de las ciudades más antiguas de la isla. Representa a un chico africano de 1841, vestido como para ir a la iglesia, de chaqueta recta, corbata de moño y pantalones sin alforzas dobladas en los tobillos. No lleva zapatos. Extiende la mano derecha, no en saludo, sino con el pulgar y los demás dedos enroscados sobre la palma, quizás a punto de lanzar una moneda. Tiene doce años, es huérfano, esclavo y se llama Edmond.[1]

Hay pocas estatuas en el mundo de niños esclavos africanos. Para entender por qué Edmond está ahí, en esa mota solitaria en el mar, con la mano tendida, debemos viajar miles de kilómetros y cientos de años al pasado.

En la costa del Golfo de México, la gente de Papantla ha deshidratado el fruto de una orquídea trepadora, para usarlo como especia, durante más milenios de los que es capaz de recordar.[2] En 1400, los aztecas tomaron esa planta como tributo y la llamaron "flor negra". En 1519, los españoles la llevaron a Europa y la denominaron "vaina pequeña", o "vainilla". En 1703, el botánico francés Charles Plumier la rebautizó, en inglés, como "vanilla".

La vainilla es difícil de cultivar. Sus orquídeas son grandes plantas trepadoras, muy distintas a las flores *Phalaenopsis* con que hoy adornamos nuestros hogares. Pueden vivir siglos y ser muy grandes, cubriendo a veces miles de metros cuadrados o escalando la altura de cinco pisos. Se dice que los chapines de Venus son las orquídeas más altas, y las tigre las más grandes, pero la vainilla opaca a las dos. Durante miles de años, su flor fue un secreto sólo conocido por quienes la cultivaban. No es negra, como los aztecas creyeron, sino una caña pálida que florece una vez al año y muere una mañana. Si una flor es polinizada, produce una larga vaina verde, como la del frijol, que tarda nueve meses en madurar. Debe cosecharse en el momento justo: demasiado pronto, será muy pequeña; muy tarde, se rajará y descompondrá. Los granos cosechados se ponen al sol varios días, hasta que dejan de madurar. No huelen a vainilla todavía. Este aroma se desarrolla durante el curado: se colocan en cobijas de lana al aire libre por dos semanas, antes de ser enrolladas para que los granos suden cada noche. Después se deshidratan cuatro meses y se concluye, alisándolos y masajeándolos a mano. El resultado son untuosos látigos negros que valen su peso en oro.

La vainilla cautivó a los europeos. Ana de Austria, hija del rey español Felipe III, la bebía en chocolate caliente. La reina Isabel I de Inglaterra la comía en sus budines. El rey Enrique IV de Francia condenó su adulteración como delito, castigado con azotes. Thomas Jefferson la descubrió en París y escribió la primera receta estadunidense del helado de vainilla.

Pero nadie podía cultivarla fuera de México. Durante trescientos años, las plantas llevadas a Europa no prosperaron. No fue hasta 1806 que una floreció en un invernadero en Londres, y tres décadas más tarde una planta en Bélgica dio su primer fruto en Europa.

El elemento faltante era lo que polinizaba a la orquídea en la selva. La flor de Londres fue una casualidad. El fruto de Bélgica emergió de una complicada polinización artificial. No fue hasta fines del siglo XIX que Charles Darwin concluyó que, en México, un insecto polinizaba la vainilla, y hasta el XX que ese insecto fue identificado como una abeja verde satinada que respondía al nombre de *Euglossa viridissima*. Sin este polinizador, Europa tenía un problema. La demanda de vainilla crecía, pero México sólo producía una o dos toneladas al año. Los europeos necesitaban otra fuente de suministro. Los españoles esperaban que la vainilla medrara en las Filipinas. Los holandeses la sembraron en Java. Los británicos la enviaron a la India. Todos los intentos fracasaron.

Es aquí donde interviene Edmond. Él nació en Sainte-Suzanne en 1829. Reunión se llamaba Bourbon entonces. La madre de Edmond, Mélise, murió al dar a luz. El niño no conoció a su padre. Los esclavos no tenían apellido; él era simplemente "Edmond". Muy chico, su ama, Elvire Bellier-Beaumont, se lo regaló a su hermano Férréol, en la cercana Belle-Vue. Férréol era dueño de una plantación. Edmond creció siguiendo a Férréol Bellier-Beaumont por la finca, aprendiendo acerca de las frutas, verduras y flores, entre ellas una de sus rarezas: una planta de vainilla que Férréol había mantenido viva desde 1822.

Como toda la vainilla de Reunión, la de Férréol era estéril. Los colonos franceses habían intentado cultivar la planta en la isla desde 1819. Tras varios intentos en falso —algunas orquídeas eran de la especie equivocada, otras morían pronto—, al fin tuvieron un centenar de plantas vivas. Pero Reunión no vio más éxitos con la vainilla que otras colonias europeas. Las orquídeas rara vez florecían, y jamás daban fruto.

Una mañana de fines de 1841, mientras la primavera del hemisferio sur llegaba a la isla, Férréol dio su acostumbrado paseo con Edmond, y se sorprendió al ver dos cápsulas verdes colgando de la enredadera. Su orquídea, infecunda durante veinte años, tenía frutos. Lo que ocurrió en seguida le sorprendió todavía más. Edmond, de doce años de edad, había polinizado la planta.

Hasta la fecha hay gente en Reunión que no lo cree. Le parece imposible que un niño, un esclavo y, sobre todo, un africano haya podido resolver un problema que asedió a Europa por cientos de años. Dice que fue un accidente; que él quiso dañar las flores luego de discutir con Férréol, o que seducía a una chica en los jardines cuando eso tuvo lugar.

Al principio, Férréol no le creyó al muchacho. Pero cuando aparecieron más frutos, le pidió una demostración. Edmond hizo a un lado el labelo de una flor de vainilla y, usando una pieza de bambú del tamaño de un palillo, levantó la parte que impedía la autofertilización, pinchó con suavidad la antera portadora de polen y el estigma receptor. Hoy los franceses llaman a esto *Le geste d'Edmond*: el gesto de Edmond. Férréol juntó a los demás dueños de plantaciones, y pronto Edmond viajó por la isla enseñando a otros esclavos a polinizar las orquídeas de la vainilla. Siete años más tarde, la producción anual de Reunión era de 45 kilogramos de vainas secas. Diez años después era de dos toneladas. A fines de siglo era de doscientas, superior a la producción de México.

Férréol concedió su libertad a Edmond en junio de 1848, seis meses antes de que la obtuviera la mayoría de los esclavos de Reunión. Edmond recibió el apellido Albius, palabra latina que significa "más blanco". Algunos sospechan que esto fue un cumplido cargado de racismo; otros, un insulto del registro civil. Sea como fuere, las cosas salieron mal. Edmond dejó la plantación para irse a la ciudad, donde se le apresó por robo. Férréol no pudo evitarle la cárcel, pero logró su libertad en tres años, no en cinco. Edmond murió en 1880, a los cincuenta y un años. Una pequeña nota en un diario de Reunión, *Le Moniteur*, describió ese hecho como un "fin triste y miserable".

La innovación de Edmond se extendió a Mauritania, las Seychelles y la enorme isla al oeste de Reunión: Madagascar. Ésta posee un medio ambiente perfecto para la vainilla, por lo que en el siglo xx ya producía casi toda la vainilla del mundo, con cosechas valuadas, en ciertos años, en un total de más de cien millones de dólares.

La demanda de vainilla creció con la oferta. Hoy es la especia más popular del mundo y la segunda más cara después del azafrán. Se ha vuelto ingrediente de miles de cosas, algunas obvias, otras no. Más de un tercio de los helados del mundo son de vainilla, el sabor original de Jefferson. La vainilla es el principal saborizante de los refrescos de cola, y la Coca-Cola Company dice ser el comprador de vainilla más grande del mundo. Las fragancias finas Chanel No. 5, Opium y Angel emplean la vainilla más cara del mundo, valuada en diez mil dólares la libra (453 gramos). Casi todos los chocolates, lo mismo que muchos productos de limpieza, belleza y velas, contienen esta especia. En 1841, el día en que Edmond hizo su demostración ante Férréol, el mundo producía menos de dos mil granos de vainilla, todos ellos en México, resultado de la polinización por abejas. Un día como ése, pero de 2010, la producción mundial era de más de cinco millones de granos, en naciones como Indonesia, China y Kenia, casi todos ellos —incluidos los que crecen en México— son consecuencia de *Le geste d'Edmond*.

2 CONTEO DE CREADORES

Lo inusual en la historia de Edmond no es que un joven esclavo haya creado algo importante, sino que haya recibido crédito por ello. Férréol se empeñó en que Edmond fuera recordado. Hizo saber a los dueños de las plantaciones de Reunión que él había sido el primer polinizador de la vainilla. Habló a su favor diciendo: "Este joven negro merece ser reconocido por este país. Tenemos una deuda con él por haber iniciado una industria con un producto fabuloso". Cuando Jean Michel Claude Richard, director de los jardines botánicos de Reunión, aseguró que él había desarrollado la técnica e instruido a Edmond, Férréol intervino. "Por motivos de vejez, mala memoria u otros", escribió, "ahora el señor Richard imagina haber descubierto el secreto de la polinización de la vainilla, ¡y que enseñó la técnica a la persona que la descubrió! Dejémoslo con sus fantasías." Sin el gran esfuerzo de Férréol, nunca se habría sabido la verdad.

En la mayoría de los casos, la verdad no se sabe nunca. Por ejemplo, no sabemos quién fue el primero en darse cuenta de que era posible curar el fruto de una orquídea hasta conseguir un sabor delicioso. La vainilla es una innovación, heredada de personas que han quedado en el olvido. Ésta no es la excepción; es la norma. La mayor parte de nuestro mundo está hecho de innovaciones heredadas de personas que han quedado en el olvido; no de personas raras, sino comunes.

Antes del Renacimiento, conceptos como autoría, invención o derecho de crédito apenas existían. Hasta principios del siglo XV, "autor" significó "padre", según el término latino *auctor*, "amo". La *auctor*-ía implicaba autoridad, algo que en casi todo el mundo había sido derecho divino de reyes y líderes religiosos, desde que Gilgamesh gobernó Uruk cuatro mil años antes. Aquello no era para compartirse con simples mortales. Un "inventor", de *invenire*, "encontrar", fue un descubridor, no un creador, hasta la década de 1550. "Crédito", de *credo*, "confianza", no significó "reconocimiento" hasta fines del siglo XVI.

Ésta es una de las razones de que sepamos tan poco sobre quién hizo qué antes de fines del siglo XIV. No es que antes no se hicieran registros; la escritura tiene milenios de existencia. Tampoco es que no hubiera creación; todo lo que hoy usamos echó raíces en los albores de la humanidad. El problema es que, hasta el Renacimiento, a quienes creaban cosas no les importaba mucho hacerlo. La idea de que al menos algunos que crean cosas deben ser reconocidos fue un gran avance. Por eso sabemos que Johannes Gutenberg inventó la imprenta en Alemania en 1440, pero no quién inventó los molinos de viento, en Inglaterra, en 1185; sabemos que Giunta Pisano pintó el crucifijo de la basílica de Santo Domingo, en Bolonia, en 1250, pero no quién hizo el mosaico de san Demetrio en el monasterio de la Cúpula Dorada de Kiev, en 1110.

Hay excepciones. Conocemos los nombres de cientos de filósofos de la antigua Grecia, de Acrión a Zenón, así como los de algunos ingenieros griegos del mismo periodo, como Eupalino, Filón y Ctesibio. También sabemos de varios artistas chinos del año 400 en adelante, como el calígrafo Wei Shuo y su discípulo Wang Xizhi. Pero el principio básico mantiene validez. En términos generales, nuestro conocimiento de quién creó algo comenzó a mediados del siglo XIII, creció durante el Renacimiento europeo, de los siglos XIV a XVII, y continuó aumentando desde entonces. Las razones de ese cambio son complicadas, y tema de debate entre historiadores —incluyen luchas de poder entre las Iglesias europeas, el ascenso de la ciencia y el redescubrimiento de la filosofía antigua—, pero es prácticamente un hecho que la mayoría de los creadores no empezaron a recibir crédito por sus invenciones hasta después de 1200.

Esto sucedió, entre otras cosas, gracias a las patentes, que dan crédito bajo rigurosas restricciones. Las primeras patentes se emitieron en Italia en el siglo XV, luego en Gran Bretaña y Estados Unidos en el XVII, y en Francia en el XVIII. La moderna U.S. Patent and Trademark Office (USPTO) otorgó su primera patente el 31 de julio de 1790, y la número *ocho millones* el 16 de agosto de 2011.[3] Esta oficina no lleva un registro de cuántas personas han recibido patentes, pero el economista Manuel Trajtenberg desarrolló una forma de calcularlo. Analizó nombres fonéticamente y cotejó coincidencias con códigos postales, coinventores y otros datos para identificar a cada inventor. Su información indica que, a fines de 2011, habían recibido patentes más de seis millones de estadunidenses.[4]

Los inventores no se distribuyen de manera uniforme a lo largo de los años.[5] Su número aumenta. El primer millón de ellos tardó 130 años en obtener una patente, el segundo millón 35, el tercero 22, el cuarto 17, el quinto 10 y el sexto 8. Aun eliminando a inventores extranjeros y haciendo ajustes debido al incremento de la población, la tendencia es inequívoca:

en 1800 obtenía una primera patente uno de cada 175,000 estadunidenses; en 2000, uno de cada 4,000.[6]

No todas las creaciones obtienen una patente. Libros, canciones, juegos, películas y otras obras de arte están protegidos por derechos de autor, administrados en Estados Unidos por la Copyright Office, dependiente de la Biblioteca del Congreso. Pero los derechos de autor exhiben el mismo incremento que las patentes. En 1870 se solicitaron en favor de 5,600 obras. En 1886, esta cifra aumentó a más de 31,000, y Ainsworth Spofford, director de la Biblioteca del Congreso, tuvo que pedir más espacio. "Se impone de nuevo la dificultad y confusión de hacer la enumeración anual de los libros y folletos recién concluidos", escribió en un informe al Congreso. "Cada mes se agrava el penoso estado de incremento de las colecciones, y aunque muchas salas están ocupadas por los sobrantes de la biblioteca principal, el embrollo de ocuparse de tan gran acumulación de libros sin catalogar crece sin tregua."[7] Esto se volvió una cantaleta. En 1946, el jefe de derechos de autor, Sam Bass Warner, reportó que "el número de registros de derechos de autor aumentó a 202,144, el mayor en la historia de la Copyright Office, muy por encima de la capacidad del personal existente que el Congreso, en respuesta a la necesidad, proveyó generosamente personal extra".[8] En 1991, tales registros alcanzaron un máximo de más de 600,000. Al igual que en el caso de las patentes, este ascenso excedió al crecimiento de la población. En 1870 había un registro de derechos de autor por cada 7,000 estadunidenses; en 1991, uno por cada 400.[9]

Hoy se da más crédito también a la creación científica. El *Science Citation Index* sigue la pista de las publicaciones de revisión colegiada de ciencia y tecnología más importantes del mundo. En 1955 enlistó 125,000 artículos científicos, uno por cada 1,350 estadunidenses; en 2005, más de 1,250,000, uno por cada 250.[10]

Las patentes, derechos de autor y artículos de revisión colegiada son aproximaciones imperfectas. Su profusión se debe al dinero tanto como al conocimiento. No todas las obras que consiguen ese reconocimiento son necesariamente buenas. Y, como se verá más adelante, dar crédito a los individuos es engañoso. La creación es una reacción en cadena: miles de personas contribuyen a ella, la mayoría en forma anónima, todas de manera creativa. Pero ante cifras tan grandes, y aun si contamos mal o de menos,

la cuestión es difícil de ignorar: en los últimos siglos, cada vez más personas de más campos han obtenido crédito como creadoras.

Esto no se debe a que ahora seamos más creativos que antes. En el Renacimiento, la gente nacía en un mundo enriquecido por decenas de miles
de años de inventos humanos: prendas de vestir, catedrales, matemáticas,
escritura, arte, agricultura, barcos, caminos, mascotas, casas, pan y cerveza, por citar algunos. La segunda mitad del siglo XX y las primeras décadas
del XXI podrían parecer un momento de innovación sin precedente, pero
hay otras razones de esto, que analizaremos más adelante. Lo que las cifras
muestran es algo más: que cuando contamos creadores, descubrimos que
muchas personas crean. En 2011 recibieron su primera patente casi tantos
estadunidenses como los que asisten a una carrera promedio de la National Association for Stock Car Auto Racing (NASCAR).[11] Crear no es, ni *de
cerca*, para una elite reducida.

La pregunta no es si la invención es territorio exclusivo de una minoría minúscula, sino lo contrario: ¿cuántos de nosotros somos creativos? La
respuesta, imperceptible a simple vista, es que todos lo somos. La incre-
dulidad sobre que Edmond, un chico sin educación formal, haya creado
algo importante se basa en el mito de que crear es un acto extraordinario.
Crear no es extraordinario, aun si los resultados lo son a veces. La creación
es humana. Es cada uno de nosotros. Es todos.

3 LA ESPECIE DE LO NUEVO

Aun sin números resulta fácil ver que la creación no es dominio exclusivo
de raros genios con inspiración ocasional. La creación nos rodea por todas
partes. Todo lo que vemos y sentimos es resultado de ella o ha sido toca-
do por ella. Hay demasiada creación como para que crear sea infrecuente.

Este libro es creación. Quizá supiste de él por medio de la creación, o
alguien te habló de él. Fue escrito usando creación, y la creación es una de
las razones de que lo puedas entender. La creación te ilumina ahora, o lo
hará cuando se oculte el sol. Estás caliente o frío, o al menos aislado, por la
creación: prendas, paredes y ventanas. El cielo sobre ti es menos visible de
día por humos y esmog, y contaminado por la luz eléctrica de noche, resultado todo ello de la creación. Observa y lo verás cruzado por un avión o un

satélite, o por la lenta disolvencia de un rastro de vapor. Las manzanas, las vacas y todos los demás productos agrícolas, aparentemente naturales, son también creación: consecuencia de decenas de miles de años de innovación en el comercio, la crianza de animales, la alimentación, la agricultura y —a menos que vivas en una granja— la preservación y el transporte.

Tú eres resultado de la creación. Ésta ayudó a tus padres a conocerse. Quizá contribuyó a tu nacimiento, gestación y concepción. Antes de que nacieras, erradicó enfermedades y peligros que pudieron costarte la vida. Luego te vacunó y protegió contra otros. Curó las enfermedades que contrajiste. Ayuda a sanar tus heridas y aliviar tu dolor. Lo mismo hizo por tus padres, y por los suyos. Recientemente te limpió, alimentó y calmó tu sed. Por ella eres quien eres. Autos, zapatos, sillas de montar o barcos te transportaron, o a tus padres o abuelos, hasta el sitio que hoy llamas hogar, el cual era menos habitable antes de la creación: muy caliente en el verano, o demasiado frío en el invierno, o excesivamente húmedo o pantanoso, o muy alejado de agua potable, o repleto de cultivos espontáneos, o rodeado por depredadores, o todo lo anterior.

Escucha y oirás creación. Está en el ruido de las sirenas que pasan, la música distante, las campanas de la iglesia, los teléfonos celulares, las podadoras y soplanieves, las pelotas de basquetbol y bicicletas, la ruptura de las olas, los martillos y serruchos, el crujir y crepitar de los cubos de hielo al derretirse e incluso en el ladrido de un perro, un lobo modificado por miles de años de crianza selectiva por seres humanos; o en el ronroneo de un gato, descendiente de uno de sólo cinco gatos monteses africanos, que los humanos han criado selectivamente durante diez mil años.[12] Cualquier cosa que es como es en virtud de la consciente intervención humana, es invención, creación, innovación.

La creación está alrededor y dentro de nosotros, tanto que no podemos mirarla sin verla ni oírla sin escucharla. Por tanto, no la percibimos en absoluto. Vivimos en simbiosis con lo nuevo. No es algo que hacemos, es como somos. Afecta nuestra esperanza de vida, nuestro peso, estatura y manera de andar, nuestro modo de vida, dónde vivimos, lo que pensamos y hacemos. Cambiamos nuestra tecnología y ella nos cambia a nosotros. Esto es una certeza para todos los seres humanos del planeta. Ha sido así durante dos mil generaciones, desde el momento mismo en que a nuestra especie se le ocurrió mejorar sus herramientas.

Todo lo que creamos es una herramienta, una invención con un propósito. Una especie con herramientas no tiene nada de especial. Los castores hacen diques. Las aves forman nidos. Los delfines usan esponjas para atrapar peces.[13] Los chimpancés emplean varas para excavar raíces y martillos de piedra para abrir conchas. Las nutrias usan rocas para abrir cangrejos. Los elefantes repelen moscas haciendo fustas de ramas y agitándolas con la trompa. Es obvio que nuestras herramientas son mejores. La presa Hoover supera al dique del castor. Pero ¿por qué?

Nuestras herramientas no han sido mejores desde hace mucho tiempo. Hace seis millones de años, la evolución se bifurcó: un camino desembocó en los chimpancés, parientes distantes, pero los más cercanos que tenemos, y el otro en nosotros. Surgió entonces un número desconocido de especies humanas. Hubo *Homo habilis*, *Homo heidelbergensis*, *Homo rudolfensis* y muchas otras, algunas de nivel aún controvertido, otras todavía por descubrir. Todas ellas humanas. Ninguna como la nuestra.

Al igual que otras especies, esos humanos usaban herramientas. Las primeras fueron piedras afiladas para cortar nueces, fruta y quizá carne. Después, algunas especies hicieron hachas dobles que requerían una fabricación detallada y una simetría casi perfecta. Pero más allá de ajustes menores, los instrumentos humanos fueron monótonos a lo largo de un millón de años, sin cambios, esto dependiendo de cuándo o dónde se les usara, y fueron transmitidos sin variantes por veinticinco mil generaciones.[14] Pese a la atención mental necesaria para producirlos, el diseño de esa primera hacha humana, como el del dique del castor, o el nido del ave, llegó por instinto, no por reflexión.

Humanos parecidos a nosotros aparecieron hace doscientos mil años. Eran de la especie llamada *Homo sapiens*. Sus miembros no actuaban como nosotros en un aspecto importante: sus herramientas eran simples y no cambiaban. No sabemos por qué. Su cerebro era del mismo tamaño que el nuestro. Tenían nuestros mismos pulgares opuestos, sentidos y fuerza. Pero durante ciento cincuenta mil años, igual que las demás especies humanas de su tiempo, no hicieron nada nuevo.

Sin embargo, hace cincuenta mil años, algo sucedió. Las toscas y apenas reconocibles herramientas de piedra que el *Homo sapiens* había usado empezaron a cambiar, y rápido. Hasta ese momento, y como todos los demás animales, esa especie no había innovado. Sus instrumentos eran iguales a los de sus padres, abuelos y bisabuelos. Como especie los hacía, pero no los mejoró nunca. Eran heredados, instintivos e inmutables; producto de la evolución, no de la creación consciente.

Sobrevino entonces el que es, con mucho, el momento más importante en la historia de la humanidad, el día en que un miembro de la especie vio una herramienta y pensó: "Puedo hacerla mejor". Los descendientes de este individuo se llaman *Homo sapiens sapiens*. Son nuestros antepasados. Somos nosotros. Lo que la raza humana inventó fue la creación misma.

Es redundante, pero la capacidad para cambiar fue el cambio que lo cambió todo. El impulso de hacer mejores herramientas nos dio una enorme ventaja sobre las demás especies, algunas de ellas rivales. En unas cuantas decenas de miles de años, todos los demás humanos se extinguieron, desplazados por una especie anatómicamente similar con apenas una diferencia importante: una tecnología siempre mejor.

Lo que vuelve diferente y dominante a nuestra especie es la innovación. Lo especial en nosotros no es el tamaño del cerebro, el habla o el mero hecho de que usemos herramientas; es que cada uno de nosotros siente, a su manera, el deseo de hacer las cosas mejor. Ocupamos el nicho evolutivo de lo nuevo. Este nicho no es propiedad de unos cuantos privilegiados. Es lo que nos hace seres humanos.

No sabemos con exactitud qué chispa evolutiva causó el fuego de la innovación hace cincuenta mil años. Eso no dejó huella en el registro fósil. Sabemos que nuestro cuerpo, incluido el tamaño de nuestro cerebro, no cambió; nuestro ancestro inmediato previo a la innovación, el *Homo sapiens*, lucía justo como nosotros. Esto convierte en la principal sospechosa a nuestra mente: el acomodo preciso y las conexiones entre nuestras células cerebrales. Algo estructural parece haber cambiado ahí, tal vez por efecto de ciento cincuenta mil años de fino ajuste. Lo que haya sido, tuvo profundas implicaciones y hoy sobrevive en cada uno de nosotros. El neurólogo conductual Richard Caselli dice: "Pese a grandes diferencias cualitativas y cuantitativas entre los individuos, los principios neurobiológicos de la conducta creativa son iguales desde los menos hasta los más creativos entre nosotros".[15] En pocas palabras, todos tenemos una mente creativa.

Ésta es una de las razones de que el mito de la creación sea terriblemente erróneo. Crear no es raro. Todos nacimos para hacerlo. Si parece magia es porque es innato. Si parece que algunos son mejores que otros es porque forma parte de ser un humano, como hablar o caminar. No todos somos igualmente creativos, así como no todos somos buenos oradores o atletas. Pero todos podemos crear.

El poder creativo de la raza humana está distribuido entre todos, no concentrado en algunos. Nuestras creaciones son demasiado grandes y numerosas para proceder de las acciones de unos cuantos; proceden de incontables acciones de muchos. La invención es gradual, una serie de cambios ligeros y constantes. Algunos de ellos abren puertas a nuevos mundos de oportunidades y los llamamos grandes avances. Otros son marginales. Pero si nos fijamos bien, veremos siempre que un pequeño cambio lleva a otro; a veces en una mente, a menudo entre varias, a veces de un continente a otro, o entre generaciones, otras tardando horas o días y hasta siglos, la innovación es una carrera de renovación interminable. Crear desarrolla y mejora, así que, cada día, cada vida es posible gracias a la suma de todas las creaciones humanas previas. Cada objeto en nuestra vida, viejo o nuevo, aparentemente modesto o simple, contiene las historias, los pensamientos y el valor de miles de personas, algunas vivas, la mayoría muertas, lo nuevo acumulado en cincuenta mil años. Nuestras herramientas y arte son nuestra humanidad, nuestra herencia y el eterno legado de nuestros predecesores. Lo que hacemos es la expresión de nuestra especie: historias de triunfo, valor y creación, de optimismo, adaptación y esperanza; relatos no de una persona aquí y allá, sino de cualquier pueblo en todas partes, escritos en un idioma común: no africano, americano, asiático o europeo, sino humano.

Hay muchas cosas hermosas en el aspecto humano e innato de crear. Una de ellas es que todos creamos más o menos en la misma forma. Desde luego, nuestras fortalezas y tendencias individuales originan diferencias, pero son pocas y pequeñas en relación con las similitudes, grandes y numerosas. Nos parecemos a Leonardo, Mozart y Einstein mucho más de lo que creemos.

4 EL FIN DEL GENIO

La creencia del Renacimiento de que crear estaba reservado a los genios sobrevivió a la Ilustración del siglo XVII, el romanticismo del XVIII y la revolución industrial del XIX. No fue hasta mediados del XX que de los primeros estudios del cerebro surgió la posición alterna: todos somos capaces de crear.

En la década de 1940, el cerebro era un enigma. Los secretos del cuerpo habían sido revelados por varios siglos de medicina, pero el cerebro, generador de conciencia sin partes móviles, seguía siendo un enigma. He aquí un motivo de que las teorías de la creación hayan recurrido a la magia: el cerebro, trono de la creación, era aproximadamente 1.4 kilogramos de misterio gris e impenetrable.

Cuando Occidente se recuperó de la segunda guerra mundial, aparecieron nuevas tecnologías. Una de ellas fue la computadora. Esta mente mecánica hizo parecer posible, por primera vez, la comprensión del cerebro. En 1952, Ross Ashby sintetizó la conmoción que ello causó en su libro *Design for a Brain*. Resumió con elegancia el nuevo pensamiento:

> El hecho fundamental es que la Tierra tiene más de dos mil millones de años y que la selección natural no ha cesado de discriminar entre los organismos vivos. Así pues, hoy están altamente especializados en las artes de la sobrevivencia, entre las cuales está el desarrollo del cerebro, órgano que ha evolucionado como un medio especializado en sobrevivir. El sistema nervioso, y la materia viva en general se supondrán esencialmente parecidos a toda la demás materia. No se invocará ningún *deus ex machina*.[16]

En una palabra: el cerebro no necesita magia.

Un nativo de San Francisco llamado Allen Newell llegó en ese periodo a su madurez académica. Atraído por la energía de la época, abandonó su plan de volverse guardabosques (en parte, debido a que su primer empleo fue alimentar crías de truchas con hígados de becerro gangrenados) para ser científico, y la tarde de un viernes de noviembre de 1954 tuvo lo que después llamaría una "experiencia de conversión", durante un seminario sobre reconocimiento mecánico de patrones. Newell decidió dedicar su vida a una sola pregunta científica: "¿Cómo puede existir la mente humana en el universo físico?".[17]

"Sabemos que el mundo está regido por la física", explicó, "y ahora entendemos la forma en que la biología se inserta cómodamente en ella. La cuestión es: ¿cómo logra la mente operar tan bien en ese contexto? La respuesta debe incluir detalles. Tengo que saber cómo se mueven los engranajes, cómo funcionan los pistones y todo eso."

Cuando se embarcó en este trabajo, Newell pasó a ser uno de los primeros en percatarse de que la creación no requiere de genio. En una ponencia de 1959, titulada "The Process of Creative Thinking", revisó los pocos datos psicológicos sobre el trabajo creativo, y propuso su radical idea: "El pensamiento creativo es simplemente un tipo especial de conducta de resolución de problemas". Formuló su argumento con el sobrio lenguaje que usan los académicos cuando saben que han dado con algo:

> Los datos actualmente disponibles sobre los procesos implicados en el pensamiento creativo y no creativo no muestran diferencias particulares entre ambos. Examinando las estadísticas que describen esos procesos es imposible distinguir al practicante altamente calificado del mero amateur. La actividad creativa parece ser simplemente una clase especial de actividad de resolución de problemas, caracterizada por la novedad, originalidad, persistencia y dificultad en la formulación del problema.[18]

Éste fue el principio del fin del genio y la creación. Hacer máquinas inteligentes impuso un nuevo rigor en el estudio del pensamiento. La capacidad de crear comenzó a verse, cada vez más, como una función innata del cerebro humano, posible con un equipo estándar, sin necesidad de genio.

Newell no afirmó que todos fueran igualmente creativos. Crear, lo mismo que cualquier otra aptitud humana, ocurre en un espectro de competencia. Pero todos podemos hacerlo. No hay una cerca eléctrica entre quienes pueden crear y los que no, con los genios de un lado y la población general del otro.

El trabajo de Newell y el de otros miembros de la comunidad de la inteligencia artificial debilitó el mito de la creatividad. Así, algunos científicos de la nueva generación concibieron la creación de otra forma. Uno de los más importantes fue Robert Weisberg, psicólogo cognitivo de la Temple University, en Filadelfia. Weisberg era aún un estudiante universitario en los primeros años de la revolución de la inteligencia artificial y pasó los primeros años de la década de 1960 en Nueva York, antes de obtener su doctorado en Princeton e incorporarse al profesorado de Temple, en 1967. Dedicó su carrera a probar que crear es innato, común, y para todos.[19]

La visión de Weisberg es simple. Se basó en el argumento de Newell de que el pensamiento creativo es lo mismo que la resolución de problemas, pero añadió que el pensamiento creativo es lo mismo que el pensamiento en general, aunque con un resultado creativo. En sus propias palabras, "cuando se dice que alguien 'piensa creativamente', se alude al resultado del proceso, no al proceso mismo. Aunque el impacto de las ideas y productos creativos puede ser profundo en ocasiones, los mecanismos a través de los cuales ocurre una innovación pueden ser muy ordinarios".[20]

Dicho de otra forma, el pensamiento normal es rico y complejo, tanto que a veces puede dar resultados extraordinarios, o "creativos". No necesitamos otros procesos. Weisberg demostró esto de dos maneras: con experimentos cuidadosamente diseñados y detallados estudios de caso de actos creativos, del *Guernica* de Picasso al descubrimiento del ADN y la música de Billie Holiday. En cada ejemplo, usando una combinación de experimento e historia, demostró que la creación puede explicarse sin recurrir al genio ni a grandes saltos de la imaginación.

Weisberg no escribió sobre Edmond, pero su teoría se aplica a la historia de éste. Al principio, el descubrimiento de Edmond de cómo polinizar la vainilla pareció inmotivado y milagroso. Pero hacia el final de su vida, Férréol Bellier-Beaumont reveló cómo resolvió el joven esclavo el misterio de la flor negra.

Férréol inició su historia en 1793, cuando el naturalista alemán Konrad Sprengel descubrió que las plantas se reproducen sexualmente. Llamó a esto "el secreto de la naturaleza". Este secreto no fue bien recibido; los colegas de Sprengel no querían oír que las flores tenían vida sexual.[21] Sus hallazgos se extendieron de todos modos, en especial entre botánicos y agricultores, más interesados en cultivar buenas plantas que en juzgar la moral de las flores. Fue así como Férréol se enteró de cómo fertilizar manualmente la sandía, "uniendo la partes masculina y femenina". Se lo enseñó a Edmond, quien, como Férréol lo describiría más tarde, "se dio cuenta de que la flor de la vainilla también tenía los elementos masculino y femenino, resolviendo para sí cómo juntarlos". El descubrimiento de Edmond, pese a su enorme impacto económico, fue un paso gradual, pero eso no lo vuelve menos creativo. Todos los grandes descubrimientos, aun los que parecen saltos transformadores, son pequeños brincos.

Las obras de Weisberg, *Creativity: Genius and Other Myths* y *Creativity:*

Beyond the Myth of Genius, no eliminaron la visión mágica de la creación ni la idea de que las personas que crean son una especie aparte. Pero es más fácil vender secretos. Algunos títulos actualmente disponibles en las librerías aparentan ser revelaciones, por ejemplo, *10 cosas que nadie te ha dicho sobre cómo ser creativo, 39 claves de la creatividad, 52 maneras de dejar fluir tu creatividad, 62 ejercicios para liberar tus más creativas ideas, 100 oportunidades de creatividad* y *250 ejercicios para despertar tu cerebro.*[22] Los libros de Weisberg, en cambio, están agotados.[23] El mito de la creatividad no muere fácilmente.

Pero cada vez está menos de moda y Weisberg no es el único experto en abogar por una teoría de la creación sin epifanías y para todos. Ken Robinson mereció el título británico de caballero por su trabajo sobre la creación y la educación, y es famoso por sus conmovedoras y divertidas charlas en la conferencia anual de TED (por tecnología, entretenimiento y diseño) en California. Uno de sus temas es cómo la educación reprime la creación. Describe "la magnífica capacidad de los niños para innovar", y dice que "todos los niños tienen un talento enorme, que nosotros desaprovechamos sin miramiento". La conclusión de Robinson es que "la creatividad es ahora tan importante en la educación como la alfabetización y debemos concederle igual categoría".[24] El caricaturista Hugh MacLeod dice lo mismo en forma más colorida: "Todos nacemos creativos; en el jardín de niños todos recibimos una caja de crayones. Cuando, años después, sentimos de repente el 'gusanito de la creatividad', es una vocecita que nos dice: '¡Devuélvanme mis crayones, por favor!'".[25]

5 TERMITAS

Si el genio fuera un prerrequisito para crear, debería ser posible identificar por adelantado el talento creativo. Este experimento se ha intentado muchas veces. La versión más conocida fue iniciada en 1921 por Lewis Terman, y continúa aún.[26] Terman, psicólogo cognitivo nacido en el siglo XIX, fue un eugenista que creía que la raza humana podía mejorar mediante la crianza selectiva, un clasificador de individuos según sus aptitudes, como él las percibía. Su más famoso sistema de clasificación fue la prueba de CI de Stanford-Binet, la cual ubicaba a los niños en una escala "que va de la idiotez al genio", con clasificaciones intermedias como "retardado", "débil mental", "delincuente", "lerdo normal", "promedio", "superior" y "muy superior". Terman estaba tan seguro de lo certero de su prueba que pensaba que sus resultados revelarían un destino inmutable. También creía, como todos los eugenistas, que los afroestadunidenses, mexicanos y otros eran genéticamente inferiores a los blancos de habla inglesa. Los describía como "los talladores de madera y cargadores de agua del mundo", carentes de aptitud para ser "votantes inteligentes o ciudadanos capaces". Los niños, decía, "deben separarse en clases especiales". A los adultos "no se les debería permitir reproducirse". *A diferencia* de casi todos los demás eugenistas, Terman se propuso probar sus prejuicios.

Su experimento se llamó Genetic Studies of Genius. Era un estudio longitudinal, lo cual quiere decir que seguiría a sus sujetos por un largo periodo. Rastreó a más de mil quinientos niños residentes en California e identificados como "talentosos" por su prueba de CI o un esquema parecido. Casi todos los participantes eran blancos y de familia de clase alta o media. La mayoría eran hombres. Esto no es de sorprender: entre los 168,000 niños considerados para esa reserva de 1,500, sólo había un negro, un indio, un mexicano y cuatro japoneses. Los sujetos de la investigación, con un CI promedio de 151, se llamaban a sí mismos "termitas". Cada cinco años se recolectaban datos sobre el progreso de sus vidas. Incluso, cuando Terman murió, en 1956, otros continuaron su investigación, determinados a proseguirla hasta que el último de los participantes se retirara o falleciera.

Treinta y cinco años después de comenzado el experimento, Terman enumeró orgullosamente los éxitos de "sus niños":

> Casi 2,000 ponencias y artículos científicos y técnicos, y 60 libros y monografías de ciencias, literatura, artes y humanidades. Las patentes recibidas son al menos 230. Textos adicionales en los que se incluyen 33 novelas; 375 cuentos, novelas cortas y obras de teatro; 60 o más ensayos, críticas y bocetos, y 265 artículos misceláneos. Cientos de publicaciones periodísticas clasificadas como artículos, editoriales o columnas. Cientos, sino es que miles, de guiones para radio, televisión o cine.

La identidad de la mayoría de las termitas es confidencial. Unas treinta han revelado su participación. Algunas fueron creadoras notables. Jess

Oppenheimer trabajó en televisión y fue el principal desarrollador de la comedia ganadora del Emmy *I Love Lucy*. Edward Dmytryk fue director de cine, e hizo más de cincuenta películas en Hollywood, entre ellas *The Caine Mutiny*, estelarizada por Humphrey Bogart, la segunda cinta más vista en 1954, nominada a varios premios Oscar.

A otros participantes no les fue tan bien. Encontraron empleos más comunes como policías, técnicos, choferes de camión o secretarias. Uno fue un alfarero, recluido en un hospital psiquiátrico, otro limpiaba albercas, varios vivían de la beneficencia pública. En 1947, Terman se vio obligado a concluir: "Hemos visto que el intelecto y la realización distan de estar perfectamente correlacionados". Esto fue así pese a que él había ayudado resueltamente a sus participantes, escribiendo cartas de recomendación y ofreciéndoles mentoría y referencias. El director Dmytryk se benefició de una de esas cartas a los catorce años de edad, cuando huyó de su violento padre. Terman explicó a las autoridades correccionales de Los Ángeles que el chico era "talentoso" y que su caso merecía consideración especial. Lo rescató así de una infancia de abusos y lo colocó en un buen hogar adoptivo. El productor Oppenheimer vendía abrigos hasta que Terman lo ayudó a ingresar a la Stanford University. Algunas termitas fueron a dar a carreras en el campo de la psicología educativa de Terman, y a muchas se les admitió en Stanford, donde él era un profesor eminente. Una de ellas asumió la dirección del estudio a la muerte de Terman.

Los defectos y prejuicios de ese estudio no vienen al caso. Lo que importa es qué fue de los chicos excluidos por Terman. La teoría del genio de la creación predice como creadores a los niños que Terman consideró genios. Ninguno de los excluidos debía haber hecho algo creativo; después de todo, no eran genios.

Es ahí donde el estudio de Terman fracasó por completo. Él no formó un grupo de control de no genios con fines comparativos. Sabemos mucho de los cientos de niños seleccionados, pero apenas un poco de las decenas de miles que no lo fueron. No obstante, lo que conocemos basta para socavar la teoría del genio. Un muchacho que Terman consideró y rechazó fue William Shockley; otro, Luis Alvarez. Ambos obtuvieron el premio Nobel de Física, Shockley por coinventar el transistor y Alvarez por su trabajo en resonancia magnética nuclear. El primero fundó la Shockley Semiconductor, una de las primeras compañías electrónicas de Silicon Valley; empleados suyos constituirían después Fairchild Semiconductor, Intel y Advanced Micro Devices. En colaboración con su hijo Walter, Alvarez fue el primero en proponer que un asteroide causó la extinción de los dinosaurios —la "hipótesis Alvarez"—, lo que, luego de décadas de controversia, hoy los científicos aceptan como un hecho.

Que Terman no haya identificado a estos innovadores no invalida la hipótesis del genio. Tal vez su definición de genio era insuficiente, o las pruebas de Shockley y Alvarez fueron mal aplicadas. Pero la magnitud de los logros de estos últimos nos exige considerar otra conclusión: ser genio no predice el talento creativo, porque no es un prerrequisito de éste.

Estudios subsecuentes intentaron corregir eso, midiendo específicamente el talento creativo. A partir de 1958, el psicólogo Ellis Paul Torrance administró un conjunto de pruebas, después conocidas como Torrance Tests of Creative Thinking, a escolares de Minnesota. Las tareas incluían descubrir formas inusuales de emplear un ladrillo, ofrecer ideas para mejorar un juguete e improvisar un dibujo basado en una forma dada, como un triángulo. Los investigadores evaluaron el talento creativo de cada niño viendo cuántas ideas había generado, qué tan diferentes eran de las de otros, qué tan poco comunes eran y cuántos detalles incluían. La diferencia sobre el pensamiento que caracterizó a la psicología tras la Segunda Guerra Mundial es evidente en el trabajo de Torrance. Éste sospechó que la creación estaba "al alcance de personas comunes y corrientes en la vida diaria",[27] y luego intentó modificar sus pruebas para eliminar sesgos raciales y socioeconómicos. A diferencia de Terman, no esperaba que su método predijera confiablemente resultados futuros. "Poseer un alto grado de esas aptitudes no garantiza una creatividad suma", escribió. "Sin embargo, un alto nivel de esas aptitudes incrementa la posibilidad de que una persona sea creativa."

¿Cómo operaron esas modestas expectativas en los niños de Minnesota de Torrance? La primera investigación complementaria se hizo en 1966, con chicos que habían sido estudiados en 1959. Se les pidió seleccionar a los tres compañeros que habían tenido las mejores ideas y contestar un cuestionario sobre su propio trabajo creativo. Las respuestas se compararon con los datos de siete años antes. La correlación no fue mala; ciertamente fue mejor que la de Terman. En gran medida los resultados persistían tras una segunda prueba complementaria, en 1971. Las pruebas de Torrance parecían ser un medio razonable para predecir el talento creativo.

La hora de la verdad llegó cincuenta años después, cuando los participantes ponían fin a su trayectoria y habían demostrado la aptitud creativa
que poseyeran. Los resultados fueron simples. Sesenta participantes respondieron. Ninguno de los individuos con alta puntuación había creado
nada que mereciera el reconocimiento público. Muchos habían hecho cosas que Torrance y sus seguidores llamaban "logros personales" de creación, como formar un grupo de acción, construir una casa o cultivar un
pasatiempo creativo. Las pruebas de Torrance habían cumplido la modesta meta de predecir quién podía tener una vida relativamente creativa; no
hicieron nada para prever quién podía tener una trayectoria creativa.

Sin proponérselo, Torrance hizo algo más. Confirmó resultados que
Terman había ignorado obstinadamente: que el genio no tiene nada que ver
con el talento creativo, aun si éste se define laxamente y se mide con gene-
rosidad. Torrance registró el CI de todos sus participantes. Sus resultados
no mostraron ninguna correlación entre talento creativo e inteligencia general. Sea lo que Terman haya medido, no tenía nada que ver con crear, y
por eso él pasó por alto a los premios Nobel, Shockley y Alvarez. Ahora
podemos llamarlos genios creativos; pero si el genio creativo sólo es evidente después de la creación, genio es únicamente otra manera de decir
"creativo".

6 ACTOS ORDINARIOS

El argumento contra el genio es claro: hay demasiados creadores, demasia-
das creaciones y muy poca predeterminación. ¿Cómo sucede la creación
entonces?

La respuesta estriba en la historia de quienes han creado cosas. Todas las historias de creación siguen una ruta. La creación es un punto de
destino, consecuencia de actos que parecen insignificantes en sí mismos
pero que, al acumularse, cambian el mundo. Crear es un acto ordinario y
la creación su extraordinario resultado.

¿El caso de Edmond fue ordinario o extraordinario? Si pudiéramos re-
troceder en el tiempo hasta la finca de Férréol, en Reunión, en 1841, vería-
mos actos ordinarios: un muchacho que sigue a un hombre mayor por el
huerto, una conversación sobre sandías, el chico pinchando una flor. Si

volvemos a 1899, veremos un resultado extraordinario: la isla transforma-
da, el mundo evolucionando. Conocer este resultado nos tienta a atribuir,
en retrospectiva, cierta distinción a esos actos; imaginamos a Férréol despierto toda la noche lidiando con el problema de la polinización, teniendo
un momento de epifanía bajo la luz de luna y a un huérfano esclavo de
doce años revolucionando a Reunión y al mundo.

Pero la creación se desprende de actos *ordinarios*. Edmond aprendió
botánica gracias a su juvenil curiosidad y sus caminatas diarias con Férréol. Éste se mantenía al tanto de los avances en la ciencia de las plantas,
como los trabajos de Charles Darwin y Konrad Sprengel. Edmond aplicó
estos conocimientos a la vainilla, con la ayuda de un instrumento de bambú y sus pequeños dedos de niño. Cuando nos asomamos detrás de la cor-
tina de la creación, encontramos personas como nosotros haciendo cosas
que también nosotros podemos hacer.

Esto no vuelve fácil la creación. La magia es instantánea, el genio un
accidente de nacimiento. Quítalos y lo que queda es trabajo.

El trabajo es el alma de la creación. Trabajo es levantarse temprano
y volver tarde a casa, rechazar citas y renunciar a fines de semana, escribir y reescribir, revisar y corregir, memorizar y seguir una rutina, vencer
la duda de la página en blanco, empezar cuando no se sabe por dónde y no
detenerse cuando no se puede seguir. Por lo general, no es divertido, ro-
mántico ni interesante. En palabras de Paul Gallico, si queremos crear, tenemos que abrirnos las venas y sangrar.[28]

No hay ningún secreto. Cuando preguntamos a los escritores por su
proceso, a los científicos o a los inventores por sus métodos, de dónde sa-
can sus ideas, buscamos algo que no existe: un truco, receta o ritual para
invocar la magia, una alternativa al trabajo. Pero no la hay. Crear es trabajo. Así de fácil y así de difícil.

Destruido el mito, tenemos una opción. Podemos crear sin genio ni
epifanía, de manera que lo único que nos detiene somos nosotros mismos.
Hay un arsenal de formas de decir *no* a la creación. Una ya fue abordada:
no es fácil, es trabajo.

Otra es decir *no tengo tiempo*. Pero el tiempo es el gran igualador, el
mismo para todos: veinticuatro horas cada día, siete días cada semana,
cada vida con una duración desconocida, para los ricos y los pobres y todos los situados entre ambos extremos. Lo que queremos decir cuando

expresamos *No tengo tiempo libre* es un arma sin filo en un mundo cuya serie literaria más vendida en los últimos años fue ejecutada por una madre soltera que escribía en los cafés de Edimburgo mientras su pequeña hija dormía;[29] donde una carrera de más de cincuenta novelas fue emprendida por un empleado de lavandería dentro de un tráiler en Maine;[30] donde una filosofía que cambió el mundo fue compuesta en una cárcel parisiense por un preso a la espera de la guillotina[31] y donde tres siglos de física fueron volcados, en un año, por un hombre con un puesto fijo como inspector de patentes.[32] Sí hay tiempo.

La tercera opción no es la mayor, la pistola en la cabeza de nuestros sueños. Todas sus variaciones dicen lo mismo: *No puedo*. He aquí el amargo fruto del mito de que sólo alguien especial puede crear. Ninguno de nosotros se cree especial, no a mitad de la noche, cuando nuestro rostro despide fluorescencias en el espejo del baño. *No puedo*, decimos. *No puedo porque no soy especial.*

Somos especiales, pero eso no importa ahora. Lo que importa es que no tenemos que serlo. El mito de la creatividad es un error nacido del imperativo de explicar resultados extraordinarios con actos y personajes extraordinarios, un malentendido de la verdad: la creación procede de personas ordinarias y el trabajo ordinario. No es necesario ser especial.

Lo único necesario es empezar. *No puedo* es falso una vez que iniciamos la marcha. Es improbable que nuestro primer paso creativo sea bueno. La imaginación necesita repetición. Las cosas nuevas no llegan terminadas al mundo. Ideas que parecen imponentes en la privacidad de nuestra cabeza se tambalean cuando las ponemos sobre la mesa. Pero todo comienzo es bello. La virtud de un primer boceto es que acaba con la página en blanco. Es la chispa de vida en el pantano. Su calidad no importa. El único borrador malo es el que no escribimos.

¿Cómo crear? ¿Para qué crear? El resto de este libro trata de cómo y para qué. ¿Qué crear? Sólo tú lo puedes decidir. Tal vez ya lo sabes. Quizá ya tienes una idea, un ansia. Pero si no es así, no te preocupes. El cómo y el qué están relacionados: uno conduce al otro.

CAPÍTULO 2

PENSAR ES COMO CAMINAR

1 KARL

Berlín ocupó alguna vez el centro del mundo creativo. Los teatros de la ciudad reverberaban con los estrenos de Max Reinhardt y Bertolt Brecht. Los clubes nocturnos presentaban el obsceno burlesque *Kabarett*. Albert Einstein ascendía por la Academia de Ciencias. Thomas Mann profetizaba los peligros del nacionalsocialismo.[1] Las películas *Metropolis* y *Nosferatu* se estrenaban en salas repletas. Los berlineses llamaron a ese lapso la Época de Oro: los años de Marlene Dietrich, Greta Garbo, Joseph Pilates, Rudolf Steiner y Fritz Lang.

Aquél era un sitio y momento para pensar acerca del pensar. En Berlín, los psicólogos alemanes tenían entonces ideas radicales sobre cómo funciona la mente humana. Otto Selz, profesor en Mannheim, sembró la semilla: se contó entre los primeros que propusieron que pensar era un proceso que podía escudriñarse y describirse. Para la mayoría de sus contemporáneos, la mente era magia y misterio. Para Selz, era un mecanismo.

Pero al comenzar la década de 1930, él oyó aproximarse a la muerte. Era judío. Hitler estaba en ascenso. La celebración que Berlín hacía de la creación se volvió apocalíptica. La destrucción estaba cerca.

Selz había hecho preguntas psicológicas: ¿cómo operaba la mente? ¿Podría medirla? ¿Qué podía probar? Ahora hacía también preguntas prácticas: ¿qué iba a ser de él? ¿Podría escapar? ¿Cuánto tiempo le quedaba?

Además, e igualmente importante para Selz, ¿sobrevivirían sus ideas aun si él no lo lograba? La oportunidad de transmitirlas fue breve. En 1933, los nazis le impidieron trabajar y prohibieron que se le citara. Su nombre desapareció de las bibliografías.

No obstante, al menos un berlinés conocía su obra. Karl Duncker tenía treinta años cuando los nazis vetaron a Otto Selz. Duncker no era judío. Su apariencia era aria: piel blanca, cabello muy rubio y mandíbula angular. Pero ni siquiera así estaba a salvo. Su exesposa era judía, y sus padres comunistas. Solicitó dos veces un puesto de profesor en la Universidad de Berlín;[2] se le rechazó en ambas ocasiones, pese a su excelente historial académico.[3] En 1935 fue despedido como investigador. Publicó entonces su obra maestra, *On Problem-Solving* —en la que desafió a los nazis citando a Selz diez veces—,[4] y huyó a Estados Unidos.

La Época de Oro había llegado a su fin. El novelista Christopher Isherwood, quien daba clases de inglés en Berlín, narró su defunción:

> Hoy brilla el sol y el día es tibio y suave. Sin abrigo ni sombrero, salgo a dar por última vez mi paseo matinal. Brilla el sol y Hitler es el amo de esta ciudad. Brilla el sol y docenas de amigos míos —mis alumnos del Liceo de Trabajadores, los hombres y las mujeres con quienes me reunía— están presos, si no es que muertos, o condenados a muerte. Capto el reflejo de mi cara en la luna de un escaparate y me horroriza ver que estoy sonriendo. Imposible dejar de sonreír, con un tiempo tan hermoso... Los tranvías pasan, Kleiststrasse arriba, como siempre. Y lo mismo los transeúntes que la cúpula en forma de tetera de la estación de la Nollendorfplatz guardan un aire curiosamente familiar, un asombroso parecido con algo recordado, habitual y placentero.[5]

Duncker encontró cabida en el departamento de psicología del Swarthmore College, en Pennsylvania. En 1939 produjo su primer artículo desde su llegada a Estados Unidos, en coautoría con Isadore Krechevsky, inmigrante que había dejado en su juventud el pequeño pueblo lituano de Sventijanskas para escapar del antisemitismo ruso.[6] Krechevsky, cuyos choques con el prejuicio en Estados Unidos lo habían llevado a querer abandonar su carrera académica, fue el primer estadunidense a quien Duncker inspiró. Su artículo conjunto, "On Solution-Achievement", publicado en la *Psychological Review*,[7] marcó el momento en la historia de la mente en que

Estados Unidos se encontró con Berlín. De acuerdo con el estilo estadunidense de la época, Krechevsky estudiaba el aprendizaje en ratas; Duncker estudiaba el pensamiento en humanos. Esto era tan inusual que él tuvo que esclarecer qué entendía por "pensamiento": "El sentido funcional de la resolución de problemas, no un tipo especial —sin imágenes, por ejemplo— de representación".

En su artículo, ambos coincidían en que la resolución de problemas requiere "varios pasos intermedios", aunque Krechevsky señaló una diferencia crucial entre las ideas de Duncker y las que prevalecían en Estados Unidos: "En el análisis de Duncker hay un concepto importante, sin paralelo en la psicología estadunidense: en sus experimentos, la solución del problema es significativa. El organismo puede aplicar experiencias de otras ocasiones y, en términos comparativos, pocas experiencias generales pueden usarse en la resolución de problemas".

Duncker había dejado su primera huella. Los psicólogos estadunidenses experimentaban con animales y hablaban de *organismos*: una psicología de "educa a tu rata". A Duncker le interesaban la mente humana y los problemas significativos. Puso manos a la obra y abrió camino a la revolución cognitiva, que tardaría veinte años en cuajar.

En Alemania, los nazis arrestaron a Otto Selz y lo llevaron a Dachau, el primer campo de concentración. Lo tuvieron ahí cinco semanas.

Duncker publicó su segundo artículo, sobre la relación entre familiaridad y percepción, en el *American Journal of Psychology*.[8]

En Rusia, su hermano Wolfgang fue capturado en la gran purga de Stalin y asesinado en el gulag.

El tercer artículo de Duncker en ese año se publicó en la revista pionera de filosofía y psicología *Mind*; su tema era la psicología de la ética.[9] Él quería entender por qué los valores morales de la gente variaban tanto. Era un artículo sutil, exhaustivo y mordaz. Un individuo dedicado a descubrir cómo piensan los seres humanos trataba de dar sentido al final de Berlín:

> El motivo "por el bien del Estado" depende de si este último parece ser la encarnación de los más altos valores de la vida o apenas una suerte de cuartel de policía. En general, los juicios morales se basan en los significados normales en la sociedad en cuestión. El principal propósito de ésta no es ser "justa", sino

promover e imponer sus significados y conductas normales. Esta función interfiere con una conducta puramente ética.

Ahí estaba la respuesta de Duncker: los Estados pueden remplazar la ética con edictos.

A fines de febrero de 1940, Karl Duncker escribió algo adicional.

Querida madre:
Has sido buena conmigo.
No me condenes.

Condujo hasta la cercana Fullerton y, en su auto, se dio un disparo en la cabeza. Tenía treinta y siete años de edad.[10]

En Ámsterdam, los nazis capturaron a Otto Selz, lo llevaron a Auschwitz y lo mataron.

En Berkeley, la University of California otorgó una cátedra de psicología a un tal David Krech. Éste era el nuevo nombre de Isadore Krechevsky, el primer coautor estadunidense de Duncker. Krech tendría una ascendente carrera de treinta años, especializada en los mecanismos de la memoria y la estimulación.[11]

David Krech fue una de las muchas personas en las que Duncker influyó. Éste llevó consigo a Estados Unidos las mejores y más radicales ideas alemanas sobre el pensamiento, e inició una revolución a la que no sobrevivió. Él era un mensaje en una botella lanzada al mar desde un Berlín en agonía. La botella se rompió, pero no sin antes transmitir su aviso.

2 LA CUESTIÓN DEL HALLAZGO

La monografía de Duncker *On Problem-Solving*, que él publicó en 1935, mientras huía de Alemania, dio origen a una transformación en la ciencia del cerebro y la mente conocida como "revolución cognitiva", la cual sentó las bases de nuestra comprensión de cómo los seres humanos creamos. Por muchas razones, entre ellas sus referencias a Selz, *On Problem-Solving* se prohibió en la nación de Hitler. La guerra llegó. Berlín ardió en llamas. Los ejemplares de esa obra se volvieron escasos.

Cinco años después del suicidio de Duncker, una exalumna, Lynne Lees, rescató esa monografía traduciéndola al inglés, y presentando al mundo su valiente apuesta: "Estudiar el pensamiento productivo".

Duncker había rechazado los estudios de los grandes pensadores. Los comparaba con un rayo: un drástico despliegue de algo que "sería mejor investigar en pequeñas chispas en el laboratorio". Utilizaba "problemas prácticos y matemáticos porque este material es más adecuado para la experimentación", pero aclaró que estudiaba el *pensamiento*, no adivinanzas ni matemáticas. Lo importante no era en qué se pensara; los "aspectos esenciales de la resolución de problemas son independientes de la materia del pensar".

Durante milenios, la gente había sido agrupada en categorías: civilizada y salvaje, caucásica y negra, hombre y mujer, gentil y judía, rica y pobre, capitalista y comunista, genial y tonta, talentosa y no talentosa. La categoría determinaba la capacidad. En la década de 1940, esas divisiones fueron reforzadas por "científicos" que invocaban el potencial innato a fin de organizar a la raza humana como a un zoológico, y encerrar a los "diferentes" en jaulas, a veces literalmente. Entonces, un gentil casado con una judía, un hijo de comunistas que había emigrado para vivir entre capitalistas, un hombre que colaboraba con los judíos y las mujeres, y que había atestiguado los horrores del fraude de comparar a la humanidad, demostró que la esencia del pensamiento humano no se ve afectada por el nivel, el tema o el pensador; que la mente de todos funciona de la misma manera.

Ése fue un hallazgo radical y controvertido, y cambió el camino de la psicología. El método de Duncker era simple: planteaba problemas a la gente y le pedía que pensara en voz alta mientras trataba de resolverlos. Percibía de este modo la estructura del pensamiento.

Pensar es buscar la forma de cumplir una meta que no puede cumplirse con una acción obvia. Queremos hacer algo, pero no sabemos cómo, así que antes de actuar debemos pensar. Pero ¿cómo pensamos? O, como lo dijo Duncker, hemos de indagar la respuesta a "la pregunta específica: ¿de qué manera puede encontrarse una solución significativa?".

Todos seguimos el mismo proceso para pensar, así como seguimos el mismo proceso para caminar. Da igual que el problema sea grande o pequeño, que la solución sea nueva o lógica, que el pensador sea un premio Nobel o un niño. El "pensamiento creativo" no existe, como no existe tampoco el "caminar creativo". La creación es un resultado, un lugar al que el pensamiento puede llevarnos. Pero para saber cómo crear, antes debemos saber cómo pensar.

Duncker se sirvió de una amplia serie de experimentos. Entre ellos estaban el problema abcabc, en el que se pide a estudiantes de preparatoria resolver por qué los números en la forma 123,123 y 234,234 son siempre divisibles entre 13; el problema de la vara, en el que se da a bebés de incluso ocho meses de edad una vara con la que alcanzar un juguete remoto; el problema del corcho, en el que un trozo de madera debe insertarse en el marco de una puerta pese a no ser del mismo ancho que ésta, y el problema de la caja, en el que hay que fijar velas en una pared seleccionando entre objetos como tachuelas y diversas cajas. Duncker varió muchas veces sus experimentos hasta comprender cómo piensa la gente, qué le ayuda a hacerlo y qué se interpone en el camino.

Una de sus conclusiones fue: "Si se introduce una situación en cierta estructura perceptual, el pensamiento alcanza una estructura contraria sólo ante la resistencia de la estructura anterior".[12]

O sea, las ideas viejas obstruyen a las nuevas.

Tal fue el caso del trabajo de Duncker. Pocos psicólogos leyeron o entendieron *On Problem-Solving* en su totalidad y no porque fuera complicado, sino porque viejas ideas los hacían resistirse a él. Hoy esa monografía se conoce, sobre todo, por el problema de la caja, también llamado, incorrectamente, problema de la vela. Este problema atrajo más atención que los demás. Psicólogos y autores que trabajan sobre la creación lo han examinado más de cincuenta años.[13] He aquí su encarnación moderna.

Imagínate en un cuarto con una puerta de madera. En él hay una vela, una cajetilla de cerillos y una caja de tachuelas. Usando únicamente estas cosas, ¿cómo fijarías la vela a la puerta de tal modo que puedas encender aquélla, hacerla que arda normalmente y disponer de luz para leer?

A la gente se le suelen ocurrir tres soluciones. Una es derretir parte de la vela y usar la cera derretida para pegar la vela en la puerta. Otra es clavar la vela en la puerta con una tachuela. Ambas son aceptables, aunque no del todo. La tercera, propuesta sólo por una minoría, es vaciar la caja de tachuelas, clavarla en la pared y usarla para sostener la vela.

Esta última solución tiene una peculiaridad: uno de los objetos, la caja, se usa para algo diferente a su propósito original. En algún momento, la

persona que resuelve el problema deja de verla como algo que contiene tachuelas, para verla como algo para sostener la vela.

Este cambio, conocido como *introspección*, es considerado importante
para algunos de quienes reflexionan sobre la creatividad. Sospechan que
hay algo notable en ver la caja de otra manera y que ese cambio es un salto como el que experimentamos al ver aquella foto de un jarrón que podrían ser dos caras, o de una anciana que podría ser una joven, o de un
pato que podría ser un conejo. Una vez que damos este "salto", resolvemos
el problema.

Siguiendo a Duncker, los psicólogos han generado muchos enigmas
parecidos, como el problema de Charlie:

Dan llega a casa una noche después del trabajo, como de costumbre.
Abre la puerta y entra a la sala. Ve a Charlie en el piso, muerto. Hay agua
en el suelo y vidrios rotos. Tom también está ahí. Dan mira rápidamente la
escena y sabe al instante qué sucedió. ¿Cómo murió Charlie?[14]

Y el problema de la cuerda y el prisionero:

Un prisionero intenta escapar de una torre. Encuentra en su celda una
cuerda la mitad de larga para llegar sano y salvo al suelo. La corta a la mitad, amarra ambas partes y escapa. ¿Cómo lo logró?[15]

Y el problema de los nueve puntos:

Imagina tres hileras de tres puntos, uniformemente espaciados para
componer un cuadrado. Une los puntos usando sólo cuatro líneas rectas
sin despegar el lápiz del papel.

Todos estos problemas se resuelven del mismo modo: con el equivalente de darse cuenta de que no todo es lo que parece. Charlie es un pez;
Tom es un gato, que derribó la pecera de Charlie y provocó su muerte. El
prisionero no cortó la cuerda a lo ancho, como imaginamos naturalmente,
sino a lo largo. Los nueve puntos se unen trazando líneas que se extienden
más allá del "cuadrado" formado por los puntos. Éste es el origen de la frase "Pensar fuera de la caja".[16]

¿Quiere esto decir que la mente da saltos? Esta pregunta puede contes-
tarse con un problema más, el de la banda de lunares:

Julia duerme en un cuarto cerrado con llave. Junto a su cama hay una
campana para llamar al ama de llaves. Junto al mango de la campana hay
una abertura que comunica con la habitación contigua. El cuarto contiene una caja fuerte, una cadena para perro y un tazón para leche. Una noche,

Julia grita. Se oye un silbido y un estruendo. Julia es encontrada agonizante con un cerillo quemado en la mano. No hay rastros de violencia. No hay mascotas en la casa. Su cuarto se mantenía cerrado con llave. Sus últimas palabras fueron: "La banda de lunares...". ¿Cómo murió Julia?

Éste no es un problema psicológico. Es el resumen de un cuento protagonizado por Sherlock Holmes y escrito por Arthur Conan Doyle en 1892.[17] Julia murió mordida por una serpiente venenosa entrenada para arrastrarse por la abertura y regresar al silbido del asesino. Éste mantenía encadenada a la serpiente y la alimentaba con la leche. El estruendo fue el ruido que hizo al esconder a la víbora en la caja fuerte tras el homicidio. Luego de ser mordida, Julia encendió un cerillo para alumbrarse, y alcanzó a ver al animal, que le pareció una "banda de lunares".

Holmes resuelve esto observando que el único acceso al cuarto cerrado con llave es la abertura. Deduce que, como Julia murió pronto y sin señales de violencia, es probable que haya sido envenenada. Por lo tanto, algo pequeño y ponzoñoso pasó por la abertura. La cadena para perro sugiere que se trata de un animal, no de un gas, y el tazón descarta insectos como arañas. Las últimas palabras de Julia, acerca de una banda de lunares, parecen misteriosas al principio, pero ahora semejan una referencia a la solución restante más probable: una serpiente, enseñada a responder al silbido de su amo. El estrépito indica que el animal está en la caja fuerte.

Holmes es un personaje de ficción célebre por detectar, no por crear. Él mismo describe su proceso como "observación y deducción: elimina todos los demás factores, y el que resta debe ser la verdad". No resuelve el asesinato de Julia con un salto creativo. El "discernimiento" que da inicio a su proceso de deducción —que el único acceso al cuarto cerrado con llave es la abertura— es una observación. De ésta se desprende la inesperada solución de que una serpiente mató a Julia.[18]

La mente no da saltos. La observación, evaluación y repetición, y no cambios repentinos de percepción, resuelven los problemas y nos llevan a crear. Podemos ver esto usando la técnica de Duncker: observando a la gente mientras resuelve el problema más famoso de ese autor.

3 PASOS, NO SALTOS

Muchos individuos no usan palabras para pensar, pero todos podemos verbalizar nuestros pensamientos sin afectar nuestras habilidades de resolución de problemas.[19] Escuchar a la mente muestra cómo funciona el pensamiento. Robert Weisberg pidió a varias personas pensar en voz alta mientras se ocupaban del problema de la caja de Duncker.[20] Cambió éste incluyendo clavos además de tachuelas y sustituyendo la puerta de madera por un pedazo de cartón. Las personas con las que trabajó tenían estos objetos frente a sí. Se les pidió imaginar soluciones, pero no ponerlas en práctica.

He aquí los pensamientos de tres personas a las que no se les ocurrió usar la caja de tachuelas como candelero:

PERSONA 1: Derretir la vela y tratar de fijarla. Se sostendrá verticalmente sobre un clavo, pero se romperá. Ponerla de lado y clavarla. Parece pesada. Ponerle uno o dos clavos juntos, aunque tal vez no se sostenga. Yo podría… no, no podría.

PERSONA 2: Considero los clavos, pero no perforarán, así que ¿de qué otra forma fijar la vela? Atravesarla con un clavo en posición vertical. En posición horizontal. No voy a poder usar los cerillos. Poner clavos en el pabilo y bajo la vela…

PERSONA 3: Se me ocurre que puede tomarse un clavo y hundirlo, pero la vela se partiría. Usar entonces los cerillos para derretir un poco de cera, y luego usar los clavos… no, así no. Sujetar varios clavos juntos y poner la vela encima…

Y he aquí los pensamientos de tres personas a las que *sí* se les ocurrió usar la caja de tachuelas para sostener la vela:

PERSONA 4: La vela tiene que arder recta, así que si tomara un clavo y atravesara con él la vela y el cartón… [pausa de diez segundos]… Si tomara varios clavos e hiciera una fila, podría poner la vela encima. Si saco los clavos de la caja, clavaría la caja en la pared.

PERSONA 5: Derrito la cera y la uso para pegar la vela. Tomo un clavo… no atravesará la vela. Pongo clavos alrededor de la vela o bajo ella para sostenerla. La pongo sobre la caja de clavos... No funcionaría, se rompería la caja.

PERSONA 6: Enciendo un cerillo y veo si puedo poner cera en el cartón. Atravieso la vela con un clavo hasta el cartón. Miro los cerillos para ver si la idea daría resultado. Intento más combinaciones con los clavos. Hacer una base para la vela con los clavos como rectángulo. Mejor todavía, usar la caja. Fijar dos clavos en el cartón, poner la caja sobre ellos, derretir algo de cera y ponerla en la caja con la vela.

Así es como los seres humanos pensamos. *Todos* a quienes se les ocurre usar la caja de tachuelas llegan a ello de la misma forma. Tras eliminar otras ideas, piensan hacer una plataforma con los clavos, y luego usar como plataforma la caja de tachuelas. No hay un súbito cambio de percepción. Pasamos de lo conocido a lo nuevo en pasos pequeños. El patrón es igual siempre: partir de algo conocido, evaluarlo, resolver los problemas y repetir hasta encontrar una solución satisfactoria. Duncker descubrió esto en la década de 1930: "Las personas que acertaban llegaban a la solución de este modo: comenzaban por las tachuelas y buscaban una 'plataforma por fijar a la puerta con ellas'".

La evaluación conduce a la repetición. La persona 3 decide "sujetar varios clavos juntos y poner la vela encima", y evalúa esto como satisfactorio. La persona 4 lo evalúa como insatisfactorio, así que da un paso más: usa la caja de tachuelas. La persona 5 también da este paso, la solución que Duncker buscaba para este problema, pero hace la evaluación contraria: no funcionará. La persona 6 es la que da más pasos y, en consecuencia, mejora la solución de Duncker, usando cera derretida para estabilizar la vela.

Crear es dar pasos, no saltos: busca un problema, resuélvelo y repite. Entre más pasos des, mejor. Los principales artistas, científicos, ingenieros, inventores, emprendedores y demás creadores no dejan de dar pasos en busca de nuevos problemas y soluciones, y de nuevos problemas otra vez. La raíz de la innovación sigue siendo la misma que cuando nuestra especie surgió: examinar algo y pensar "Puedo hacerlo mejor".

Seis universitarios hablando de cómo resolver un enigma no son suficientes para generalizar; ni 25, el número a quienes Weisberg pidió pensar en voz alta, y ni siquiera 376, el de quienes intentaron resolver el problema de la caja en sus experimentos.[21] Pero estos resultados socavan una premisa vital del mito de la creatividad: crear requiere saltos de pensamiento extraordinario. No es así. El pensamiento ordinario es suficiente.

4 ¡AJÁ!

Hay una alternativa a la teoría de que la creación procede del pensamiento ordinario: la idea propuesta por los psicólogos Pamela Auble, Jeffrey Franks y Salvatore Soraci; el escritor Jonah Lehrer, y muchos otros, de que muchas de las mejores creaciones son producto de un momento extraordinario de repentina inspiración, llamado "efecto eureka" o "momento ¡ajá!". Ideas que principian como orugas de la mente consciente se convierten en capullos en el inconsciente, y luego echan a volar como mariposas. Este momento se traduce en excitación, y quizá también provoca exclamaciones. La clave para crear es cultivar más de esos momentos.

Quienes creen esto tienen muchas objeciones razonables a la propuesta de que la creación se deriva del pensamiento ordinario. Hay casos documentados de grandes creadores que han tenido momentos ¡ajá! Muchas personas, frustradas por no poder resolver un problema, lo dejan de lado, sólo para dejar que venga después la solución. Los neurólogos que buscan la fuente de tales momentos han descubierto cosas interesantes. El momento ¡ajá! está entretejido en nuestro mundo. Oprah Winfrey lo convirtió en marca registrada.[22] ¿Cómo puede explicar esto el pensamiento ordinario?

El caso más citado del momento ¡ajá! es famoso gracias al arquitecto romano Vitruvio.

Cuenta Vitruvio que cuando el gran general griego Hierón fue coronado rey de Siracusa, en Sicilia, hace dos mil trescientos años, lo celebró proporcionando a un artesano un poco de oro para que le hiciera una guirnalda.[23] El artesano le entregó una guirnalda que pesaba lo mismo que el oro que había recibido de Hierón, pero éste sospechó un engaño y pensó que la guirnalda en gran medida era de plata. Pidió entonces al mayor pensador de Sicilia, Arquímedes, de veintidós años, que estableciese la verdad: ¿era la guirnalda de oro puro? Según Vitruvio, ocurrió entonces que Arquímedes fue a tomar un baño;[24] y entre más se sumergía en la bañera, más agua se desbordaba de ésta. Eso le dio una idea, así que salió corriendo a

su casa, desnudo y gritando: *"¡Eureka, eureka!"*, "¡Lo tengo, lo tengo!". Hizo
dos objetos de igual peso que la guirnalda, uno de oro y otro de plata, los
sumergió en agua y midió cuánta de ella se desbordaba; el objeto de plata
desplazó más agua que el de oro. Después sumergió la guirnalda "de oro" de
Hierón, la que desplazó más agua que el objeto de puro oro, demostrando
así que había sido adulterada con plata u otra sustancia.

Esta historia acerca de Arquímedes, que Vitruvio narró dos siglos después de los hechos, es casi indudablemente falsa. El método que Vitruvio
describió no da esos resultados, como es probable que haya sabido Arquímedes. Así lo indicó Galileo en su "Bilancetta" ("Pequeña balanza"), donde
califica de "totalmente falso" el método de comparar oro y plata descrito
por Vitruvio.[25] Las pequeñas diferencias en la cantidad de agua desaloja-
da por el oro, la plata y la guirnalda habrían sido muy difíciles de medir.
La tensión superficial y las gotas adheridas a la guirnalda habrían origina-
do otros problemas. Ese texto de Galileo señala el método probablemente
usado por Arquímedes, con base en la forma en que éste trabajaba: sumer-
gir la guirnalda en agua. La flotabilidad, no el desplazamiento de líquido,
es la clave para resolver este problema.[26] Parece improbable que rebosar
una bañera haya inspirado esto.

Pero atengámonos al relato de Vitruvio. Él dice que Arquímedes, "sin
dejar de pensar en el caso, se fue a bañar, y al meterse a una bañera observó que cuanto más hundía el cuerpo en ella, más agua escapaba. Como
esto indicó el modo de explicar el caso en cuestión, sin demora y transido
de alegría, Arquímedes salió saltando de la tina y corrió desnudo a su casa,
gritando a voz en cuello que había hallado lo que buscaba; porque, mientras corría, gritaba repetidamente en griego: '¡Eureka, eureka!'".[27]

Es decir, el momento eureka de Arquímedes fue producto de una observación *efectuada mientras pensaba en el problema*. En el mejor de los
casos, su baño es como la plataforma de clavos en los experimentos de
Weisberg: la cosa que lleva a otra. Si en verdad sucedió, el legendario grito de "¡Eureka!" de Arquímedes no emergió de un momento ¡ajá!, sino de
la alegría de resolver un problema con el uso del pensamiento ordinario.

Otro ejemplo célebre de un momento ¡ajá! proviene de Samuel Taylor
Coleridge, quien afirmó que su poema "Kubla Khan" fue escrito en un sueño. De acuerdo con su prefacio,

en el verano del año 1797, el Autor, afectado de salud, se había retirado a una granja solitaria. Le fue prescrito un calmante, con cuyos efectos cayó dormido leyendo un pasaje: "Aquí el Kubla Kahn mandó erigir un palacio con un suntuoso jardín interior. Diez millas de tierra fértil fueron cercadas por una muralla". El Autor cayó en un sueño profundo unas tres horas, durante el cual está seguro de que escribió una composición no menor de 200 o 300 versos sin sensación alguna o conciencia de esfuerzo. Al despertar, escribió con vehemencia las líneas; en ese momento, para desgracia suya, una persona llegó de Porlock con un negocio, y al regresar a su cuarto descubrió que el poema se había desvanecido.[28]

Esto dio a ese poema —subtitulado "Una visión en un sueño"— un aura de misterio y romanticismo que conserva hasta la fecha. Pero Coleridge nos engaña. El calmante que asegura le fue recetado era opio (disuelto en alcohol), sustancia a la que era adicto. Un trance de tres o cuatro horas es un clásico estado inducido por el opio, el cual puede ser eufórico y alucinatorio. Se sabe con certeza qué hizo Coleridge en el verano de 1797; no tuvo tiempo entonces para retirarse a una granja solitaria. La persona de Porlock puede haber sido ficticia y un pretexto para no terminar el poema. Coleridge se sirvió de un artificio similar —una carta falsa de un amigo— para excusar el estado inconcluso de otra obra, su *Biographia Literaria*.[29] En el prefacio citado, se afirma que el poema fue compuesto durante un sueño y luego escrito automáticamente. Pero en 1934 se descubrió un manuscrito previo de "Kubla Khan", que difiere del poema publicado. Entre muchos otros cambios, "De este Abismo, desbordándose en un caos espantoso" se convirtió en "*Y de* este abismo, desbordándose en un caos implacable"; "Doce millas de tierra fértil / circundaron Torres y Murallas" cambió por "*Diez* millas de tierra fértil / *rodearon* torres y murallas"; el "monte Amora" pasó a ser "monte *Amara*" —en referencia al Paraíso perdido de Milton— y por último "monte *Abora*". También la historia original cambió. Coleridge acabó por reconocer que este poema fue "compuesto en un estado como de ensueño provocado por dos granos de opio" en el otoño, de manera que no es cierto que haya aparecido completo durante un sueño de verano.[30]

Son cambios menores, pero que revelan un pensamiento consciente, no automatización inconsciente. "Kubla Khan" pudo haber comenzado, o no, en un sueño, pero lo terminó el pensamiento ordinario.

Un frecuente tercer caso de un momento ¡ajá! remite a 1865, cuando el químico August Kekulé descubrió la estructura anular del benceno. Veinticinco años después de este descubrimiento, Kekulé dijo en un discurso ante la Sociedad Química alemana:

> Yo estaba escribiendo mi libro, pero no avanzaba; mis ideas estaban en otra parte. Volví mi silla hacia la chimenea para dormitar un rato. Los átomos retozaron de nuevo ante mis ojos; esta vez, los grupos pequeños permanecieron modestamente en el fondo. El ojo de mi mente, agudizado por repetidas visiones de ese tipo, pudo distinguir ahora estructuras más grandes, de conformación diversa: filas largas, a veces muy ceñidas, que se retorcían y enroscaban como serpientes. Pero ¡atención!, ¿qué fue eso? Una de las serpientes se había mordido la cola, y esa forma se agitaba burlonamente ante mis ojos. Desperté como tocado por un rayo, y también en esta ocasión pasé el resto de la noche resolviendo las consecuencias de la hipótesis.[31]

Robert Weisberg señala que Kekulé empleó la palabra *Halbschlaf*, o "semidormido", traducida a menudo como "ensueño". No estaba dormido; soñaba despierto. Su sueño suele describirse como la visión de una serpiente que se muerde la cola. Pero Kekulé dice haber visto átomos que se retorcían *como una serpiente*. Al describir después a una serpiente mordiéndose la cola, vuelve a su analogía. Pero no vio una serpiente. Éste es un caso de imaginación visual que ayudó a resolver un problema, no un momento ¡ajá! sucedido en un sueño.[32]

Una revelación repentina también ha sido atribuida a Einstein, quien se estancó un año en el desarrollo de la teoría de la relatividad, y buscó ayuda en un amigo:

> Era un bello día cuando lo visité con ese problema. Inicié la conversación de esta manera:
>
> —Recientemente he estado trabajando en un problema difícil. Vine para hacerle frente contigo.
>
> Examinamos juntos todos los aspectos del problema. Y de pronto supe dónde estaba la clave. Regresé al día siguiente y, antes siquiera de saludarlo, le dije:
>
> —Gracias. Ya resolví el problema por completo.[33]

¿Fue un golpe de inspiración? No. En palabras de Einstein, "llegué a eso por pasos".[34] Todas las historias de momentos ¡ajá! —de las que, sorpresivamente, hay pocas— son así: anecdóticas, con frecuencia apócrifas y sin posibilidad de resistir el análisis.

Y vaya que se les ha analizado: en las últimas décadas del siglo xx, numerosos psicólogos opinaban que la creación surge de un periodo de pensamiento inconsciente llamado "incubación", seguido por una emoción que denominan "la sensación de conocer", seguida a su vez por un momento ¡ajá!, o "introspección". Esos psicólogos hicieron cientos de experimentos diseñados para confirmar su hipótesis.[35]

Por ejemplo, en 1982, dos investigadores de la University of Colorado probaron la sensación de saber, con treinta personas en un experimento que duró noventa días. Enseñaron a sus sujetos fotografías de artistas y les pidieron recordar su nombre.[36] Sólo cuatro por ciento de los recuerdos se recuperaron en forma espontánea, la mayoría de ellos en las mismas cuatro personas. Todos los demás se recuperaron por obra del pensamiento ordinario: resolviendo gradualmente el problema mediante el hecho de rememorar, por ejemplo, que el artista había sido una estrella de cine en los años cincuenta, que había aparecido en una película de Alfred Hitchcock en la que era perseguido por un aerofumigador, que la película se llamaba *North by Northwest* y, por fin, que su nombre era Cary Grant. ¿La conclusión del estudio? Que aun los recuerdos "espontáneos" pueden proceder del pensamiento ordinario y que nada confirma el procesamiento mental inconsciente como medio para recobrar recuerdos. Otros estudios sobre la sensación de conocer han tenido resultados similares.[37]

¿Y la incubación? Robert Olton pasó muchos años en la University of California, campus Berkeley, tratando de demostrar su existencia. En un experimento, dividió a 160 personas en diez grupos y les pidió resolver el problema de la granja, el cual implica dividir una "granja" en forma de L en cuatro partes del mismo tamaño y forma.[38] La solución es novedosa: hay que hacer cuatro eles más pequeñas con diversas orientaciones. Cada sujeto fue probado por separado y dispuso de treinta minutos para resolver el problema. Para saber si hacer una pausa en el pensar —es decir, incubar— tenía alguna influencia, algunos sujetos recibieron un receso de quince minutos. Durante esta pausa, algunos podían hacer lo que quisieran, a otros se les asignaron tareas mentales como contar hacia atrás de tres en tres, o hablar sobre el problema, y a algunos más se les instruyó relajarse en un cuarto con un sillón cómodo, luz tenue y música suave. Cada una de estas actividades probó una idea diferente acerca de cómo opera la incubación.

Sin embargo, los resultados de todos los grupos fueron iguales. Quienes trabajaron sin tregua se desempeñaron tan bien como los que recibieron un periodo de incubación. Olton separó los datos de muchas maneras, buscando evidencias de operación de la incubación, pero se vio obligado a concluir: "El principal hallazgo de este estudio es que no apareció ninguna evidencia de incubación en ninguna condición, ni siquiera en aquéllas en las que su aparición se creía más probable". Llamó a esto un "hallazgo inexorablemente negativo". Asimismo, le fue imposible reproducir los resultados positivos reportados por otros. "Hasta donde sabemos", escribió, "ningún estudio entre los que reportan evidencias de incubación en la resolución de problemas ha sobrevivido a su reproducción por un investigador independiente."

Olton propuso que una explicación de la falta de evidencias a favor de la incubación eran experimentos fallidos. Pero añadió: "Una segunda y más radical explicación de nuestros resultados es que tenemos que aceptarlos tal cual y cuestionar la existencia de la incubación como un fenómeno objetivamente demostrable. Esto es, la incubación bien puede ser una ilusión, notable, quizá por el recuerdo selectivo de escasas, pero vívidas ocasiones en las que un gran progreso siguió al distanciamiento de un problema, y por el olvido de las abundantes ocasiones en que eso no fue así".

Hay que reconocer que Robert Olton no se rindió. Diseñó un estudio distinto, usando esta vez a expertos que intentaban resolver un problema en el área de su especialidad —ajedrecistas y un problema de ajedrez—, con la esperanza de que esto diera mejores resultados que los de los universitarios con un problema de introspección.[39] La mitad de los sujetos trabajó sin interrupción, mientras que la otra mitad hizo una pausa, durante la cual se le pidió no pensar en el problema. Tampoco en este caso la pausa ejerció influencia alguna. Ambos grupos se desempeñaron igual de bien. Habiendo creído inicialmente en la incubación, Olton se vio forzado a dudar de su existencia. Su desilusión fue evidente en el subtítulo del artículo que escribió sobre este estudio: "En busca de lo elusivo". Concluyó en él: "Simple y sencillamente, no encontramos incubación".

En la actualidad, la mayoría de los investigadores considera la incubación como psicología popular, una creencia extendida pero equivocada.[40]
Casi todas las pruebas sugieren lo mismo: que las orugas no se vuelven capullos en la mente inconsciente. Las mariposas de la creación provienen
del pensamiento consciente.

5 EL SECRETO DE STEVE

Karl Duncker escribió que el acto de la creación parte de una o dos preguntas: "¿Por qué esto no funciona?", o "¿Qué cambios debería hacer para
que funcione?".[41]

Parecen preguntas sencillas, pero responderlas puede dar resultados
extraordinarios. Uno de los mejores ejemplos de ello lo da Steve Jobs, cofundador y exdirector general de Apple Inc. Cuando, en 2007, Jobs anunció el primer teléfono celular de Apple, el iPhone, dijo:

> Los teléfonos más avanzados se llaman smartphones. Y, en efecto, son un
> poco más inteligentes, pero también más difíciles de usar. Tienen teclado, que
> está ahí si lo necesitas o no. ¿Cómo resuelves esto? Nosotros lo resolvimos en
> las computadoras hace veinte años; lo hicimos con una pantalla capaz de
> exhibir todo. Lo que vamos a hacer ahora es quitar todos esos botones y po-
> ner una pantalla gigante. No queremos andar cargando un ratón. ¿Vamos a
> usar un punzón? No; hay que tomarlo y guardarlo, y es fácil de perder. Vamos
> a usar nuestros dedos.[42]

No es casualidad que Jobs parezca aquí uno de los sujetos de Duncker pensando en voz alta, mientras trata de fijar una vela en una puerta. El proceso
paso a paso es el mismo. Problema: teléfonos más inteligentes son más difíciles de usar, porque tienen un teclado permanente. Solución: una pantalla grande y un apuntador. Problema: ¿qué tipo de apuntador? Solución: un
ratón. Problema: no queremos andar cargando un ratón. Solución: un punzón. Problema: un punzón se puede perder. Solución: usar nuestros dedos.

Apple vendió 4 millones de teléfonos en 2007, 14 millones en 2008,
29 millones en 2009, 40 millones en 2010 y 82 millones en 2011, para
un total de 169 millones en sus cinco primeros años en el ramo de los

teléfonos, pese a que sus precios eran más altos que los de sus competido-res.[43] ¿Cómo lo hizo?

Durante varios años, a partir de 2002, fui miembro del consejo asesor de una compañía fabricante de teléfonos celulares. Cada año, ésta me ob-sequiaba su teléfono más reciente, cada cual más difícil de usar que el an-terior, para mí y otros miembros del consejo. No era secreto para nadie que Apple podía entrar en cualquier momento al mercado de los celulares, pero ese riesgo se desdeñaba siempre, ya que Apple jamás había hecho un teléfono. Meses después de que lanzó su aparato, hubo una reunión de con-sejo en aquella compañía y yo pregunté qué pensaban de él. El jefe de inge-niería contestó: "Tiene un pésimo micrófono".

Eso era cierto, irrelevante y revelador.[44] La compañía a la que yo ase-soraba concebía los teléfonos inteligentes como teléfonos, sólo que un poco más inteligentes. Había hecho algunos de los primeros teléfonos ce-lulares, los que, por supuesto, tenían botones. Y habían tenido éxito. Así que al añadir lo de "inteligentes", agregó botones. Pensaba que un buen teléfono brindaba una buena llamada telefónica, y que lo de "inteligente" era un extra.

Apple hacía computadoras. Para ellos, como lo dejó ver claramente el anuncio de Jobs, un teléfono inteligente no era un teléfono; era una compu-tadora de bolsillo que, entre otras cosas, hacía llamadas. Hacer computa-doras era un problema que, como dijo Jobs, Apple había "resuelto" hacía veinte años. No importaba que nunca hubiera hecho un teléfono. Importa-ba que los fabricantes de teléfonos nunca hubieran hecho una computado-ra. La compañía a la que yo aconsejaba, alguna vez líder en la fabricación de teléfonos, perdió mucho dinero en 2007, vio desplomarse su participa-ción de mercado y eventualmente fue vendida.

"¿Por qué esto no funciona?" engaña con su simplicidad. El primer reto es preguntárselo. Aquel jefe de ingeniería no hizo esa pregunta sobre sus teléfonos. Veía mejores ventas y clientes satisfechos y supuso que no había ninguna falla ni nada que cambiar.

Pero ventas + clientes = ninguna falla es una fórmula de cianuro corpo-rativo. La mayoría de las grandes empresas ya desaparecidas se suicidaron bebiéndolo. La complacencia es un enemigo. "Si no falla, no lo cambies" es una frase imposible de tolerar.[45] Sean cuales fueren las ventas y la satis-facción del cliente, siempre hay algo que cambiar. Hacer la pregunta "¿Por qué esto no funciona?" es inhalar creación. Responderla es exhalar creación. La innovación se ahoga sin esto.

"¿Por qué esto no funciona?" tiene el poder de una estrella polar: fija el rumbo de la creación. Para Jobs y el iPhone, el punto de partida decisivo no fue buscar una solución, sino ver un problema: el de teclados que hacían que teléfonos más inteligentes fueran más difíciles de usar. Todo lo demás se desprendió de esto.

Apple no fue la única. LG, el gigante coreano de la electrónica, lanzó un producto casi igual al iPhone antes del anuncio de éste.[46] El LG Prada tenía una pantalla táctil grande, ganó premios de diseño y vendió un millón de unidades. Cuando se dio a conocer una dirección muy parecida seguida por Apple —una pantalla táctil de gran tamaño—, los competidores hicieron en unos meses réplicas casi exactas. Podían hacer un iPhone, pero no podían concebirlo. No fueron capaces de inspeccionar sus productos existentes y cuestionar: "¿Por qué esto no funciona?".

El secreto de Jobs fue revelado en 1983, en los albores de la computadora personal, cuando habló en una conferencia de diseño en Aspen, Colorado.[47] No había podio ni materiales visuales. Jobs se paró frente a un atril, con peinado de anuario, una fina camisa blanca arremangada hasta los codos y —"Me pagaron sesenta dólares, así que me puse corbata"— una pajarita rosa y verde. El público era poco. Él manoteaba mientras imaginaba "computadoras portátiles con conexiones de radio", "buzones electrónicos" y "mapas electrónicos". Apple Computer, de la que era cofundador y entonces miembro del consejo, tenía seis años de vida jugando a ser el David contra el Goliat de IBM. Su honda eran las ventas: había vendido más computadoras personales que cualquier otra compañía en 1981 y 1982. Pero, pese a su optimismo, Jobs estaba insatisfecho:

Si se les mira bien, las computadoras parecen bazofia. Todos los grandes diseñadores de productos empiezan diseñando automóviles o edificios, y casi ninguno diseña computadoras. Nosotros vamos a vender diez millones de computadoras en 1986, así parezcan una porquería o una maravilla. Estos nuevos objetos estarán presentes en el trabajo, la escuela y el hogar de todos. Y nosotros tenemos la oportunidad de poner ahí un objeto magnífico. Si no lo hacemos, nos limitaremos a añadir chatarra. En 1986 o 1987, la gente pasará más tiempo interactuando con esas máquinas que en su auto. Así que al diseño industrial, al diseño de software y a cómo interactúa la gente con esas cosas debe dársele la consideración que hoy damos a los autos, si no es que más.[48]

Veintiocho años después, Walt Mossberg, columnista de tecnología del *Wall Street Journal*, describió una conversación semejante ocurrida hacia el final de la vida de Jobs: "Él se puso a hablar de ideas arrasadoras para la revolución digital, y después, sin transición alguna, de por qué los actuales productos de Apple eran horrendos, y de que cierto color, ángulo, curva o icono resultaba vergonzoso".[49]

Un buen vendedor convence a todos. Uno grande convence a todos menos a sí mismo. Jobs pensaba diferente, no por su genio, pasión o visión, sino porque se negaba a creer que ventas y clientes significan que no hay fallas. Consagró esto en el nombre de la calle que rodea al campus de Apple: Ciclo Infinito. Su secreto fue que nunca estaba satisfecho. Se pasó la vida preguntando: "¿Por qué esto no funciona?" y "¿Qué cambios debo hacer para que funcione?".

6 LLUVIA DE FOCOS

Un momento: sin duda hay una alternativa a comenzar preguntándonos "¿Por qué esto no funciona?". ¿Qué tal si simplemente empezamos con una buena idea?

Las ideas son uno de los ingredientes básicos de los mitos sobre la creación; incluso tienen su propio símbolo, el foco. Esto viene de 1919, la época del cine mudo, una década antes de Mickey Mouse, cuando el animal más famoso del mundo era el gato Félix. Éste era negro, blanco y malicioso. Símbolos y números aparecían sobre su cabeza, y a veces él los tomaba para utilizarlos como accesorios. Signos de interrogación se convertían en escaleras, notas musicales en vehículos, signos de admiración en bats y el número 3 en cuernos para medirse con un toro. Uno de esos símbolos sobrevivió al gato: cuando Félix tenía una idea, sobre su cabeza aparecía un foco.[50] Los focos han representado ideas desde entonces. Los psicólogos adoptaron la imagen: después de 1926, llamaron con frecuencia *iluminación* a tener una idea.[51]

El mito de la creatividad confunde tener ideas con el trabajo real de crear. Libros con títulos como *Haz realidad tus ideas, Cómo tener ideas, El cazador de ideas* y *Detección de ideas* enfatizan la generación de ideas, para la cual abundan técnicas. La más famosa es la lluvia de ideas, inventada en 1939 por el ejecutivo de publicidad Alex Osborn, quien la dio a conocer en 1942 en su libro *How to Think Up*.[52] He aquí una descripción representativa de ella por James Manktelow, fundador y director general de Mind Tools, empresa que promueve la lluvia de ideas como una forma de "desarrollar soluciones creativas a problemas de negocios":

> La lluvia de ideas suele emplearse en un entorno de negocios para animar a equipos a dar con ideas originales. Es un formato de reunión de "rienda suelta" en el que el líder expone el problema por resolver. Los participantes sugieren entonces ideas para resolverlo, basándose también en ideas sugeridas por otros. Una regla esencial es que estas ideas no deben criticarse; pueden ser completamente absurdas y extravagantes. Esto permite a la gente explorarlas en forma creativa y romper los patrones establecidos de pensamiento. Además de generar excelentes soluciones a problemas específicos, la lluvia de ideas puede ser muy divertida.[53]

Osborn reivindicó el éxito de su técnica. Como ejemplo de su eficacia, se refirió a un grupo de empleados del Departamento del Tesoro de Estados Unidos que produjeron 103 ideas para vender bonos de ahorro en 40 minutos. Corporaciones e instituciones como DuPont, IBM y el gobierno estadunidense adoptaron pronto la lluvia de ideas. A fines del siglo XX, ya olvidados sus orígenes, se había convertido en un acto reflejo para crear en muchas organizaciones, y entrado en la jerga de negocios como sustantivo y como verbo. Ahora es tan común que pocos la cuestionan. Todos la practican, así que debe ser buena. Pero ¿funciona?

Las afirmaciones acerca del éxito de la lluvia de ideas descansan en supuestos fáciles de poner a prueba. Uno de ellos es que los grupos producen más ideas que los individuos. Investigadores de Minnesota probaron esto con científicos y ejecutivos de publicidad de la 3M Company.[54] La mitad de los sujetos trabajaron en grupos de cuatro; los de la otra mitad trabajaron solos, tras de lo cual sus resultados se combinaron al azar como si hubieran operado en grupo, contando como una sola las ideas duplicadas. En cada caso, cuatro personas que habían trabajado en forma individual generaron entre 30 y 40% más ideas que cuatro que lo habían hecho en grupo. También sus resultados fueron de más calidad: jueces independientes evaluaron la labor y determinaron que los individuos produjeron mejores ideas que los grupos.

En una investigación complementaria se probó si acaso grupos más grandes se desempeñaban mejor.[55] En un estudio, 168 personas fueron divididas en equipos de cinco, siete o nueve, o se les pidió trabajar solas. Esta investigación confirmó que trabajar individualmente es más productivo que hacerlo en grupo. También demostró que la productividad decrece cuando el tamaño del grupo aumenta. La conclusión: "La lluvia de ideas en grupos de muy diversos tamaños inhibe antes que facilitar el pensamiento creativo". Los grupos produjeron resultados de menor cantidad y calidad porque tenían más probabilidades de aferrarse a una idea y porque, pese a las exhortaciones en contrario, algunos de sus miembros se sintieron inhibidos y se abstuvieron de participar plenamente.

Otro supuesto de la lluvia de ideas es que suspender la crítica es mejor que evaluar las aportaciones cuando aparecen. Investigadores en Indiana probaron esto pidiendo a estudiantes pensar en marcas de tres productos.[56] A la mitad de los grupos se les pidió no criticar y a otra la mitad criticar mientras avanzaban. También en este caso, jueces independientes evaluaron la calidad de cada idea. Los que no se detuvieron a criticar produjeron más ideas, pero ambos tipos de grupos produjeron el mismo número de buenas ideas. Aplazar la crítica sólo añadió malas ideas. Estudios subsecuentes han reforzado esto.[57]

Las investigaciones sobre la lluvia de ideas llegan a una conclusión clara: la mejor forma de crear es trabajar solo y evaluar las soluciones cuando se presentan. La peor forma de crear es trabajar en grupos grandes y posponer la crítica. Steve Wozniak, cofundador de Apple con Steve Jobs e inventor de la primera computadora de esa compañía, da el mismo consejo: "Trabaja solo. Podrás diseñar productos y funciones revolucionarios si trabajas por tu cuenta. No en comité. No en equipo".[58]

La lluvia de ideas fracasa porque es un rechazo explícito hacia el pensamiento ordinario —sólo saltos, ningún paso—, y a causa de su supuesto tácito de que tener ideas es lo mismo que crear. Una de las consecuencias de esto es que casi todos tienen la creencia de que las ideas son importantes. Según el novelista Stephen King, la pregunta que más se hace a los autores cuando presentan un libro —y que ellos son menos capaces de responder— es: "¿De dónde sacó sus ideas?".[59]

Las ideas son como las semillas: abundantes, pero pocas de ellas fructifican. También es raro que sean originales. Pide a grupos independientes hacer una lluvia de ideas sobre el mismo tema al mismo tiempo, y es probable que obtengas muchas ideas iguales. Esto no es una limitación de la lluvia de ideas; se aplica a la creación en general. Puesto que todo resulta de pasos, no de saltos, casi todo se inventa en varios lugares simultáneamente cuando personas diferentes recorren el mismo camino, sin saber de las demás. Por ejemplo, cuatro personas descubrieron por separado las manchas solares en 1611; cinco inventaron el buque de vapor entre 1802 y 1807; seis concibieron el ferrocarril eléctrico entre 1835 y 1850 y dos inventaron el chip de silicio en 1957. Cuando los especialistas en ciencia política William Ogburn y Dorothy Thomas estudiaron este fenómeno, encontraron 148 casos de grandes ideas procedentes de muchas personas al mismo tiempo y concluyeron que su lista aumentaría con más investigación.[60]

Tener ideas no es lo mismo que ser creativo. Creación es ejecución, no inspiración. Muchos tienen ideas; pocos dan los pasos necesarios para hacer realidad lo que imaginaron. Uno de los mejores ejemplos de esto es el avión. Los hermanos Orville y Wilbur Wright no fueron los primeros en tener la idea de producir una máquina voladora, ni los primeros en empezar a hacerla, pero sí fueron los primeros en volar.

7 CÓMO VOLAR UN CABALLO

La historia de los hermanos Wright se inicia en las montañas Rhinow, en Alemania, el domingo 9 de agosto de 1896. El cielo estaba despejado como una sábana, la luna mordisqueaba al sol en un eclipse solar parcial y una forma blanca se elevó entre los picos.[61] Tenía alas con falanges como las de un murciélago y una cola en forma de media luna. Un hombre barbado colgaba del aparato: Otto Lilienthal, quien piloteaba el nuevo planeador, maniobraba inclinándose a un lado u otro y persiguiendo la creación de una máquina voladora propulsada. Una ráfaga de viento se abatió sobre el planeador y lo inclinó hacia arriba. Lilienthal se columpió, pero no pudo enderezarlo. Su gran murciélago blanco cayó 15 metros, y él se dio de bruces.

Se fracturó la espalda y murió al día siguiente. Sus últimas palabras fueron: "Hay que hacer sacrificios".[62]

Orville y Wilbur Wright leyeron la noticia en su tienda Wright Cycle Company en Dayton, Ohio. El sacrificio de Lilienthal les pareció absurdo; nadie debía manejar un vehículo sin poder dirigirlo, especialmente en el cielo.

El ciclismo estaba de moda en la década de 1890. Las bicicletas son un milagro de equilibrio. No son fáciles de hacer ni de montar. Cuando andamos en ellas, hacemos constantes ajustes para mantener el equilibrio. Al dar una vuelta, abandonamos ese equilibrio guiando e inclinándonos y lo recuperamos una vez consumado el viraje. El problema de la bicicleta no es el movimiento; es el equilibrio. La muerte de Lilienthal mostró a los Wright que lo mismo podía decirse del avión. En su libro *The Early History of the Airplane*, ellos escribieron:

> El equilibrio de un aviador puede parecer en principio un asunto simple, pero casi todos los practicantes descubrieron en eso un punto que no podían dominar satisfactoriamente. Algunos ubicaban el centro de gravedad bajo las alas. Como el péndulo, aquél tendía a buscar el punto más bajo; pero, también tendía a oscilar en una forma que impedía toda estabilidad. Un sistema más satisfactorio era disponer las alas en forma de una V ancha, aunque en la práctica esto tenía dos graves defectos: primero, tendía a mantener oscilando la máquina y, segundo, su utilidad se restringía a viento tranquilo. Pese a conocer las limitaciones de este principio, se le había incluido en casi cualquier máquina voladora notable producida hasta entonces. Nosotros llegamos a la conclusión de que un aviador basado en esto podía ser de interés desde un punto de vista científico, pero no de valor en sentido práctico.[63]

En ese mismo libro, Wilbur agregó: "Cuando se resuelva este aspecto, habrá llegado la era de las máquinas voladoras, porque todas las demás dificultades son de menor importancia".

Esta observación puso a los hermanos Wright en el camino del primer vuelo del mundo. Ellos veían un avión como "una bicicleta con alas".[64] El problema del avión no es volar: como en la bicicleta, es el equilibrio. Otto Lilienthal murió porque tuvo éxito en lo primero, pero no en lo segundo.

Los Wright resolvieron el problema estudiando a las aves. Un pájaro es sacudido por el viento mientras planea. Se balancea subiendo la punta de un ala y bajando la otra. El viento hace girar las alas como las aspas de un molino hasta que el ave recupera equilibrio. Según Wilbur:

> Mencionar todas las cosas que el ave debe tener constantemente en mente para volar sin contratiempos ocuparía un extenso tratado. Si tomo una hoja de papel y, tras ponerla en paralelo con el suelo, la dejo caer de pronto, no descenderá uniformemente, como debería hacerlo una hoja seria y sensible, sino que insistirá en contravenir todas las reglas conocidas del decoro, girando y avanzando aquí y allá de la manera más errática, al modo de un caballo salvaje. Pero es este modo el que los hombres deben aprender a dominar para que volar pueda ser un deporte común. El pájaro aprendió este arte del equilibrio y lo aprendió tan bien que su habilidad no es visible para nosotros. Sólo aprendemos a apreciarla cuando intentamos imitarlo.

Es decir, cuando tratamos de volar un caballo.

Éstos fueron los primeros pasos mentales de los Wright. *Problema*: balancear un avión bronco. *Solución*: imitar a las aves planeando.

El problema siguiente fue cómo reproducir de modo mecánico el equilibrio del ave. La primera solución de los Wright requirió varillas e implementos de metal. Esto dio origen al problema siguiente: aquel armatoste era demasiado pesado para volar. Wilbur descubrió la solución en su taller de bicicletas, mientras jugaba con una larga y delgada caja de cartón que contenía una cámara de bicicleta, parecida en forma y tamaño a una caja de papel aluminio. Cuando él torció la caja, una esquina bajó ligeramente y la otra se elevó en igual medida. Fue un movimiento parecido al de las puntas de las alas de un ave al planear, pero usando tan poca fuerza que podía lograrse con cables. Las alas dobles distintivas de los aviones de los Wright se basaron en esta caja; ellos llamaron "pandeo del ala" al retorcimiento que hacía que las puntas subieran y bajaran.

De chicos les gustaba hacer y volar cometas, "deporte al que dedicábamos tanta atención que nos veían como expertos".[65] Pese a su fascinación, lo dejaron en la adolescencia, porque era "impropio de chicos de nuestra edad". Pero veinte años después, Wilbur cruzó Dayton en bicicleta lo más rápido posible, con un cometa de metro y medio de un extremo al otro del manubrio. Lo había hecho con alas que se pandeaban, para probar si la idea surtía efecto. Corría para mostrárselo a Orville. Los hermanos habían dado su segundo paso.

Y así siguieron. Su gran salto inventivo no fue un gran salto mental. Pese a su extraordinario resultado, su historia es una letanía de pequeños pasos.

Por ejemplo, dedicaron dos años a hacer el cometa de Wilbur lo bastante grande para llevar un piloto antes de descubrir que los datos aerodinámicos que utilizaban eran inútiles.

"Habiendo comenzado con absoluta fe en los datos científicos existentes", escribieron, "terminamos por dudar de una cosa tras otra, hasta que por fin, tras dos años de experimentos, hicimos todo a un lado y decidimos confiar por completo en nuestras propias investigaciones."

Los Wright habían comenzado a volar como pasatiempo y con poco interés en el "lado científico del asunto". Pero eran ingeniosos y los mataba la curiosidad. Cuando se percataron de que todos los datos publicados eran erróneos —"poco más que meras conjeturas"—, ya sabían qué conocimientos necesitaban para diseñar alas capaces de volar. En 1901 hicieron una plataforma de prueba montada en bicicletas para simular aviones en vuelo y luego un túnel aerodinámico movido por una correa, que emplearon para producir sus propios datos. Muchos de sus resultados les sorprendieron; sus hallazgos, escribieron, eran "tan anómalos que estábamos casi dispuestos a dudar de nuestras mediciones".[66]

Pero más tarde concluyeron que las equivocadas eran las mediciones ajenas. Una de las principales fuentes de error era el coeficiente de Smeaton, cifra desarrollada por el ingeniero John Smeaton en el siglo XVIII para determinar la relación entre el tamaño del ala y el ascenso. El número de Smeaton era 0.005; los Wright calcularon que la cifra correcta era 0.0033. Las alas debían ser mucho más grandes de lo que cualquiera había supuesto para que un avión pudiera volar.[67]

Los Wright usaron los mismos datos para diseñar hélices. Éstas se hacían para barcos, no para aviones. De la misma manera en que ellos habían concebido un avión como una bicicleta voladora, concibieron una hélice como un ala giratoria. Las lecciones de su túnel aerodinámico les permitieron diseñar una hélice casi perfecta en su primer intento. Las hélices modernas son sólo marginalmente mejores.

El avión de los Wright es la mejor evidencia de que ellos dieron pasos, no saltos.[68] Su planeador de 1900 se parecía a su cometa de 1899. Su planeador de 1901 se parecía al de 1900, aunque con algunos elementos nuevos. El de 1902 era el de 1901, sólo que un poco más grande y con un timón. Su *Flyer* de 1903 —el avión que voló desde las arenas de Kitty Hawk— era su planeador de 1902, aunque también, en este caso, más grande y con la adición de hélices y un motor. Orville y Wilbur Wright no saltaron al cielo; llegaron allá paso a paso.

8 VEINTIÚN PASOS

Puede ser que el pensamiento haga aviones y teléfonos, pero ¿acaso no es cierto que el arte fluye del alma al ojo? Los pasos mentales de Karl Duncker pueden aplicarse a los cálculos de la ingeniería, pero ¿también describen la majestuosidad del arte? Para contestar esta pregunta, regresemos a Berlín, esta vez en vísperas de la primera guerra.

El primero de noviembre de 1913, Franz Kluxen entró a la Galerie Der Sturm de Berlín a comprar un cuadro.[69] Kluxen era uno de los principales coleccionistas de arte moderno en Alemania. Poseía obras de Marc Chagall, August Macke, Franz Marc y una docena de Picassos. Ese día, otro artista llamó su atención, una figura controvertida que volvía la pintura aún más irreal: Wassily Kandinsky. El cuadro que Kluxen compró era abstracto, de formas retorcidas y líneas penetrantes dominadas por azules, cafés, rojos y verdes; se llamaba *Bild mit weißem Rand*, o *Cuadro con borde blanco*.

Meses antes de que Kluxen se encontrara con el cuadro terminado en Berlín, Kandinsky se había topado con su lienzo en blanco en Múnich, llevando una pieza de carboncillo en la mano. El lienzo fue cubierto con una pintura blanca compuesta por cinco capas de cinc, greda y plomo. Kandinsky había detallado las especificaciones de la pintura con toda precisión. Prohibió la greda artificial, hecha de yeso, y exigió greda natural, más cara, de células fosilizadas con cien millones de años de antigüedad.[70]

Trazó una imagen con el carboncillo. Después mezcló pinturas, usando hasta diez pigmentos por color —su púrpura constaba de blanco, bermellón, negro, verde, dos amarillos y tres azules, por ejemplo—, y las aplicó en capas, de la más clara a la más oscura, sin detenerse ni equivocar una sola pincelada. El cuadro cubría tres metros cuadrados, pero lo terminó pronto.[71] Esta velocidad y certeza daban la impresión de espontaneidad. Era como si él hubiera despertado esa mañana y se hubiese precipitado a registrar un fragmento de un sueño en pleno desvanecimiento.

El arte es la habilidad de lograr que las apariencias engañen. Kandinsky pasó cinco meses planeando cada pincelada de su pintura aparentemente espontánea, y años enteros desarrollando el método y la teoría que lo llevaron a ella. Era un inmigrante ruso residente en Alemania. Visitó su nativa Moscú en el otoño de 1912, justo al comienzo de la primera guerra de los Balcanes. Al sur de Rusia, la Liga Balcánica, integrada por Serbia, Grecia, Bulgaria y Montenegro, atacó Turquía, que entonces se llamaba imperio otomano. Fue una guerra breve y brutal que empezó al momento del viaje de Kandinsky y terminó mientras él concluía su *Cuadro con borde blanco*, en mayo de 1913. Regresó a Alemania con un problema: cómo pintar la emoción del momento, las "intensísimas impresiones que había experimentado en Moscú o, más correctamente, de Moscú misma".[72]

Comenzó haciendo un boceto al óleo titulado *Mascau*, rebautizado después como *Boceto 1 de Cuadro con borde blanco*. Era un apretado amasijo de verde aterciopelado con acentos de rojo cadmio y circundantes líneas oscuras. Un trío de curvas negras fluían hacia el extremo superior izquierdo, evocando el trineo de tres caballos conocido como troica, motivo común en Kandinsky y símbolo usado por otros rusos, como Nikolái Gógol, para representar la divinidad de su nación.[73]

Su segundo boceto, apenas diferente, difuminó las líneas hasta volverlas más manchas que pinceladas; en sus propias palabras, "disolviendo los colores y las formas". Siguieron más bocetos. Kandinsky pulió su cuadro sobre papel, cartón y tela. Soltó garabatos a lápiz, haciendo trazos para indagar qué colores irían dónde, mediante el uso de letras y palabras. Pintó algunos estudios con acuarela, otros con gouache —mezcla de goma y pigmento a medio camino entre la acuarela y el óleo— y tinta china. Usó crayones. Hizo veinte bocetos, cada cual apenas diferente en uno o dos pasos al anterior. Este proceso duró cinco meses. El vigesimoprimer cuadro —la obra terminada— es muy parecido al primero. *Cuadro con borde blanco* es el viejo amigo con quien tropiezas después de unos años; el *Boceto 1* es cómo se veía él antes. Pero enormes diferencias se ocultan bajo la superficie de cada pieza. Cuentan la verdadera historia de la creación artística.

La tierra verde del *Boceto 1* es una mezcla de siete colores: verde, ocre oscuro, ocre amarillo, negro, amarillo, azul y blanco. En el centro del cuadro, Kandinsky aplicó primero un amarillo hecho de cinco colores: amarillo cadmio, amarillo ocre, rojo ocre, amarillo laca y greda. Luego, cuando el amarillo secó, pintó encima verde. Estos pasos no fueron artísticos: la tela del *Boceto 1* ya se había usado antes, y el artista tuvo que cubrir una imagen anterior. Lo hizo tan bien que no fue hasta casi cien años después, tras la aparición del procesamiento de imágenes con rayos infrarrojos, que un equipo de curadores del Guggenheim Museum de Nueva York, dueño del *Cuadro con borde blanco*, y de la Phillips Collection de Washington D. C., dueña del *Boceto 1*, descubrieron que había un cuadro detrás del cuadro.

Una vez que Kandinsky preparó el lienzo, continuó con el *Boceto 1*, aplicando capas de colores de oscuras a claras, reordenando y repintando muchas veces mientras trabajaba. Esto es parcialmente visible en una inspección atenta de sus pinceladas, y ha sido totalmente expuesto por los rayos X, que revelan un cuadro capa por capa. Una placa de rayos X del *Boceto 1* muestra un borrón: Kandinsky retrabajó la imagen tantas veces que sólo es posible ver unos cuantos elementos de la pieza terminada. Pintó casi todo el lienzo en reiterados arranques que duraron hasta que resolvió su primer problema: cómo capturar "las intensísimas impresiones que había experimentado en Moscú".

Al terminar el *Boceto 1*, identificó, uno por uno, los problemas restantes. Rotó la imagen de vertical a apaisada, suavizó los colores y cambió la tierra de verde oscuro a blanco luminoso. Un boceto muestra veinte variaciones de la troica mientras Kandinsky afinaba sus curvas como las cuerdas de un cello. Luego estuvo el borde blanco que da nombre a la obra:

> Hice lentos progresos con el filo blanco. Mis bocetos me sirvieron de poco; es decir, las formas individuales estaban claras dentro de mí, pero de todas formas no podía pintar el cuadro. Esto me atormentaba. Luego de varias semanas, saqué otra vez los bocetos, pero todavía me sentía poco preparado. Sólo al paso de los años he aprendido a ejercitar la paciencia en momentos como ése y a no romper el cuadro en mis rodillas.
>
> Así, no fue hasta después de casi cinco meses que, al sentarme en el crepúsculo a examinar el segundo estudio a gran escala, de repente me di cuenta de lo que faltaba: el filo blanco. Como este filo blanco dio la solución al cuadro, lo usé como título.

Resuelto este último problema, Kandinsky hizo el pedido de la tela. Cuando la tocó por primera vez con su carboncillo, sabía exactamente qué iba a hacer. Mientras que una placa de rayos X del *Boceto 1* exhibe un borrón trabajado y retrabajado, una del *Cuadro con borde blanco* es idéntica al lienzo. Es así como sabemos que Kandinsky no titubeó. Cinco meses y veinte pasos después, estaba listo para pintar.

Esos veinte pasos son apenas una parte de la historia. El trayecto de Kandinsky no empezó con el *Boceto 1* ni terminó con *Cuadro con borde blanco*. Sus primeras obras, pintadas en 1904, eran paisajes realistas y coloridos.[74] Sus últimas, pintadas en 1944, eran abstractas, atonales y geométricas.[75] Sus primeros y últimos cuadros parecen completamente distintos, pero todo lo que Kandinsky pintó en los años intermedios fue un pequeño paso en el camino que los une. *Cuadro con borde blanco* marca un ligero desplazamiento hacia imágenes más abstractas y forma parte de la transición de Kandinsky de la oscuridad a la luz. Incluso en una vida de arte, la creación es un continuo.

Como demostró Karl Duncker, toda creación, sea un cuadro, un avión o un teléfono, tiene el mismo fundamento: pasos graduales en los que un problema lleva a una solución, que lleva a su vez a otro problema. Crear resulta de pensar, como caminar: pie izquierdo, problema; pie derecho, solución. Repite hasta llegar a tu destino. No es el tamaño de las zancadas lo que determinará tu éxito, sino cuántas des.

CAPÍTULO 3

ESPERA LA ADVERSIDAD

1 JUDAH

Una noche del verano de 1994, una niña de cinco años llamada Jennifer bajó gateando las escaleras para decirle a su madre que le dolía el oído.[1] El pediatra le recetó gotas. El dolor aumentó. La cara de Jennifer se inflamó de un lado. El pediatra duplicó la dosis. La hinchazón creció. Rayos X no revelaron nada. El bulto llegó a ser más grande que una pelota de beisbol. La niña ardía en fiebre, inflada la cabeza, bajando de peso. La operaron para sacarle el bulto. Éste volvió. Le quitaron la mitad de la quijada, pero aun así el bulto regresó. Se lo quitaron de nuevo; regresó por cuarta vez, en dirección al cráneo de Jennifer, para matarla. La ciencia médica no daba resultado. La única oportunidad de Jennifer era la radiación. Nadie sabía si ésta afectaría al tumor. Todos sabían que impediría que la mitad de la cara de Jennifer creciera. Los niños con esta afección suelen quitarse la vida.

Mientras los padres de Jennifer contemplaban su decisión, el médico supo de un investigador con una controvertida teoría según la cual los tumores producen su propio suministro de sangre. Este hombre aseguraba que excrecencias como la de Jennifer podían destruirse eliminando su acceso a la sangre. Muy pocos le creían y su enfoque era tan experimental que rayaba en curanderismo. Se llamaba Judah Folkman.

El doctor de Jennifer informó a sus padres de aquella teoría aún por probar. Les advirtió que Folkman era un hombre controvertido de variada reputación, quizá más fantasioso que científico. Los padres opinaron que tenían poco que perder. "Fantasía" es sinónimo de "esperanza" cuando se tienen pocas posibilidades; es mejor que ninguna esperanza en absoluto. El padre firmó un formulario de consentimiento y puso la vida de su hija en manos de Judah Folkman.

Folkman prescribió inyecciones de una nueva medicina, no probada aún. El padre, un maquinista, se las puso, mientras la madre, que trabajaba en una tienda de abarrotes, la sostenía. Insertaron agujas durante semanas en el brazo de Jennifer, haciendo caso omiso de sus lágrimas de protesta. Las inyecciones de Folkman la agravaron. La hicieron arder en fiebre, desfigurada y agonizante, y la aterraron con visiones. Los vecinos la oían gritar durante la noche y la recordaban en sus oraciones.

Folkman llamó angiogénesis a su teoría, que proviene de las raíces latinas que significan "desarrollo de vasos sanguíneos". La había concebido más de treinta años antes, cuando uno de sus experimentos salió mal. Era soldado entonces, un cirujano asignado a la marina para investigar nuevas formas de almacenar sangre para viajes largos. A fin de saber qué métodos podían dar resultado, armó un laberinto de tubos que abastecían de sustitutos de sangre la glándula de un conejo, en la que inyectó adicionalmente las cosas de más rápido crecimiento que él conocía: células cancerosas de ratón. Suponía que estas células crecerían o morirían, pero sucedió otra cosa: crecieron hasta semejar puntos en un dado, y después se detuvieron. Seguían vivas; cuando él las devolvió a los ratones, se inflamaron hasta convertirse en tumores mortales. Ahí había un misterio: ¿por qué el cáncer hacía alto en una glándula pero mataba a un ratón?

Folkman advirtió que los tumores de los ratones estaban llenos de sangre, mientras que los de la glándula no. En los ratones emergían nuevos vasos sanguíneos, los cuales recibían los tumores, los alimentaban y los hacían crecer.

Otros laboratoristas de la marina juzgaron esto moderadamente interesante; Folkman lo creía trascendental. Estaba seguro de que había descubierto algo importante. ¿Y si los tumores mismos generaban esos nuevos vasos, entretejiéndose en una red sanguínea en la cual crecer? Si era posible impedir que esto sucediera, ¿los tumores desaparecerían?

Folkman era cirujano. Con las manos hundidas en carne viva, los cirujanos ven cosas que los científicos de laboratorio no pueden ver. Para un cirujano, un tumor es un revoltijo rojo y húmedo, como grasa en un bistec. Para un científico es algo blanco y seco, como una coliflor. "Yo había visto y manejado cánceres, y eran rojos, calientes y ensangrentados", explicaría Folkman tiempo después. "Así que cuando los críticos decían: 'No vemos vasos sanguíneos en estos tumores', yo sabía que se referían a tumores extirpados, sin sangre, meras muestras."[2]

Al dejar la marina, Folkman ingresó al Boston City Hospital. Su laboratorio era diminuto y la única luz natural que conseguía filtrarse entraba por las ventanas cerca de un techo elevado.

Trabajó solo años enteros. Cuando por fin reclutó a un equipo, que constaba de un estudiante de medicina y otro de tronco común. Trabajaron noches y fines de semana en un primer artículo sobre la forma en que los vasos sanguíneos dependen de fragmentos de células llamados plaquetas. Se publicó en *Nature* en 1969.

Después de eso, los trabajos de Folkman fueron rechazados. *Cell Biology, Experimental Cell Research* y el *British Journal of Cancer* se negaron a publicar sus artículos sobre la relación entre tumores y sangre. Sus solicitudes de becas fueron denegadas. Los evaluadores alegaban que sus conclusiones eran infundadas, que lo que veía en su laboratorio no se veía en pacientes y que sus experimentos estaban mal diseñados. Algunos lo llamaban loco.

En las décadas de 1960 y 1970, a nadie en el campo del cáncer le interesaba la sangre. Toda la gloria correspondía a los exterminadores de tumores que esgrimían la radiación y el veneno. Los médicos identificaban células malignas como si fueran ejércitos saqueadores y las atacaban con tratamientos inspirados en la guerra. La quimioterapia se desarrolló a partir de las armas químicas de la primera guerra mundial; la radiación se parecía a las armas nucleares de la segunda. Folkman concebía al cáncer como una enfermedad regenerativa, y no degenerativa; una afección causada por el crecimiento del cuerpo, a diferencia de casi todas las otras enfermedades, provocadas por el deterioro o falla del cuerpo. No veía a los tumores como invasores. Pensaba que eran por naturaleza células comunicantes, como lo que su primer asistente de investigación, Michael Gimbrone, llamó un "diálogo dinámico" con el cuerpo. Él estaba seguro de que podía parar esa comunicación y hacer que los tumores murieran por causas naturales.

Una de las razones de que enfrentara escepticismo era su condición de cirujano. Los científicos les tenían poco respeto a los cirujanos.[3] El lugar de éstos era la carnicería de la sala de operaciones, no la biblioteca del laboratorio. Pero Folkman afirmaba que ver el cáncer en personas vivas contribuía a su trabajo. Una vez llegó corriendo al laboratorio inspirado por una paciente cuyo cáncer ovárico se había propagado. Durante la operación para salvarla, había encontrado un gran tumor lleno de sangre orbitado por pequeños tumores blancos aún no identificados. Pensó que la vida confirmaba sus ideas incluso si todos los expertos las rechazaban.

Y el rechazo era feroz. En el mejor de los casos, las charlas de Folkman eran recibidas con apatía. En el peor, el público se salía cuando llegaba su turno de hablar, dejándolo ante una sala vacía. Un miembro de un comité de becas escribió que él "trabajaba con inmundicia". Otro dijo que era un "investigador sin esperanza". Un profesor de Yale lo llamó "charlatán". Se aconsejaba a los investigadores no sumarse a su laboratorio. Miembros del consejo del Boston Children's Hospital, donde él había sido jefe de cirugía, temían que dañara la reputación de su hospital. Redujeron su sueldo a la mitad y lo obligaron a dejar de operar. Un día de 1981, él reparó la deformada garganta de una recién nacida, se quitó su uniforme y no volvió a operar nunca.

A los ataques fuera de su laboratorio se aliaban las decepciones internas. Tratar de demostrar su hipótesis significaba para Folkman monótonos experimentos, la mayoría de los cuales eran infructuosos. Puso un letrero en su pared para excusar su estancamiento. Decía: "La innovación es una serie de fracasos repetidos".

Un sábado de noviembre de 1985, uno de sus investigadores, Donald Ingber, descubrió hongos que contaminaban un experimento. Esto no era raro en los laboratorios y los científicos siguen, frente a ello, un estricto protocolo: desechar los experimentos contaminados. Pero Ingber no lo hizo. Examinó los vasos sanguíneos que crecían en aquella caja de Petri. El hongo los forzaba a replegarse.

Ingber y Folkman experimentaron con ese hongo, viéndolo bloquear el desarrollo de los vasos sanguíneos en cajas de cultivo, después en embriones de pollo, luego en ratones.

Entonces llegó Jennifer. Folkman intentó exorcizar el tumor de la niña para probar su descabellada teoría de la angiogénesis. Mientras Jennifer gritaba y se retorcía bajo la tortura del "tratamiento", su familia acabó por entender por qué Folkman no conseguía que lo publicaran, financiaran, ni le permitieran hacer cirugías. Era la misma razón de que otros científicos lo calificaran de loco y charlatán en una búsqueda sin sentido, se salieran de sus conferencias, dijeran que trabajaba con inmundicia y recomendaran a los investigadores evitarlo.

Esa razón era que su idea era nueva.

Tras las primeras semanas de angustioso tratamiento, las fiebres de Jennifer cedieron. Sus alucinaciones se esfumaron. El bulto en su cabeza se contrajo hasta abandonarla para siempre. Su quijada volvió a ser la misma de antes. Era otra vez una niña linda. Judah Folkman le había salvado la vida.

2 FRACASO

No hay atajos para la creación. El camino hacia allá es de muchos pasos, ni recto ni sinuoso, sino en forma de laberinto.

Judah Folkman recorrió ese laberinto. Es fácil entrar a él y difícil permanecer.

La creación no es un momento de inspiración, sino una vida de resistencia. Los cajones del mundo están llenos de cosas empezadas: bocetos inconclusos, inventos a medias, ideas incompletas de productos, libretas con hipótesis a medio formular, patentes abandonadas, manuscritos parciales. Crear es más monotonía que aventura. Es mañanas tempranas y noches prolongadas: muchas horas dedicadas a un trabajo que podría fracasar, o ser borrado, o eliminado, un proceso sin progreso que debe repetirse diariamente durante años. Empezar es difícil, pero continuar lo es más. Quienes quieren una vida glamurosa no deberían perseguir el arte, la ciencia, la innovación, la invención o cualquier otra cosa que precise de lo nuevo. La creación es un largo viaje en el que la mayoría de las vueltas son equivocadas y la mayoría de los callejones no tienen salida. Lo más importante que hacen los creadores es trabajar. Lo más importante que no hacen es renunciar.

La única manera de ser productivo es generar cuando el producto es malo. Lo malo es el camino a lo bueno. Hasta que salvó la vida de Jennifer,

Folkman había descrito su trabajo como una "serie de fracasos repetidos". Estos fracasos no llegaron fácilmente. Eran sanguinarios experimentos con ojos de conejo, embriones de pollo e intestinos de cachorro. Algunas ideas volvían necesarias vastas cantidades de cartílago de vaca; otras, galones de orina de ratón. Muchos experimentos debían repetirse muchas veces. Algunos salían mal y eran desechados; otros salían bien, pero daban resultados inservibles. Gran parte del trabajo consumía noches y fines de semana. Largos periodos de esfuerzo que no producían nada. Folkman se preguntó una vez por la diferencia entre inutilidad y tenacidad y llegó a una conclusión que se convirtió en su mantra: "Si tu idea es afortunada, te dirán persistente; si no lo es, te llamarán necio".

Él salvó más vidas después de la de Jennifer. La angiogénesis se volvió una teoría importante en el tratamiento del cáncer.[4] Médicos y científicos lo consideraron más que persistente; lo ensalzaban como genio. Pero no recibió esta distinción hasta que demostró su hipótesis. Había sido un genio desde el principio, o no era ningún genio en absoluto.

El hongo de Donald Ingber no fue la milagrosa coincidencia que podría parecer. La resistencia suele ser objeto de la fortuna. Folkman y su equipo trabajaron durante años para descubrir modos de cultivar vasos sanguíneos, para probar agentes bloqueadores y para comprender la naturaleza del desarrollo de tumores. Ingber era un científico brillante, que trabajaba un sábado, listo para encontrarse con el azar. En cualquier otro laboratorio, su hongo habría sido desechado. En otros laboratorios, donde se hacían investigaciones distintas, casi ciertamente se le habría eliminado. Ese hecho fue una culminación, no una revelación. La suerte favorece al trabajo.

Entrar al laberinto de la creación conlleva problemas a cada vuelta. Los inicios de Folkman, trabajando solo en un laboratorio mal iluminado apenas más grande que una caseta de cobro, no fueron auspiciosos, como tampoco lo fueron sus primeros experimentos. Empezó con más preguntas que respuestas. Nosotros también lo haremos: algunos nos cuestionamos a nosotros mismos, otros por los demás. No sabremos las respuestas y ni siquiera cómo encontrarlas. La creación exige creer más allá de la razón. Nuestro punto de apoyo es la fe: en nosotros, en nuestro sueño, en nuestras posibilidades de éxito; en el poder acumulado, compuesto y creativo del trabajo. Folkman no tenía motivo para creer que estaba en lo cierto y sí incontables motivos para creer que estaba equivocado, muchos de ellos transmitidos por sus compañeros. Continuó porque tenía fe.

La fe es el modo de enfrentar el fracaso. No la creencia en un poder superior —aunque podemos optar por ella—, sino en que hay un camino por delante. Los creadores redefinen el fracaso. El fracaso nunca es definitivo. No acarrea juicios ni ofrece conclusiones. El término procede del latín *fallere*, "engañar". El fracaso es engaño: quiere desanimarnos, pero no nos debemos dejar engañar. El fracaso es lección, no pérdida; es ganancia, no vergüenza. Un viaje de mil kilómetros termina con un paso.[5] ¿Todo paso anterior es un fracaso?

Stephen Wolfram, científico, autor y emprendedor, es más conocido por su software Mathematica. Además de escribir libros y lenguaje de programación, reúne obsesivamente información sobre su vida. Ha amasado lo que él mismo califica como "una de las colecciones de datos personales más grandes del mundo". Sabe cuántos correos electrónicos ha enviado desde 1989, cuántas reuniones ha tenido desde 2000, cuántas llamadas telefónicas ha hecho desde 2003 y cuántos pasos ha dado desde 2010. Y lo sabe con precisión. Desde 2002 ha registrado cada tecla que ha oprimido en el teclado de su computadora. Dio más de 100 millones de teclazos en los 10 años transcurridos entre 2002 y 2012, y le sorprendió descubrir que la tecla que más apretaba era Borrar. La usó más de 7 millones de veces: borraba 7 de cada 100 caracteres que tecleaba, un año y medio de escritura posteriormente eliminada.[6]

Las mediciones de Wolfram incluyen alrededor de 200,000 correos electrónicos. Él descubrió que borraba más seguido cuando escribía para publicar. Esto también se aplica a los escritores profesionales. Stephen King, por ejemplo, ha publicado hasta ahora más de 80 libros,[7] la mayoría de ellos de ficción. Dice que escribe 2,000 palabras diarias.[8] Entre principios de 1980 y fines de 1999, publicó 39 libros, con un total de más de 5 millones de palabras.[9] Pero escribir 2,000 palabras diarias durante 20 años arroja 14 millones de palabras: King debe borrar casi dos palabras por cada una que conserva. Dice: "Esa tecla BORRAR está en tu máquina por una buena razón".[10]

¿Adónde van a dar las palabras que King borra? No se pierden del todo. Uno de sus libros más populares es la novela *The Stand*, publicada en 1978.[11] El manuscrito terminado de este volumen, que presentó tras haber hecho todas sus eliminaciones, tenía, como dijo él mismo, "1,200 páginas de extensión y pesaba 5 kilogramos, igual que el tipo de bola de boliche que prefiero".[12]

Sus editores temían que un libro tan extenso no se vendiera, así que él hizo más eliminaciones, equivalentes a 300 páginas. Pero su revelación más indicativa es que podría no haber llegado tan lejos: luego de haber escrito más de 500 páginas a renglón seguido, aproximadamente la mitad del libro, se atascó: "Si hubiera tenido 200 o hasta 300 páginas, habría dejado *The Stand* y seguido con otra cosa; Dios sabe que ya lo había hecho antes. Pero 500 páginas eran una inversión demasiado grande, de tiempo y energía creativa".[13]

Desechó 300 páginas mecanografiadas a renglón seguido, unas 60,000 palabras, que habría tardado más de un mes en escribir pero que no creía suficientemente buenas.

El éxito es la culminación de muchos fracasos. Cuando el inventor James Dyson tropieza con un problema, arma de inmediato algo que no lo resuelve, un método que llama "hacer, romper, hacer, romper". Lo que el mundo llama un fracaso, para el ingeniero, es un prototipo. Del sitio web de Dyson:

> Es un error creer que la invención consiste en tener una gran idea, retocarla varios días en el cuarto de herramientas y aparecer después con el diseño terminado. De hecho, el proceso suele ser mucho más largo y reiterativo, probando algo una y otra vez, cambiando en cada ocasión una pequeña variable. Prueba y error.[14]

Dyson se describe como "una persona común y corriente. Me enojan las cosas que no funcionan".[15] Aquello que lo hizo enojar tanto que cambió su vida fue una aspiradora que perdía succión conforme se llenaba su bolsa. Mientras pensaba en eso, pasó en auto frente a una fábrica que contaba con un extractor de polvo que operaba con base en el principio de la "separación ciclónica". Los separadores ciclónicos o ciclones, hacen girar aire en una espiral, y junto con él cualquier otra cosa —como polvo y tierra—, hasta hacerla caer. Fue justo de esa manera como Dorothy llegó a Oz:

Los vientos del norte y el sur se encontraron en donde se alzaba la casa, y la convirtieron en el centro exacto de la tromba. En medio de una tromba el aire suele estar en calma, pero la gran presión del viento sobre cada uno de los costados de la casa elevó más y más ésta, hasta que llegó a la cima misma del ciclón. La niña dio un grito de asombro y miró en torno. La tromba había asentado la casa, muy suavemente para tratarse de una tromba, en medio de un paisaje de maravillosa belleza.[16]

La belleza de la extracción de polvo por el ciclón es simple: no hay filtro que lo obstruya, así que nada reduce la succión. Los filtros eran la causa de que la mayoría de las aspiradoras absorbieran o, más bien, no succionaran. La idea de Dyson fue igualmente simple: hacer una aspiradora que usara un ciclón en vez de absorber polvo y aire por un filtro.

Las matemáticas del ciclón *no* son sencillas; combinan mecánica de fluidos, para describir el movimiento del aire, con ecuaciones de transporte de partículas, para predecir el comportamiento del polvo. Dyson no perdió mucho tiempo en estas matemáticas. Como los hermanos Wright, hizo una observación y después pasó directamente a la creación. Y lo primero que hizo —con cartón y una aspiradora desarmada— no dio resultado. Tampoco lo segundo, lo tercero o lo cuarto.

Dyson enfrentó muchos problemas. Tenía que hacer el ciclón más pequeño del mundo. Éste debía poder extraer partículas de polvo doméstico con un ancho de una millonésima de un metro.[17] Y tenía que hacerlo de tal forma que resultara adecuado para el uso doméstico y la producción en serie.

Fueron necesarios más de 5,000 prototipos en cinco años para producir una aspiradora funcional con un ciclón. Él dice: "Soy un gran fracaso, porque cometí 5,126 errores".[18] Y en otra ocasión:

Casi no había día en que no quisiera renunciar. Muchos lo hacen cuando el mundo parece estar en su contra, pero es justo entonces cuando debes persistir un poco más. Yo uso la analogía de una carrera. Parece difícil continuar, pero si cruzas la barrera del dolor, verás el final y estarás bien. Es común que la solución esté justo a la vuelta de la esquina.[19]

La solución de Dyson fue —finalmente— una aspiradora funcional con ciclón que alcanzó ventas multimillonarias y generó una fortuna personal de más de 5,000 millones de dólares.[20]

La observación de Judah Folkman de que "la innovación es una serie de fracasos repetidos" se aplica a todos los campos de la creación y a todos los creadores. Nada bueno se crea a la primera. El método, paso a paso, de la resolución de problemas que Karl Duncker observó no concierne únicamente a *avances* como los bocetos de Kandinsky; también a *retrocesos*. Pero la persistencia convierte todo en progreso. La definición de "proceso iterativo" de la autora Linda Rubright es: "Fracaso absoluto. Repetición".[21] Los creadores deben estar dispuestos a fallar y repetir hasta dar con el paso que les hace llegar a su destino. Samuel Beckett lo dijo inmejorablemente: "Vuelve a intentar. Vuelve a fallar. Falla mejor".[22]

3 DESCONOCIDOS CON CARAMELOS

El fracaso no es inútil sino provechoso. El tiempo dedicado a fracasar es tiempo bien gastado. El oscilante laberinto de la creación nunca es una pérdida de tiempo. Sólo claudicar lo es.

Un profesor húngaro de psicología escribió una vez a creadores famosos pidiéndoles que le concedieran una entrevista para un libro que estaba escribiendo.[23] Una de las cosas más interesantes de su proyecto fue que muchas de esas personas dijeron que no.

El filósofo de la administración Peter Drucker contestó: "Uno de los secretos de la productividad (en la que creo, no en la creatividad) es tener un basurero MUY GRANDE que se ocupe de TODAS las invitaciones como la de usted; sé por experiencia que la productividad consiste en NO hacer nada que contribuya al trabajo de otros, sino en dedicar todo el tiempo propio al trabajo que el Buen Dios lo ha capacitado a uno para hacer, y hacerlo bien".

El secretario del novelista Saul Bellow: "El señor Bellow me informa que sigue siendo creativo en la segunda mitad de su vida, al menos en parte, gracias a que no se permite participar en los estudios de otras personas".

El fotógrafo Richard Avedon: "Perdón, me queda muy poco tiempo".

El secretario del compositor György Ligeti: "Él es creativo y, por eso mismo, tiene mucho trabajo. Así, la razón de que usted desee estudiar su proceso creativo es la misma de que (desafortunadamente) él no tenga tiempo para ayudarle en este estudio. Él también quisiera añadir que no puede contestar personalmente su carta porque está absorto en la conclusión de un concierto para violín que se estrenará en otoño".

El profesor se había puesto en contacto con 275 personas creativas. Un tercio de ellas dijo que no. Su razón era falta de tiempo. Un tercio más no respondió. Podemos suponer que su razón de ni siquiera decir que no también fue falta de tiempo, y posiblemente falta de un secretario.

El tiempo es la materia prima de la creación. Quítale la magia y el mito; y lo único que restará es trabajo: el trabajo de ser experto por medio del estudio y la práctica; el trabajo de buscar soluciones a problemas y después problemas con esas soluciones; el trabajo de prueba y error; el trabajo de pensar y perfeccionar; el trabajo de crear. Crear consume. Es todo el día, todos los días. No sabe de fines de semana, ni vacaciones. No es cuando tenemos ganas. Es hábito, compulsión, obsesión y vocación. El hilo común que une a los creadores es cómo pasan el tiempo. Por más que leas, por más que te digan, casi todos los creadores pasan cerca de la totalidad de su tiempo en el trabajo de la creación. Hay pocos éxitos de la noche a la mañana y muchos de toda la noche.

Decir "no" tiene más fuerza creativa que las ideas, los discernimientos y el talento combinados. Decir "no" protege el tiempo, el hilo con que tejemos nuestras creaciones. Las matemáticas del tiempo son simples: tienes menos del que crees y necesitas más del que supones.

No se nos enseña a decir no; se nos enseña a no decirlo. Decir "no" es grosero, es rechazo, refutación, un acto menor de violencia verbal. El "no" es para las drogas y para los desconocidos con caramelos.

Pero considera al profesor húngaro: famoso, distinguido, cortés y pidiendo personalmente un poco de tiempo a individuos que ya habían encontrado el éxito creativo. Y dos tercios de ellos declinaron, en su mayoría no diciendo nada o haciendo que alguien dijera "no" por ellos, no perdiendo siquiera un minuto en contestar.

Los creadores no preguntan cuánto tiempo tarda algo, sino cuánta creación cuesta. Esta entrevista, esa carta, aquella salida al cine, esta cena con amigos, aquella fiesta, ese último día de verano… "¿Cuánto menos crearé si no digo no? ¿Un boceto? ¿Una estrofa? ¿Un párrafo? ¿Un experimento? ¿Veinte líneas de código?" La respuesta es siempre la misma: el "sí" hace menos. No tenemos tiempo para eso. Hay víveres por comprar, tanques de gasolina por llenar, una familia que amar y trabajos de día por hacer.

La gente que crea sabe esto. Sabe que el mundo no es otra cosa que desconocidos con caramelos. Sabe cómo decir no y cómo sufrir las consecuencias. Charles Dickens, al rechazar una invitación de una amiga, dijo:

> "Es sólo media hora", "Sólo una tarde", "Sólo una noche", me dice la gente una y otra vez, pero no sabe que en ocasiones es imposible mandar en el propio ser para algo estipulado y disponer de cinco minutos, o que a veces la mera conciencia de un compromiso preocupará todo un día. Quien está siempre dedicado a un arte debe contentarse con entregarse por completo a él y buscar en él su recompensa. Me apena si sospecha que no quiero verla, pero no lo puedo evitar; debo seguir mi camino, me guste o no.[24]

El decir "no" nos vuelve distantes, aburridos, indecorosos, poco amigables, egoístas, antisociales, descuidados, solitarios y un arsenal de insultos adicionales. Pero el "no" es el botón que nos mantiene en marcha.

4 AHORA LÁVATE LAS MANOS

Al fracaso le suele seguir el rechazo.

En 1846, gran número de mujeres y bebés morían durante el parto, en Viena. La causa de muerte era fiebre puerperal, enfermedad que inflama y luego mata a sus víctimas. El Hospital General de Viena tenía dos clínicas de maternidad; madres y recién nacidos morían sólo en una de ellas. Mujeres embarazadas esperaban fuera del hospital, rogando no ser llevadas a la clínica mortífera, con frecuencia dando a luz en la calle si se les rechazaba; más mujeres y bebés sobrevivían al trabajo de parto en la calle que en la clínica. Y las muertes sucedían a manos de los doctores. En la otra clínica, los bebés eran recibidos por parteras.

El Hospital General de Viena era un hospital-escuela donde los doctores aprendían su oficio abriendo cadáveres. A menudo asistían en un parto después de diseccionar un cadáver. Uno de los médicos, Ignaz Semmelweis, de nacionalidad húngara, dio en preguntarse si acaso la fiebre puerperal se transmitía de los cadáveres a las parturientas. La mayoría de sus compañeros juzgó ridícula la pregunta. El obstetra danés Carl Edvard Marius Levy, por ejemplo, escribió que las "creencias" de Semmelweis eran "demasiado confusas, sus observaciones demasiado volátiles y sus experiencias demasiado inciertas para deducir resultados científicos". Le ofendió la falta de teoría detrás del trabajo de Semmelweis. Éste especulaba que materia orgánica de algún tipo era transferida de la morgue a las madres, pero no sabía cuál. Levy sentenció que eso volvía insatisfactoria toda la idea, desde un "punto de vista científico".

Pero, desde el punto de vista *clínico*, Semmelweis tenía datos convincentes que sustentaban su hipótesis.[25] En una época en que los médicos no se uniformaban para entrar al quirófano y en que se enorgullecían de la sangre acumulada en su bata a lo largo de su carrera, Semmelweis persuadió a los de Viena acerca de lavarse las manos antes de atender un parto, y los resultados fueron inmediatos. En abril de 1847, 57 mujeres murieron al dar a luz en la mortífera primera clínica del Hospital General de Viena, 18% de las pacientes. A mediados de mayo, Semmelweis introdujo el lavado de manos. En junio fallecieron 6 mujeres, un índice de muertes de 2%, igual al de la tersa segunda clínica. El índice de muertes se mantuvo en un bajo nivel y algunos meses se redujo a cero. En los dos años siguientes, Semmelweis salvó la vida de unas 500 mujeres y de un número desconocido de infantes.[26]

Pero esto no bastó para vencer el escepticismo. El obstetra estadunidense Charles Delucena Meigs emblematiza aquel ultraje. Dijo a sus alumnos que las manos de un médico no podían transmitir enfermedades, porque los doctores son caballeros, y "las manos de un caballero están limpias".

Semmelweis no sabía por qué lavarse las manos antes de entrar a la sala de partos salvaba vidas; sólo sabía que así era. Y si no sabes por qué algo salva vidas, ¿para qué lo haces? Para Levy, Meigs y otros caballeros, contemporáneos de Semmelweis, impedir la muerte de miles de mujeres y sus bebés no era razón suficiente.

Mientras la comunidad médica rechazaba las ideas de Semmelweis, la moral y rendimiento de éste declinaron. Había sido una estrella ascendente en el hospital hasta que propuso el lavado de manos. Años después perdió su empleo y empezó a mostrar señales de enfermedad mental. Fue internado en un manicomio, donde se le puso una camisa de fuerza y se le golpeaba. Murió dos semanas más tarde. Pocos asistieron a su sepelio. Sin la supervisión de Semmelweis, los médicos del Hospital General de Viena dejaron de lavarse las manos. El índice de muertes de mujeres y bebés en la clínica de maternidad aumentó 600 por ciento.

Aun en un campo aparentemente empírico y científico como la medicina; aun si los resultados son tan fundamentales como la vida y no la muerte, y aun si la creación es tan sencilla como pedir a la gente lavarse las manos, los creadores pueden no ser bien recibidos.

¿Por qué? Debido a las poderosas defensas del orden establecido que se acumulan contra el cambio. Cuando tú ofrezcas al mundo algo verdaderamente nuevo, prepárate: tener impacto no suele ser una experiencia grata. A veces la parte más difícil de crear no es tener una idea, sino guardársela, idealmente mientras te salvas a ti mismo.

La idea de Semmelweis desafiaba dos milenios de dogma médico. Desde tiempos de Hipócrates, los doctores habían sido educados en el humorismo: la creencia de que el cuerpo se compone de cuatro líquidos, o humores: bilis negra, bilis amarilla, flema y sangre. El humorismo sobrevive hoy en nuestro lenguaje. En latín, bilis negra es *melan chole*; se decía que las personas que la tenían en exceso sufrían de melancolía. Demasiada bilis amarilla, *chole*, volvía irritable, o colérica, a una persona. Un exceso de sangre, *sanguis*, la volvía optimista, o sanguínea. La flema la hacía estoica, o flemática. Una buena salud significaba que esos humores estaban en equilibrio. La enfermedad y la discapacidad se derivaban de desequilibrios causados por inhalar vapores o "aire viciado", idea conocida como "teoría del miasma". Las enfermedades se trataban sacando sangre. En el siglo XIX, los médicos lo hacían poniendo sanguijuelas en el cuerpo de sus pacientes, tratamiento llamado "hirudoterapia". Las sanguijuelas se adherían a la piel del paciente por medio de su ventosa, tras de la cual se hallaba una mandíbula dentada, en forma de hélice. Una vez en su sitio la ventosa, la sanguijuela se adhería, inyectaba en el paciente anestesia y adelgazadores de la sangre y succionaba ésta. Una vez llena, la sanguijuela se soltaba, para iniciar la digestión. Este proceso tardaba dos horas. Era importante esperar; si se le retiraba prematuramente, la sanguijuela vomitaba en la herida abierta del paciente.

La idea de Semmelweis de que la fiebre puerperal quizás era transmitida por los médicos desde los cadáveres a los pacientes y, por lo tanto, podía prevenirse si aquéllos se lavaban las manos, contradecía la antigua trinidad del humorismo, las miasmas y la hirudoterapia. ¿Cómo era posible que la higiene impactara la salud cuando la enfermedad se generaba espontáneamente dentro del cuerpo?

Cuando Semmelweis falleció, otro creador, Louis Pasteur, contestó esa pregunta. Mientras que Semmelweis remitió al número de mujeres que no morían y esperaba que prevaleciera el sentido común, Pasteur se sirvió de experimentos cuidadosamente diseñados para proponer la que se conocería como "teoría de los gérmenes". Produjo evidencias indiscutibles para demostrar que microorganismos vivos causaban numerosas enfermedades. Estaba plenamente consciente de la controvertida naturaleza de su teoría, y quizá también del hostil rechazo que habían sufrido precursores como Semmelweis. Los creyentes en el humorismo habían combatido durante siglos rumores sobre los gérmenes. Pasteur fue meticuloso en sus evidencias y persistente en sus afirmaciones, y al final convenció a casi toda Europa. Los resultados clínicos de Semmelweis habían insinuado la verdad, pero no fueron suficientes para vencer dos mil años de creer en otra cosa. Una nueva idea precisa de mucho mejores evidencias que una antigua, como han señalado algunos de nuestros mejores pensadores.

David Hume: "Un hombre sabio cree en proporción a la evidencia".

Pierre-Simon Laplace: "El peso de la evidencia de una afirmación extraordinaria debe ser proporcional a su rareza".

Marcello Truzzi: "Una afirmación extraordinaria requiere una prueba extraordinaria".

Carl Sagan: "Afirmaciones extraordinarias requieren evidencias extraordinarias".[27]

Las ideas imperantes son reforzadas por intereses creados y familiaridad, así parezcan ridículas después. Sólo pueden ser cambiadas por personas dispuestas a enfrentar el rechazo, con evidencia, paciencia y resistencia. Semmelweis creyó que bastaría con salvar a cientos de mujeres.

Una de las razones del desplome de Semmelweis fue que no esperaba que una idea tan buena fuera tan sonoramente rechazada y recibida con ataques violentos, a veces personales. Pero la creación es la sustitución de lo viejo por lo nuevo, una piedra en el zapato del orden establecido y esto convierte a los creadores en amenazas, al menos para algunos. En consecuencia, la creación rara vez es bienvenida.

Aun así, la sorpresa de Semmelweis es clásica. El error más común sobre la creación es creer que las buenas ideas son objeto de celebración, debido en parte a algo acontecido en Concord, Massachusetts, en 1855.

5 MEJORES RATONERAS

Con envidiable desenvoltura para unir palabras tanto como letras, Ralph Waldo Emerson escribió en su diario: "Si un hombre tiene buen trigo, lana, tablas o cerdos que vender, o puede hacer las mejores sillas o cuchillos, crisoles u órganos de iglesia como nadie más, verá abrirse un amplio sendero hasta su casa, aun si está en el bosque".[28] En 1889, años después de la muerte de Emerson, esa cita se había convertido ya en "Si un hombre puede escribir un libro mejor, predicar un mejor sermón o hacer una ratonera mejor que su vecino, aun si construye su casa en el bosque, el mundo hará un sendero hasta su puerta".[29] Y más tarde cambió de nuevo, esta vez por "Haz una ratonera mejor y el mundo hará un camino hasta tu puerta", y así se volvió famosa.[30]

Estas palabras hicieron algo más que causar un malentendido sobre la popularidad de las cosas nuevas en general. Muchos las interpretan de modo literal, así que la ratonera se ha vuelto uno de los artefactos más frecuentemente patentados y reinventados en Estados Unidos. Cada año se presentan 400 solicitudes de patentes de ratoneras, y se otorgan 40. Hasta ahora se han expedido en total más de 5,000 de esas patentes,[31] tantas que la U.S. Patent and Trademark Office tiene treinta y nueve subclases de ratoneras, entre ellas las "empaladoras", las "asfixiadoras o exprimidoras" y las "electrocutadoras y explosivas". Casi todas esas patentes están en poder de inventores independientes, la mayoría de los cuales refieren esa cita, que creen de Emerson.[32] No obstante, el mundo no abre un camino hasta su puerta. Menos de 20 de las 5,000 patentes de ratoneras han producido dinero.

Esa máxima no buscaba inspirar mejores ratoneras. Más bien, la inspiró una ratonera mejor. Emerson no pudo haberla escrito: murió antes de que se inventaran las ratoneras comerciales.[33] Conozco bien esta historia debido, en parte, a que mi bisabuelo, quien vivió en la misma época de Emerson, se ganaba la vida como cazador de ratas. Sus principales herramientas eran perros, terriers Jack Russell, raza relativamente nueva entonces y desarrollada en específico para cazar alimañas. Otras técnicas para atrapar ratones incluían gatos —en realidad menos eficaces que los perros, pese a su fama—, así como jaulas y ahogamiento. Esto cambió a fines de la década de 1880, cuando el inventor de Illinois, William C. Hooker, hizo la primera ratonera producida en serie.[34] No mucho después, mi familia cambió de oficio. La demanda de cazadores de ratas bajó cuando la gente ya podía comprar trampas baratas. La trampa de Hooker es la que ahora conocemos: una barra con un resorte liberada por un detonador cuando el ratón toma la carnada. Ésta es la "mejor ratonera" a la que se alude en la revisión de 1889 de las palabras de Emerson. No hay que producirla: William Hooker lo hizo ya.

La "trampa instantánea" de Hooker fue perfeccionada años después.[35] Era barata, fácil y efectiva. Hoy sigue siendo el diseño dominante. Atrapa 250 millones de ratones al año, se vende más que todas sus competidoras juntas en un factor de dos a uno y cuesta menos de un dólar. Casi todas las 5,000 ratoneras inventadas después de la de Hooker han sido rechazadas.

La idea de que los creadores son reverenciados como héroes es tan equivocada hoy como lo era cuando Emerson no la escribió. El verdadero argumento de éste aludía a lo que él llamó la "fama común": el éxito de una persona en su comunidad si aporta bienes o servicios valiosos. Si hubiera escrito hoy, Emerson habría podido decir: "Pon la mejor cafetería de la ciudad y tus vecinos harán cola por una taza". No nos exhorta a inventar una opción al café.

La equivocada creencia de que el mundo espera una ratonera mejor ha producido algo más que ratoneras: dio origen a una industria de depredadores. Empresas llamadas "compañías promotoras de inventos" se anuncian en la televisión, la radio, los periódicos y las revistas ofreciéndose a evaluar ideas de la gente, patentarlas y venderlas a fabricantes y minoristas. Cobran una tarifa inicial de cientos de dólares por "evaluación". Ésta concluye casi siempre con que la idea de la persona es patentable y valiosa. Luego, las compañías piden miles de dólares para servicios legales y de mercadotecnia. Hacen sentir a los inventores que su idea ha sido especialmente seleccionada. Se les da la impresión de que la compañía promotora de inventos invertirá tiempo y dinero propios en su idea, para que ellos puedan obtener regalías. Lo cierto es que esas compañías ganan todo su dinero con base en aquel pago inicial. Tienen poco éxito comercializando inventos o ayudando a inventores.

En 1999, el gobierno federal de Estados Unidos intervino para proteger al "recurso natural más preciado de la nación: el inventor independiente".[36] Promulgada la American Inventor's Protection Act por el presidente Clinton, la Federal Trade Commission (FTC) demandó legalmente a compañías promotoras de inventos que operaban con nombres como National Idea Center, American Invention Associates, National Idea Network, National Invention Network y Eureka Solutions International. En un momento de inspiración poética, la FTC bautizó este programa como Project Mousetrap.

Una compañía, Davison & Associates, llegó a un arreglo con la FTC desembolsando once millones de dólares y prometiendo no tergiversar sus servicios.[37] Luego cambió su nombre por el de Davison Design. Es dueña de una "fábrica" estilo parque de diversiones llamada Inventionland, con todo y castillo, barco pirata y casa en el árbol ocultos detrás de un librero falso en sus oficinas en O'Hara, Pennsylvania. Inventionland opera a manos de empleados denominados "Inventionmen". Entre sus creaciones están una cacerola para hacer albóndigas, una barra para guardar sandalias y ropa para perros. Muchos de sus inventos se basan en ideas de la propia Davison, aunque se les anuncia como "productos de clientes".[38]

Inventionland nos otorga la verdad sobre las mejores ratoneras. El arreglo con la FTC obligó a Davison a revelar cómo hacen dinero muchos de sus clientes. Según su informe de noviembre de 2012, un promedio de 11,000 personas al año firman un contrato; de ellas, sólo 3 consiguen ganancias. En los 23 años transcurridos entre la fundación de Davison, en 1989, y 2012, 27 personas han ganado dinero usando los servicios de esa compañía, apenas más de una al año. ¿Cuánto dinero? Davison tiene que revelar sus precios. Sus clientes multiplicados por sus precios equivalen a ventas de 45 millones de dólares al año.[39] Davison dice que el dinero que gana vendiendo los productos de sus clientes corresponde a 0.001% de sus ingresos, equivalente a su vez a 10% de las regalías que sus clientes reciben. Si esto es cierto, Davison gana en regalías 450 dólares al año, mientras que, considerados en conjunto, sus clientes reciben un total de 4,050 dólares al año por los 45 millones que invierten en el mismo lapso en los servicios de esta empresa, un rendimiento de menos de un dólar por cada diez mil invertidos.

Davison se dice dispuesta a contratar más de sesenta mil ideas al año. Esto sólo debería despertar desconfianza en un inventor, y lo haría de no ser por el mito de la mejor ratonera. Por desgracia, quien se enamora de tu idea tan pronto como se entera de ella te quiere a ti o quiere algo. Lo que es de esperar cuando inventas algo es el rechazo. Haz una ratonera mejor y el mundo no hará un camino hasta tu puerta; tú deberás abrirte camino hasta él.

6 LA MÁS DECISIVA DE LAS NEGATIVAS

El rechazo duele, pero no es lo peor que puede ocurrir. El 22 de febrero de 1911, Gaston Hervieu se tomó del barandal de la primera plataforma de la Torre Eiffel y miró a sus pies. Estaba a casi sesenta metros arriba de París. La gente que lo veía en tierra parecía más pequeña que sus propias uñas.

Hervieu era un inventor de paracaídas y aeronaves. En 1906, formó parte de un equipo que trató de llegar por aire al Polo Norte; en 1909, desarrolló un paracaídas para retardar el descenso de una nave aérea. Había subido a la Torre Eiffel para probar un nuevo paracaídas de emergencia para pilotos. Caló el aire, respiró con nerviosismo y emprendió la prueba. Su paracaídas se abrió en cuanto él abandonó la plataforma. La seda se llenó de aire, formando un hemisferio en el cielo y después se deslizó sin percances hasta el suelo. Un fotógrafo del semanario holandés *Het Leven* captó el momento: una figura descendiendo con elegancia, recortada contra el arco noroeste de la torre, con una multitud expectante y el Palais du Trocadéro al fondo.

Sin embargo, había truco. Hervieu no saltó; usó un maniquí de setenta kilos. A la mayoría, eso le pareció prudente, pero para un hombre fue un ultraje. Franz Reichelt era un sastre austriaco que estaba desarrollando un paracaídas. Denunció como "farsa" el uso de un maniquí por Hervieu[40] y, un año después, la mañana del domingo 4 de febrero de 1912, llegó a la Torre Eiffel para realizar un experimento propio.

Se había cerciorado de que su prueba fuera publicitada. Fotógrafos, periodistas y un camarógrafo de la agencia de noticias Pathé esperaban a recibirlo.[41] Posó para las fotos, se quitó su boina negra e hizo un anuncio que tomó por sorpresa a la mayoría: no utilizaría maniquí ni arnés de protección. Dijo: "Estoy tan seguro de que mi aparato funcionará apropiadamente que saltaré yo mismo".[42]

Gaston Hervieu, quien había acudido a la Torre Eiffel para presenciar la prueba de Reichelt, intentó detenerlo. Afirmó que había razones técnicas que anticipaban que el paracaídas de Reichelt no funcionaría. Discutieron acaloradamente hasta que, por fin, Reichelt se volvió y se dirigió a las escaleras de la torre. Al comenzar a subir, volteó y dijo: "Mi paracaídas dará a sus argumentos la más decisiva de las negativas".

Hervieu había subido un paracaídas y un maniquí por los trescientos sesenta escalones hasta el primer piso de la torre, pero Reichelt no subió nada: llevaba puesto su paracaídas, como un piloto a punto de saltar de un avión siniestrado. Su descripción del concepto apareció en artículos al día siguiente: "Mi invento no tiene nada en común con aparatos similares. Está hecho, en parte, de tela impermeable y, en parte, de seda pura. La primera sirve como cubierta y se ajusta al cuerpo como la ropa; la segunda consta de un paracaídas doblado detrás del piloto como una mochila".

Dos asistentes lo esperaban en lo alto de la escalera. Montaron una silla en una mesa para que pudiera pararse en el barandal y saltar. Durante más de un minuto, él permaneció con un pie en la silla y otro en el barandal, mirando abajo, checando el viento y haciendo ajustes de última hora. Helaba en París, y cada que él respiraba era visible una columna de vapor. Entonces se separó del barandal y se arrojó al vacío.

Un fotógrafo de *Het Leven* esperaba bajo el arco noroeste de la torre, listo para tomar una foto como la de la prueba de Hervieu, sólo que esta vez con un hombre vivo, no un maniquí.

Esta fotografía muestra en efecto a un hombre vivo, pero es distinta a la tomada un año antes también en otro aspecto: en tanto que el fotógrafo de la prueba de Hervieu exhibió un paracaídas perfecto, el de la prueba de Reichelt mostró un borrón, como el de una sombrilla rota. La sombrilla rota es Reichelt; su "paracaídas" no funcionó. Era un traje de tela destinado a convertir a su usuario en algo similar a una ardilla voladora. Largos tramos de seda unían los brazos de Reichelt con sus tobillos, y una capucha cubría su cabeza. Reichelt cayó durante cuatro segundos, en constante aceleración, hasta estamparse en el suelo a casi cien kilómetros por hora, produciendo una nube de polvo y escarcha y una muesca de quince centímetros de profundidad.[43] Murió por el impacto.

Los paracaídas modernos cuentan con 65 metros cuadrados de tela y sólo deben desplegarse por encima de los 75 metros; el de Reichelt contaba con menos de 32.5 metros cuadrados de tela y fue desplegado a 57 metros. No tenía ni el área ni la altitud necesarias para un salto exitoso; por eso Hervieu había intentado detener la prueba.

Él no fue el único en decir a Reichelt que su traje paracaídas no funcionaría; también había sido objetado por expertos en el Aéro-Club de France, quienes escribieron: "La superficie de su dispositivo es demasiado reducida. Usted se romperá el cuello".[44]

Reichelt ignoró todos esos rechazos hasta que lo último que quedaba para rechazarlo fue la realidad. Y como dijo el físico Richard Feynman setenta y cuatro años después, "para que una tecnología tenga éxito, la realidad debe preceder a las relaciones públicas, porque no se puede engañar a la naturaleza".[45]

Finales dramáticos aparte, la historia de Reichelt es la de la mayoría de los aspirantes a creadores: sabemos de pocas victorias de la creación y nunca conocemos sus numerosas derrotas. Relatos como el de Ignaz Semmelweis son cerezas cuidadosamente seleccionadas. Gran parte de su poder procede de una dramática ironía: sabemos que el creador se reivindicará al final. Esto puede hacer parecer héroes a los creadores y villanos a sus detractores. Pero éstos suelen ser sinceros. Quieren impedir ideas peligrosas y equivocadas. Creen tener la razón y, por lo general, así es. Si Reichelt hubiera llegado ileso a tierra, interpretaríamos su historia de otra forma: él sería un héroe, Hervieu un rival envidioso y el Aéro-Club de France un grupo de obstruccionistas fuera de foco. Pero sólo el resultado sería diferente. Los motivos de los detractores de Reichelt permanecerían sin cambios.

El rechazo es valioso.

7 EL RECHAZO COMO REFLEJO

Judah Folkman fue rechazado durante décadas. Las becas le fueron negadas, sus artículos devueltos y sus audiencias eran hostiles. Soportó demandas, exclusiones, insinuaciones e insultos. Pero era un hombre encantador: inspiraba a sus investigadores, era accesible con sus pacientes y todos

los días le decía a su esposa que la amaba. No se le rechazó porque fuera
malo, o lo fueran sus ideas; se le rechazó porque el rechazo es consecuencia natural de lo nuevo.

¿Por qué? Porque tememos lo nuevo tanto como lo necesitamos.

En la década de 1950, dos psicólogos, Jacob Getzels y Philip Jackson,
estudiaron a un grupo de alumnos de preparatoria.[46] Todos ellos tenían
un CI superior al promedio, pero Getzels y Jackson descubrieron que los
alumnos más creativos solían tener un CI más bajo que los menos creativos.[47] Como parte del estudio, los estudiantes escribieron una breve autobiografía. Uno de alto CI escribió:

> Mi autobiografía no es interesante, ni emocionante y no encuentro motivo
> para escribirla. Sin embargo, intentaré escribir un poco de material construc-
> tivo. Nací el 8 de mayo de 1943 en Atlanta, Georgia, Estados Unidos. Desciendo
> de un largo linaje de antepasados, en su mayoría escoceses e ingleses, con
> ciertas excepciones aquí y allá. La mayoría de mis antepasados recientes han
> vivido desde hace tiempo en el sur de Estados Unidos, aunque algunos son de
> Nueva York. Luego de mi nacimiento, permanecí en Georgia seis semanas,
> tras de lo cual me mudé a Fairfax, Virginia. Durante mi estancia de cuatro años
> ahí, tuve aventuras de toda clase.

Un estudiante muy creativo escribió:

> Nací en 1943. Desde entonces he vivido sin interrupción. Mis padres son mi
> madre y mi padre, un arreglo que, al paso de los años, me parece cada vez
> más conveniente. Mi padre es médico cirujano, o al menos así dice la puerta
> de su oficina. Claro que ya no lo es, pues papá ha llegado a la edad después de
> la cual los hombres deben disfrutar del resto de su vida. Se retiró del Mercy
> Hospital en la penúltima navidad. Recibió una pluma fuente a cambio de 27
> años de servicio.

La diferencia entre estos dos pasajes es representativa de las detectadas en
ese estudio entre los jóvenes con alto CI y los altamente creativos. Éstos
eran más graciosos y bromistas, así como menos predecibles y convencionales que aquéllos, lo cual no es de sorprender. Los maestros resultaron ser
lo sorpresivo: apreciaban a los jóvenes con alto CI, pero no a los creativos.

Esto asombró a Getzels y Jackson. Habían supuesto lo contrario, porque su experimento reveló algo más: que los muchachos altamente creativos obtenían resultados académicos tan buenos o mejores que aquellos con alto CI; un desempeño mucho mejor del que habría predicho el déficit de 23 puntos en su CI. Si uno creía en el puntaje de CI —como lo hacían todos los profesores de esa escuela—, los chicos altamente creativos triunfaban contra todas las probabilidades. Pero aunque tenían un desempeño estelar que rebasaba las expectativas, sus maestros no los apreciaban; preferían a los menos creativos, quienes se desempeñaban conforme a lo esperado.

Éste no fue un resultado insólito; se repitió muchas veces,[48] y persiste hasta hoy. La inmensa mayoría —98 por ciento— de los maestros aseguran que crear es tan importante que debería enseñarse a diario; pero cuando se les pone a prueba, casi siempre favorecen a los chicos menos creativos sobre los más creativos.[49]

El efecto Getzels-Jackson no se restringe a las escuelas,[50] y perdura en la edad adulta. Quienes toman las decisiones y las figuras de autoridad en los negocios, las ciencias y el gobierno dicen valorar la creación; pero cuando se les pone a prueba, no valoran a los creadores.

¿Por qué? Porque las personas más creativas tienden a ser más inquietas, poco convencionales e impredecibles y todo esto las vuelve más difíciles de controlar. Por más que digamos que valoramos la creación, en el fondo, la mayoría de nosotros valoramos más el control. Así, tememos el cambio y favorecemos lo conocido. Rechazar es un reflejo.

No sólo rechazamos las inclinaciones creativas de los demás; a menudo, también las nuestras.

En un experimento, el psicólogo holandés Eric Rietzschel pidió a la gente calificar ideas con base en qué tan "factibles", "originales" y "creativas" eran, y después preguntó cuáles eran las "mejores". Las ideas que la gente seleccionó como "mejores" fueron casi siempre aquellas que había calificado como las menos "creativas".[51]

Cuando Rietzschel pidió a la gente evaluar su propio trabajo, obtuvo el mismo resultado: la mayoría pensaba que sus ideas menos "creativas" eran sus "mejores" ideas.[52]

Estos hallazgos son sumamente repetibles. Décadas de datos indican lo mismo: aunque decimos que queremos creación, tendemos a rechazarla.

8 LA NATURALEZA DEL NO

La tendencia a aceptar, en principio, nuevas ideas y rechazarlas en la práctica es un rasgo, no un defecto. Cada especie tiene su nicho, y cada nicho su riesgo y recompensa. El nicho de la raza humana es el de lo nuevo; nuestra recompensa, la rapidez para adaptarnos, pues podemos hacer cambios en nuestras herramientas con más celeridad que aquélla con la que la evolución puede hacer cambios en nuestro cuerpo; nuestro riesgo es que la influencia de lo nuevo nos conduzca a la oscuridad. Crear algo nuevo puede matarnos; no crear nada ciertamente lo hará. Esto nos vuelve criaturas contradictorias: necesitamos, pero tememos al cambio. Nadie es únicamente progresista o sólo conservador. Somos las dos cosas. Así que decimos querer lo nuevo y luego escogemos lo mismo de siempre.

Nuestro impulso innato a lo nuevo acabaría con nosotros si fuera irrestricto. Moriríamos intentándolo todo. El instinto a rechazar es la solución de la evolución a nuestro problema de innovar cuando debemos tener cuidado.

Estamos programados para rechazar cosas nuevas, o al menos para desconfiar de ellas. Cuando estamos en situaciones conocidas, las células del hipocampo, el núcleo de nuestro cerebro que tiene forma de caballito de mar, se activan cientos de veces más rápido que cuando estamos en situaciones nuevas.[53] El hipocampo está unido a dos diminutas pelotas de neuronas llamadas amígdalas —del griego que significa "almendras"—, las cuales dirigen nuestras emociones. La unión del hipocampo y las amígdalas es una de las razones de que lo mismo de siempre nos parezca bien y lo nuevo, tal vez no.

Reaccionamos igual que nuestro cerebro. Viramos bruscamente desde lo que nos produce una sensación ingrata hacia lo que nos produce una grata. Cuando algo es nuevo, nuestro hipocampo encuentra pocos recuerdos coincidentes. Esto indica desconocimiento a nuestras amígdalas, lo que nos hace sentir incertidumbre, la cual es un estado desagradable: lo evitamos si podemos.[54] Los psicólogos pueden demostrar esto en experimentos.[55] Sensaciones de incertidumbre nos predisponen contra cosas nuevas, nos hacen preferir lo conocido y nos impiden reconocer las ideas creativas. Esto sucede aun si valoramos la creación o creemos ser buenos para ella.

Para empeorar las cosas, tememos también el rechazo. Como lo sabe cualquiera que haya perdido un amor, el rechazo duele.[56] Usamos frases como "corazón roto", "ego lastimado" y "sentimientos heridos" porque sentimos dolor físico cuando se nos desdeña (*spurn*), palabra que no por casualidad se deriva del inglés antiguo *spurnen*, "patear".[57] En 1958, el psicólogo Harry Harlow probó algo que Aristóteles había propuesto dos mil quinientos años antes: que necesitamos del amor tanto como del aire.[58] En experimentos que hoy no permitiría ningún comité de ética, Harlow separó de sus madres a monos recién nacidos. Los bebés preferían como madre sustituta a una muñeca de tela que a una de alambre, pese a que ésta proporcionaba comida. Los privados de una suave madre sustituta morían a menudo, aun si tenían suficiente de comer y beber. Harlow tituló su artículo "The Nature of Love", y concluyó que el contacto físico es más importante que las calorías. Su hallazgo se extiende a los seres humanos: preferiríamos morir de hambre que de soledad.

Nuestra primordial necesidad de conexión duplica el dilema de la novedad. Estamos predispuestos contra experiencias nuevas, pero nos es difícil admitirlo, aun para nuestros adentros, porque enfrentamos la presión social de hacer juicios positivos sobre las ideas creativas. Sabemos que no debemos sugerir que ser creativo es malo.[59] Incluso podemos identificarnos como "creativos". El sesgo contra lo nuevo es un prejuicio parecido al sexismo y el racismo: sabemos que es socialmente inaceptable "repudiar" la creación, creemos sinceramente que nos "gusta", pero cuando se nos presenta una idea creativa específica, tenemos más probabilidades de rechazarla de lo que creemos. Y cuando presentamos una idea creativa a otros, los demás tienen muchas más probabilidades de rechazarla de lo que creen. Es propio de la naturaleza humana decir "no" a lo nuevo.

El sexismo y el racismo son prejuicios célebres, el sesgo contra lo nuevo no. Nadie habla de nuevismo. "Ludismo", la palabra más cercana, es un malentendido.[60] Los luditas —de los que nos ocuparemos más adelante— fueron los tejedores ingleses que a fines del siglo xviii y principios del xix destruían telares automáticos para proteger su empleo. Aunque, en palabras de Thomas Pynchon, el ludismo era un intento de "negar la máquina",[61] el ataque contra la nueva tecnología fue incidental. Los luditas no combatían lo nuevo; defendían su subsistencia. Sin embargo, su nombre llena en nuestro vocabulario el vacío ocupado por un temor sin nombre.

El prejuicio contra lo nuevo no es menos real por no tener adjetivo; si hay algo que lo vuelve peor es su anonimato. Los rótulos hacen visibles las cosas. A las mujeres y las minorías raciales no les sorprende el prejuicio en su contra. Las palabras "sexismo" y "racismo" señalan que ambos existen. El nuevismo no trae consigo esa advertencia. Cuando compañías, academias y sociedades veneran la creación en público y la rechazan en privado, los creadores se sorprenden y se preguntan qué hicieron mal.

El rechazo del Boston Children's Hospital contra Judah Folkman es típico. Ese hospital es uno de los de más alto rango de Estados Unidos,[62] dependiente de la Harvard University, el instituto de educación superior más antiguo del país. Dicho hospital da cabida a más de mil científicos y ha producido ganadores del premio Nobel y del Lasker Award. Es un lugar en el que las nuevas ideas deberían ser bienvenidas. Pero castigó a Folkman por tener una teoría sobre el cáncer que sus contemporáneos juzgaban controvertida. Ahora está orgulloso de él, pero no lo estuvo en 1981, cuando le impidió seguir operando y redujo su salario. Elegí la historia de Folkman porque muestra cómo a veces las flores se confunden con maleza. El asunto no es que el Boston Children's Hospital haya hecho mal algo, sino que hizo algo normal.

Lo que no es normal en la historia de Folkman es su tenacidad. Resulta difícil soportar el rechazo repetido. Pero no podemos crear si no sabemos qué hacer con el "no".

9 SALIR DEL LABERINTO

¿Cómo salimos de este laberinto del rechazo, el fracaso y la distracción?

El rechazo es un reflejo que evolucionó para protegernos. Por más que queramos, nuestras primeras reacciones a lo nuevo son desconfianza, escepticismo y miedo. Ésta es la respuesta correcta: la mayoría de las ideas son malas. Según Stephen Jay Gould: "Un hombre no alcanza el nivel de Galileo sólo porque lo persigan; también debe tener la razón".[63]

Los creadores tienen que esperar el rechazo. La única manera de evitarlo es no hacer nada nuevo. El rechazo no es un pretexto para renunciar. No significa que el trabajo sea malo. No significa que nosotros seamos malos. Es tan personal como el temperamento.

En su mejor expresión, el rechazo es información. Nos indica qué hacer después. Cuando los primeros críticos de Judah Folkman alegaron que lo que él veía era inflamación y no vasos sanguíneos, él diseñó experimentos para descartar la inflamación. El rechazo no es persecución. Quítale el veneno y lo que queda podría ser útil.

Franz Reichelt, el paracaidista que saltó a su muerte, no escuchó las lecciones del rechazo y el fracaso. No sólo ignoró a expertos que señalaron los defectos de su diseño; también ignoró sus propios datos. Había probado su paracaídas usando maniquíes y éstos se habían estrellado. Lo probó saltando diez metros a un montón de paja y se estrelló. Lo probó saltando seis metros *sin* paja y se estrelló fracturándose una pierna. En lugar de cambiar su invento una y otra vez hasta que funcionara, se aferró a su mala idea, de cara a todas las evidencias y dejó de cuestionarse la primera solución que había encontrado.

La creación no es el creador. Los grandes creadores no difieren su obra a su creencia en sí mismos. A una creación se le puede hacer cambios. El ciclo de resolución de problemas no termina nunca. El ciclo de Reichelt terminó poco después de empezar. Su tragedia es una metáfora del problema de los saltos. Él vio un problema e intentó resolverlo no con una serie de pasos, sino con un salto, literal y figurado. No era un artista de lo nuevo, sino un mártir de lo mismo.

Ignaz Semmelweis, el obstetra que promovió el lavado de manos y a quien el rechazo lastimó tanto que perdió su trabajo y luego la vida, dejó pasar una gran oportunidad. Había descubierto algo de capital importancia: un vínculo entre los cadáveres y la enfermedad. Sus críticos se quejaban de que él no sabía cuál era ese vínculo. Él creía que salvar vidas era lo bastante convincente, pero no lo fue. Si hubiera tomado menos personalmente el rechazo y se hubiese defendido dedicándose a comprender mejor, él, no Louis Pasteur, habría descubierto los gérmenes y su contribución habría salvado para siempre vidas en todas partes, no en un solo lugar y unos cuantos años.

El fracaso es una especie de rechazo que es mejor sufrir en privado. Los grandes creadores son sus peores críticos. Examinan su trabajo con mayor hondura que los demás y lo someten a normas más exigentes. Rechazan casi todo lo que hacen, sea en parte (como Stephen King, quien desechaba dos tercios de sus palabras) o en su totalidad (como James Dyson cuando desprecia un prototipo), a menudo antes que cualquiera. El mundo ya se inclina a rechazarte; no le des más motivos para hacerlo. Nunca hagas público un fracaso que podrías mantener en privado. Los fracasos privados son más rápidos, económicos y menos dolorosos.

Nuestra naturaleza no nos ayuda. Además de la molestia con la complejidad, que nos impulsa a querer encontrar soluciones rápidamente, está también el problema del orgullo. El orgullo y su contrario, la vergüenza, pueden hacernos temer el fracaso y resentir el rechazo. Nuestro ego no quiere oír un "no". Queremos tener la razón desde el principio, hacer dinero pronto, ser un éxito de la noche a la mañana. El mito de la creatividad, con sus raíces en el genio, los momentos ¡ajá! y otros actos de magia, apelan a algo de nosotros que quiere ganar sin esfuerzo, conquistar sin sudor, no cometer errores. Nada de esto es posible. No pongas orgullo en tu trabajo, gánatelo.

Podemos aprender muchas cosas de la gente que se pierde en laberintos reales: en rutas de montaña, en terrenos cruzados por antiguas veredas y otros sitios donde extraviarse puede ser mortal. Lo que hacen es metafórico en cierta medida. Ya sea que hagamos algo creativo o caminemos, queremos llegar a algún lado dando pasos y tomando decisiones.

William Syrotuck analizó 229 casos de personas extraviadas, 25 de las cuales murieron.[64] Descubrió que cuando nos perdemos, casi todos actuamos de la misma manera. Primero, negamos ir en la dirección equivocada. Luego, cuando constatamos que estamos en dificultades, insistimos, a la espera de que el azar nos guíe. Es improbable que hagamos justo lo que nos salvaría: regresar. Sabemos que nuestro camino es incorrecto, pero seguimos precipitándonos por él, compelidos por la necesidad de guardar las apariencias, resolver la complejidad, llegar a la meta. Nos empuja el orgullo. La vergüenza nos impide salvarnos.

Los grandes creadores saben que el mejor paso al frente suele ser un paso atrás: escudriñar, analizar y evaluar, para encontrar faltas y defectos, objetar y cambiar. No puedes salir de un laberinto si lo único que haces es avanzar. A veces el camino hacia delante es ir hacia atrás.

El rechazo educa. El fracaso enseña. Ambos duelen. Sólo la distracción consuela, pero puede llevar a la destrucción. Rechazo y fracaso pueden fortalecernos, pero el tiempo perdido es la muerte en miniatura. Lo que determina si tendremos éxito como creadores no es qué tan inteligentes o talentosos seamos, o cuánto nos esforcemos, sino cómo respondemos a la adversidad de la creación.

¿Por qué es tan difícil cambiar el mundo? Porque al mundo no le gusta cambiar.

CAPÍTULO 4

CÓMO VEMOS

1 ROBIN

Junio de 1979 fue un mes frío y húmedo en el oeste de Australia. El peor día fue el lunes 11. Cayeron 2.5 centímetros de lluvia, con un viento impetuoso que convirtió las ventanas en tambores. Detrás de una ruidosa ventana en Perth, un hombre de barba cana y corbata vaquera llevó un ojo hasta su microscopio y vio algo que cambiaría el mundo.

Robin Warren era un patólogo del Royal Perth Hospital. Lo que vio eran bacterias en el estómago de un paciente. Desde los inicios de la bacteriología, los científicos consideraban que era imposible que se desarrollaran bacterias en el estómago. Éste es ácido, así que debía ser estéril. Las bacterias que Warren vio eran curvas, como medialunas, y rellenaban los pliegues gástricos de las paredes estomacales. Warren podía verlas en imágenes amplificadas cien veces, pero sus colegas no. Las amplificó entonces mil veces y tomó otras con un microscopio electrónico de alta potencia. Ellos vieron las bacterias, pero no su significado. Warren era el único en creer que ese descubrimiento significaba algo, aunque no sabía qué.

No se precipitó a juzgar, como Ignaz Semmelweis, ni descartó posibles objeciones, como Franz Reichelt, ni permitió que el rechazo eliminara el brillo de algo nuevo. Era un hombre más tímido y sereno que Judah Folkman, pero su respuesta al hecho de ser el único en el laboratorio que creía haber visto algo significativo era propia de Folkman. Creyó en lo que veía, consideró que podía ser importante y nadie lo disuadiría de ello.

En su informe sobre la biopsia de ese día, escribió: "Contiene numerosas bacterias. Éstas parecen crecer activamente, no ser un infecciosas. Ignoro qué significan estos inusuales hallazgos, pero quizá valga la pena investigar más".[1]

Habiendo visto las bacterias una vez, las volvió a ver con frecuencia. Estaban en uno de cada tres estómagos. El dogma del estómago estéril sostenía que las bacterias no podían vivir ahí. Nadie las había visto ahí. "La aparente ausencia en cualquier informe previo se me ofrecía como una de las principales evidencias de que fuera absolutamente imposible que estuvieran ahí", diría él más tarde.

Warren recolectó durante dos años muestras de bacterias "que no estaban ahí", hasta que encontró a alguien que le creyó.

Barry Marshall era un gastroenterólogo, recién contratado, necesitado de un proyecto de investigación. Como todos los patólogos, Warren no trataba a pacientes; trabajaba con muestras que le proporcionaban los clínicos, la mayoría de las cuales eran de úlceras y lesiones. Esto dificultaba aún más ver bacterias: la condición de las heridas metía "ruido". Marshall aceptó mandarle a Warren biopsias de áreas sin úlceras y fue así como empezaron a colaborar.

Menos de un año después, tenían un centenar de muestras limpias. Descubrieron que 90% de los pacientes con úlceras tenía bacterias. *Todos* aquellos con úlcera duodenal —erosión de la pared del conducto ácido al principio del intestino, inmediatamente después del estómago— tenían bacterias.[2]

Warren y Marshall intentaron cultivar esas bacterias en el laboratorio del hospital, pero no lo lograron. Durante seis meses trabajaron con muestras vivas y terminaron con nada.

En la Pascua de 1982, un superbicho resistente a medicamentos contaminó el hospital y mantuvo sobrecargado su laboratorio. Las muestras de Warren y Marshall fueron olvidadas por cinco días. El personal del laboratorio usualmente las eliminaba previamente a los dos días, así que en esta ocasión tuvieron tres más para desarrollarse. Y lo hicieron. Lo único que necesitaban era más tiempo.

Aquella bacteria era nueva. Al final recibió el nombre de *Helicobacter pylori*, o *H. pylori*.[3] Warren y Marshall escribieron sobre su descubrimiento en una carta de 1984 a *Lancet*, una de las publicaciones médicas de mayor impacto.[4] Concluyeron que esas bacterias, que "parecen ser una especie nueva, están presentes en casi todos los pacientes con gastritis crónica activa, úlcera duodenal o úlcera gástrica y, por tanto, podrían ser un factor importante en estas enfermedades".[5]

El editor de *Lancet*, Ian Munro, no encontró evaluadores que aprobaran ese hallazgo. Todos creían que en el estómago no podían crecer bacterias. Aquellos resultados debían ser incorrectos. Por fortuna para Warren y Marshall —y para todos nosotros—, Ian Munro no era un editor común y corriente, sino un pensador radical que promovía, entre otras cosas, los derechos humanos, el desarme nuclear y la medicina para los pobres.[6] En un momento inusual e impactante de cómo debería ser la ciencia, Munro publicó la carta pese a las objeciones de sus evaluadores y hasta añadió una nota que decía: "Si la hipótesis de estos autores resultara válida, este trabajo es en verdad muy importante".[7]

Warren y Marshall procedieron a demostrar que *H. pylori* causaba úlcera. Otros científicos, basándose en su trabajo, pudieron curar úlceras aniquilando la *H. pylori* con antibióticos. En 2004, Warren y Marshall ganaron el premio Nobel "por su descubrimiento de la bacteria *Helicobacter pylori* y su papel en la gastritis y la úlcera péptica". Ahora sabemos que en el estómago hay cientos de especies de bacterias y que, entre otras cosas, desempeñan una función esencial en la estabilidad del aparato digestivo.[8]

Hay algo extraño en esta historia.

Lo que Robin Warren vio aquel lunes húmedo y frío no era algo que nadie hubiera visto nunca; todos lo habían visto. Lo único que él hizo de otra manera fue creer en su importancia. En 1979, Warren llevaba diecisiete años tratando de dominar la compleja ciencia de la patología —la cuidadosa preservación y observación de los tejidos humanos—, analizando especialmente biopsias estomacales. Éstas se volvieron comunes en la década de 1970, tras la invención del endoscopio flexible, un tubo con una lámpara, una cámara y un instrumento que los médicos podían introducir por la garganta de un paciente y utilizar para extraer tejidos. Antes, la mayoría de las muestras procedían de estómagos extraídos enteros o de cadáveres. Éstas eran difíciles de procesar. La información se perdía mientras las muestras eran preparadas para su análisis. Esas malas muestras eran la causa de que se enseñara a médicos y científicos que el estómago no alojaba bacterias. Warren comentaría: "Esto parecía tan obvio que apenas si merecía ser mencionado". Pero sus biopsias contaban una historia distinta.

"Al enriquecer mis conocimientos de medicina y patología, descubrí que suele haber excepciones a 'hechos conocidos'", dijo.[9] Y en el mismo sentido: "Preferí creer en mis ojos, no en los libros de medicina ni en la comunidad médica".[10]

Él lo hace parecer fácil. Pero en todo el mundo se usaban endoscopios flexibles. Miles de patólogos examinaban biopsias estomacales. *H. pylori* los había visto de frente a todos ellos. Pero ellos veían dogma, no bacterias.

En junio de 1979, el mes en que Warren reparó por primera vez en *H. pylori*, un grupo de científicos estadunidenses publicó un artículo sobre una epidemia estomacal entre participantes en un estudio de investigación.[11] Los voluntarios estaban sanos al inicio del proyecto; luego, la mitad de ellos presentaba dolor en el estómago, a lo que siguió una pérdida de acidez estomacal. Casi se podía asegurar que esta enfermedad era infecciosa. Los científicos les hicieron a los pacientes pruebas de sangre y de fluidos estomacales. Buscaban un virus —porque sabían que en el estómago no podían crecer bacterias—, y no encontraron ninguno. Su conclusión fue: "No nos fue posible aislar ningún agente infeccioso, ni establecer una causa viral o bacterial". No eran principiantes; los dirigía un galardonado profesor de medicina y jefe de redacción de la revista *Gastroenterology*.[12] Una vez publicado el trabajo de Warren y Marshall, esos científicos revisaron sus biopsias; la *H. pylori* era claramente visible.[13] La habían visto sin observarla. Sus pacientes habían sufrido una infección aguda causada por esa bacteria. Uno de esos científicos dijo: "No descubrir *H. pylori* ha sido mi más grande error".[14]

En 1967, Susumu Ito, profesor de la Harvard Medical School, se había hecho a sí mismo una biopsia estomacal y usado un microscopio electrónico para tomar una perfecta fotografía de *H. pylori*. Apareció identificada como *spirillum*, pero sin mayor comentario ni intento de identificación, en el *Handbook of Physiology* de ese año de la American Physiological Society.[15] Decenas de miles de científicos vieron esa foto. Ninguno vio la *H. pylori*.

En 1940, un investigador de Harvard, Stone Freedberg, descubrió *H. pylori* en más de un tercio de pacientes de úlcera.[16] Su supervisor le dijo que estaba equivocado y le ordenó detener su investigación.

Sólo Robin Warren creyó y no fue disuadido. Mantuvo durante dos años una vigilancia solitaria de *H. pylori*, hasta que llegó Marshall.

H. pylori se ha detectado ahora en la bibliografía médica desde 1875.[17] Para cuando Warren la descubrió, había sido vista y desestimada durante ciento cuatro años.

2 LO QUE VES NO ES LO QUE OBTIENES

Los diminutos búmerans de *H. pylori* se ocultaron a plena vista durante más de un siglo a causa de un problema llamado "ceguera inatencional".[18] Este nombre procede de los psicólogos de la percepción Arien Mack e Irvin Rock, pero la mejor definición es la del novelista Douglas Adams:

> Algo que no podemos ver, o que no vemos, o que nuestro cerebro no nos permite ver, porque creemos que es problema de otro. El cerebro simplemente lo elimina; es como un punto ciego. Si lo examinas directamente, no lo verás a menos que no sepas qué es. Depende de la predisposición natural de la gente no ver lo que no quiere, lo que no se esperaba o lo que no puede explicar.[19]

Adams dio esta definición en su libro *Life, the Universe and Everything*, en una escena en la que nadie nota que una nave espacial extraterrestre ha aterrizado en medio de una partida de críquet. Esta anécdota es cómica, pero el concepto es real: el cerebro es el censor secreto de los sentidos. Es el intermediario entre el sentir y el pensar que nosotros no notamos.

El camino del ojo a la mente es largo.[20] Cada uno de nuestros ojos tiene dos nervios ópticos, uno para la mitad derecha del cerebro y otro para la mitad izquierda. Llegan a una capa exterior en la parte trasera del cerebro llamada corteza visual. Toca la sección de atrás de tu cabeza y tu mano estará cerca del segmento de tu cerebro enlazado con tus ojos. La corteza visual comprime lo que tus ojos ven por un factor de diez, y luego transmite esa información al centro del cerebro, el cuerpo estriado. La información se comprime de nueva cuenta, esta vez por un factor de trescientos, mientras viaja a su escala siguiente, los núcleos basales, en el centro del cuerpo estriado. Ahí es donde descubrimos qué han visto los ojos y decidimos qué hacer con eso. Sólo una tresmilésima parte de lo que capta la retina llega hasta aquí. El cerebro selecciona lo recibido añadiendo conocimientos previos y haciendo suposiciones sobre cómo se comportan las cosas. Sustrae lo que no importa y lo que no ha cambiado. Determina qué conoceremos y qué no. Este pre-procesamiento es muy eficaz. Lo que el cerebro añade parece real. Lo que sustrae podría igualmente no existir.

Por eso es mala idea sostener una conversación telefónica mientras conducimos.[21] Hablar por teléfono divide a la mitad la cantidad de información sensorial que entra en nuestra mente. Nuestros ojos miran lo mismo durante el mismo periodo, pero el cerebro elimina la mayor parte de la información, por no juzgarla importante. Aunque lo que veamos sea necesario para conducir, nuestro cerebro pre-procesa la información eliminando lo que no es importante para nuestra llamada telefónica. No sucede lo mismo cuando escuchamos la radio, porque ésta no espera una respuesta de nosotros. No sucede cuando hablamos con un pasajero, porque el pasajero está en el mismo espacio que nosotros. Pero los estudios demuestran que cuando hablamos por teléfono, incurrimos en ceguera inatencional. Nuestro problema es la conversación. Ese chico que cruza inesperadamente frente a nosotros es problema de otro. Nuestro cerebro no nos permite verlo. Como lo describió Douglas Adams, el cerebro ciega la mente a lo inusual.

Esto también es cierto cuando caminamos. En un estudio, los investigadores pusieron a un payaso en un monociclo entre los peatones.[22] Preguntaron a las personas que habían pasado junto al payaso si habían notado algo raro. Todas lo habían visto, a menos que hubieran estado hablando por su teléfono celular. Tres de cada cuatro personas que usaban su teléfono no vieron al payaso. Voltearon asombradas, sin poder creer que lo hubieran pasado por alto. Lo habían visto de frente, pero no registraron su presencia. El payaso en el monociclo cruzó por su camino, pero no por su mente.

Melissa Trafton Drew y Jeremy Wolfe, investigadores de Harvard, hicieron un experimento similar con radiólogos, insertando la foto de un gorila en algunas radiografías de pulmones.[23] Una sección de rayos X de un pulmón parece una foto en blanco y negro de un tazón de sopa de miso. Mientras los radiólogos barajan las imágenes, ven partes progresivas de los pulmones, como si estudiaran la sopa cada vez con más detalle. En las imágenes de Drew y Wolfe, una foto en blanco y negro burdamente recortada de un hombre disfrazado de gorila se añadió en el extremo superior derecho de algunas de las capas, como si flotara. Los radiólogos vieron los nódulos diminutos que indicaban la presencia de cáncer en un pulmón, pero casi todos ellos pasaron por alto al gorila, pese a que sacudía el puño en dirección a ellos y habría ocupado tanto espacio como una cajetilla de cerillos si hubiera estado presente en los pulmones. Los radiólogos que no notaron al gorila lo habían visto alrededor de medio segundo.

La ceguera inatencional no es un efecto experimental. En 2004, una mujer de 43 años llegó a una sala de urgencias con desmayo y otros síntomas.[24] Los médicos sospecharon problemas cardiacos y pulmonares, así que introdujeron en su cuerpo un catéter usando una guía del muslo al pecho. Pero olvidaron retirarla al final. Transcurrieron cinco días antes de que alguien la encontrara. La mujer pasó todo ese tiempo en terapia intensiva, donde se le hicieron rayos X tres veces y una tomografía, mientras se intentaba estabilizarla. Una docena de médicos examinó las imágenes. La guía en su pecho —que, por fortuna, no contribuyó a su afección— era obvia en todas ellas, pero nadie la vio.

3 HECHOS OBVIOS

Cuando Robin Warren recibió su premio Nobel, citó a Sherlock Holmes: "No hay nada más engañoso que un hecho obvio".[25]

Era un "hecho obvio" que las bacterias no podían vivir en el estómago, así como era un "hecho obvio" que los médicos de urgencias recuerdan quitar guías y un "hecho obvio" que no hay gorilas en imágenes de pulmones.

Los radiólogos son expertos en ver. Años de formación y de práctica hacen que lo que es invisible para nosotros sea obvio para ellos. Pueden diagnosticar una enfermedad con tan sólo ver una placa de rayos X de tórax durante la quinta parte de un segundo, el tiempo que tardamos en hacer un movimiento voluntario del ojo.[26] Si tú o yo examináramos una placa de rayos X de un pulmón, la inspeccionaríamos por completo, buscando irregularidades. Eso es lo que hace un radiólogo novato. Pero una vez que adquiere práctica, mueve menos los ojos, hasta que todo lo que necesita hacer es mirar unos momentos unos cuantos puntos para buscar la información que precisa.

Esto se llama "atención selectiva". Es marca de experiencia. "Experto" tiene la misma raíz latina. Aldous Huxley escribió en *Texts and Pretexts* (1932): "La experiencia es cuestión de sensibilidad e intuición, de ver y oír las cosas importantes, de prestar atención en los momentos precisos, de comprender y coordinar".

Adriaan de Groot, maestro ajedrecista y psicólogo, estudió la experiencia mostrando una posición de ajedrez a jugadores de diferentes rangos, entre ellos grandes maestros y campeones mundiales y pidiéndoles pensar en voz alta mientras consideraban su jugada.[27] De Groot esperaba dos cosas. Primero, que los mejores jugadores harían las mejores jugadas. Segundo, que los mejores jugadores harían más cálculos. Le sorprendió lo que descubrió.

Lo primero que advirtió fue el mismo ciclo de resolución de problemas que siguieron los universitarios para resolver el problema de las velas, que usó Apple para diseñar el iPhone y que emplearon los hermanos Wright para inventar el avión.

El primer paso de un experto en ajedrez es evaluar el problema. Un maestro empezó así: "Difícil: ésta es mi primera impresión. La segunda es que, conforme a los números reales, yo estoy en una mala situación, pero es una posición interesante".

El segundo paso es pensar en una jugada: "Puedo hacer muchas cosas. Meter mi torre entre los peones".

Cada jugada se evalúa después de ser generada: "No, es mera fantasía. No vale mucho. No es buena. Aunque quizá no sea una locura".

De Groot descubrió varias cosas. Primero, que problemas desconocidos se resuelven mediante ciclos lentos, fáciles de verbalizar. Segundo, que todos revisan y reevalúan algunas soluciones. Esto no es indecisión: cada evaluación llega más lejos.

Lo que asombró a De Groot fue que el ciclo de resolución de problemas difería entre ajedrecistas de diferente rango. Suponía que los grandes maestros harían las mejores jugadas, y así fue. Pero pensó que eso iba a deberse a más análisis. Descubrió lo contrario: los grandes maestros evaluaban menos jugadas y las reevaluaban menos frecuentemente que otros ajedrecistas. Uno de ellos evaluó una jugada dos veces, luego evaluó otra y la puso en práctica. Era la mejor jugada posible. Esto fue así en general: pese a evaluar menos jugadas menos veces, cuatro de los cinco grandes maestros del estudio hicieron la mejor jugada posible; el quinto hizo la segunda mejor posible. Los grandes ajedrecistas no consideraban jugadas que no estuvieran entre las cinco mejores. Otros de menor rango consideraban jugadas tan malas como la vigesimosegunda mejor. Entre menos experto era el jugador, más opciones consideraba, más evaluaciones hacía y peor era su jugada eventual.

Pensar menos derivaba en mejores soluciones. Pensar más derivaba en peores. ¿Esto era evidencia de genio y epifanía? ¿Los grandes maestros ejecutaban sus jugadas por inspiración?

No. De Groot notó algo extraño mientras escuchaba a los grandes maestros pensar en voz alta. He aquí un comentario representativo de un gran maestro: "Primera impresión: un peón aislado; las blancas tienen más libertad de movimiento".

Comparó esto con un ajedrecista calificado de un rango inferior, hablando acerca de la misma posición: "Lo primero que llama mi atención es la debilidad cercana al rey negro, particularmente la debilidad en KB6. Sólo después de eso, un panorama general de la posición. Por último, analizaba las complicaciones en el centro más llamativas: posibilidades de intercambio en relación con el relajado alfil en K7. Y todavía después: mi peón en QN2 está *en prise*".

En prise significa que la pieza es vulnerable a ser tomada, y ése es el "peón aislado" que el gran maestro mencionó primero. No necesitamos saber de ajedrez para ver que el gran maestro llegó a una conclusión instantánea donde el maestro tardó más tiempo. De Groot conjeturó que los "comentarios" de los grandes maestros "representan apenas una fracción de lo que en realidad ha sido percibido. Con mucho, la mayor parte de lo que el sujeto 've' permanece inexpresada".

Los expertos no piensan menos. Piensan más eficientemente. El cerebro ejercitado elimina tan rápido malas soluciones que apenas si llegan a la atención de la mente consciente.

De Groot demostró esto con otro experimento. El gran maestro Max Euwe (campeón mundial), un maestro (el propio De Groot, con su esposa como responsable del experimento), un jugador en el nivel de los expertos y otro en el de los buenos vieron cinco segundos una posición, y luego se les pidió reconstruirla y pensar una jugada. Para Euwe, el gran maestro, eso fue algo baladí; reconstruyó fácilmente el tablero. De Groot, el

maestro, puso casi todas las piezas en el lugar correcto, pero discutió con
su esposa, porque creyó que ella había cometido un error al disponer el
tablero: "¿De veras el rey negro está en KB2? ¡Eso sería curioso!". El jugador experto recordó tres cuartos del tablero; el bueno, menos de la mitad.

¿El gran maestro Euwe era un genio? ¿Tenía una memoria fotográfica? No. Como sospechó De Groot, forzar a Euwe a reconstruir la posición
mostró que pensaba en ciclos rápidos:

"Primera impresión: posición desastrosa, fuerte y comprimido ataque
de las blancas. El orden en que vi las piezas fue: rey en K1, caballo en Q2,
reina blanca en QB3, reina en K2, peones en K3 y el suyo en K4, torre blanca
en Q8, rey blanco en QN4, torre en QN5 —es gracioso que la torre no haga
nada—, caballo en KB2, alfil en KB1, torre en KR1, peones en KR2 y KN3. No
vi mucho el otro lado, pero presumo que hay otro peón en QR2. El resto de
las blancas: rey en KN8, torre en KB8, peones en KB7, KN7, KR7 y QR7, QN7".

En los cinco segundos que se le dieron para ver el tablero, Euwe vio
las piezas en orden de prioridad, comprendió la lógica de la posición y comenzó a razonar su jugada. Pensó en forma ordinaria con extraordinaria
rapidez. Su celeridad era producto de la experiencia. Le permitió ver semejanzas con otras partidas y relaciones entre piezas. No *recordaba* la posición
de las piezas, la *infirió*. Por ejemplo, reconstruyó por inferencia y, sin dudar,
la posición que De Groot consideró un error; "Otra pieza está en KB2, el rey
estaba completamente encerrado, ése debe ser entonces un caballo".

La posición general le recordó otra partida —"Evoca vagamente una
partida Fine-Flohr"—, y todas las semejanzas que vio le dieron "cierta sensación de ser comunes en este tipo de situación". La experiencia le permitió hallar una solución casi al instante.

Los grandes maestros no lo han sido siempre. Cuando eran maestros,
jugaban como tales, evaluando más jugadas, más veces. Cuando eran expertos, jugaban como tales, evaluando aún más jugadas, aún más veces. Como
han evaluado tantas jugadas y acumulado tanta experiencia, pueden prestar una atención muy selectiva a una partida. La primera impresión del experto no es una primera impresión en absoluto; es la más reciente en una
serie de millones.

Crear es pensar. La atención tiene que ver con lo que pensamos. Entre
más experiencia tenemos, menos pensamos, sea en el ajedrez, las radiografías, la pintura, la ciencia o cualquier otra cosa. Experiencia es eficiencia:

los expertos siguen menos ciclos de resolución de problemas porque no consideran soluciones improbables.

"Atención selectiva" es otra manera de referirse a "hechos obvios". Como nos recuerdan Robin Warren y Sherlock Holmes, éstos pueden engañar. Son lo que todos veremos con la ceguera de la inatención. Desarrollar experiencia es esencial, pero también puede bloquearnos para ver lo inesperado.

Ser experto es sólo el primer paso para ser creativo. Tal como estamos a punto de descubrir, el segundo es sorpresivo, confuso y quizás hasta intimidatorio: convertirse en principiante.

4 SHOSHIN

En 1960, doce ancianos estadunidenses de origen japonés esperaban en una sala del aeropuerto internacional de San Francisco.[28] Habían transcurrido diecinueve años desde que la marina japonesa atacó a la flota estadunidense en el Pacífico en Pearl Harbor. Después de ese ataque, aquellos hombres y mujeres fueron apresados en caballerizas en una pista de carreras de caballos en San Bruno.[29] Tres años más tarde, el gobierno los dejó en libertad, con veinticinco dólares y un boleto de tren para cada uno, luego arrojó bombas atómicas sobre Japón.

Ellos eran budistas zen y miembros de la comunidad de Sokoji, en San Francisco, un templo que construyeron en una sinagoga abandonada cerca del Golden Gate, durante el tranquilo periodo anterior a la guerra.[30] Siguieron pagando la hipoteca mientras estaban presos. Ahora se encontraban en el aeropuerto para recibir a su nuevo ministro.

Al salir el sol, un avión Pacific Courier blanco y plateado de Japan Air Lines llegó de Honolulú, donde había hecho escala para cargar combustible en su viaje de veinticuatro horas desde Tokio.[31] Los pasajeros comenzaron a descender por las escaleras tras el ala a babor. Sólo uno de ellos, un hombre minúsculo de túnica, sandalias y calcetines, se veía enérgico: Shunryu Suzuki, el ministro.

Suzuki llegó a Estados Unidos en la cúspide de la década de 1960. Los hijos de los combatientes llegaban a la mayoría de edad, la hostilidad contra Japón era ya una antigualla y los jóvenes de San Francisco comenzaban a visitar Sokoji para indagar sobre el budismo zen. Suzuki les daba a todos la misma respuesta: "Yo me siento a las 5:45 de la mañana. Acompáñame, por favor".[32]

Era una invitación a la meditación en posición sedente, llamada *zazen* en japonés y *dhyana* en sánscrito. Personas en la India y el este de Asia se habían sentado en quieta contemplación durante miles de años,[33] pero esa práctica era poco conocida en Estados Unidos. Los pocos estadunidenses que habían intentando adoptarla se sentaban en sillas; Suzuki hacía que sus estudiantes tomaran asiento en el suelo, con las piernas cruzadas, la espalda recta y los ojos entrecerrados.[34] Si sospechaba que dormían, les pegaba con una vara, llamada *kyosaku*.[35]

El grupo creció a lo largo de la década. En 1970, los discípulos estadunidenses de Suzuki publicaron sus enseñanzas en un libro. Al año siguiente, poco más de diez años después de su llegada, él murió. Su libro, *Zen Mind, Beginner's Mind*, era tan pequeño, moderno e inspirador como él. La suya fue la primera voz del budismo estadunidense.[36] Actualmente la obra sigue publicándose.

La mente del principiante, *shoshin* en japonés, era la esencia de la enseñanza de Suzuki, quien la describió en términos llanos: "En la mente del principiante hay muchas posibilidades, en la del experto pocas".

En el zen, palabras sencillas pueden tener profundos significados. La mente del principiante no es la mente de un inexperto sino la mente del maestro. Es una atención más allá de la selección y la ceguera de la experiencia, una que percibe todo sin suposiciones. La mente del principiante no es mística ni espiritual, sino práctica. Es Edmond Albius examinando una flor, Wilbur y Orville Wright observando un ave, Wassily Kandinsky preparando un lienzo, Steve Jobs evaluando un teléfono, Judah Folkman estudiando un tumor, Robin Warren reconociendo una bacteria. Es ver lo que está ahí, en vez de ver aquello en lo que estamos pensando.

Nyogen Senzaki, uno de los primeros monjes zen en Estados Unidos, explicó la mente del principiante con una historia, o *kōan*:

> Nan-in, un maestro japonés, recibió a un profesor universitario que deseaba interrogarlo sobre el zen.
>
> Nan-in sirvió té. Llenó la taza del visitante y siguió sirviendo.
>
> El profesor vio desbordarse el té hasta que no pudo contenerse.

—La taza está llena. ¡Ya no cabe más!

—Igual que esta taza —replicó Nan-in—, usted está lleno de opiniones y especulaciones. ¿Cómo puedo enseñarle el zen si no la vacía antes?[37]

David Foster Wallace explicó lo mismo con un chiste:

Dos peces jóvenes nadan juntos y se topan de frente con un pez mayor, que les hace señas y les dice:
—Hola, chicos, ¿cómo está el agua?
Los dos peces jóvenes siguen nadando hasta que uno de ellos mira al otro y le pregunta:
—¿Qué diablos es agua?[38]

Creación es atención. Es ver nuevos problemas, notar lo que nadie ha notado, encontrar puntos ciegos, inatencionales. Si, en retrospectiva, un descubrimiento o invento parece tan obvio que sentimos que nos ve a la cara desde el principio, probablemente tengamos razón. La respuesta a la pregunta "¿Por qué no se me ocurrió eso?" es "Mente de principiante".

O como escribe Suzuki en *Zen Mind, Beginner's Mind*: "El verdadero secreto de las artes es ser siempre un principiante". Ver lo inesperado, no esperar nada.

5 ESTRUCTURA

Mientras Shunryu Suzuki enseñaba filosofía oriental en el Sokoji, Thomas Kuhn enseñaba filosofía occidental al otro lado de la bahía de San Francisco, en Berkeley. Kuhn se recuperaba entonces de una gran decepción.[39] Tras haber pasado dieciséis años en la Harvard University, obtenido tres títulos en física e ingresado a la elitista Society of Fellows de esa institución, se le había negado su titularidad como profesor. Entonces, se marchó a California para rehacer su carrera.

El problema es que su mente había cambiado. Sus títulos académicos eran de física, pero mientras trabajaba en su doctorado había desarrollado un interés en la filosofía, tema por el que tenía pasión pero no estudios. Asimismo, impartía un curso de licenciatura de historia de la ciencia, pero él no era científico, filósofo ni historiador, sino una rara mezcla de esas tres cosas. Harvard no había sabido qué hacer con Kuhn; pronto también él descubrió que tampoco la University of California lo sabía, pues lo había contratado como profesor de filosofía para asignarle después un curso de historia. Era evidente que ya no era un científico. El resto era neblina.

Este cambio de derrotero de Kuhn comenzó una tarde de verano, cuando leyó por primera vez la *Física* de Aristóteles.[40] La visión convencional era que ese libro sentaba las bases de toda la física posterior, pero Kuhn no lo creyó así.[41] Por ejemplo, Aristóteles dice:

> Todo lo que está en locomoción es movido por sí mismo o por otra cosa. En cuanto a las cosas movidas por sí mismas, es evidente que lo movido y el movimiento están juntos: porque contienen en sí mismos su primer movimiento, de tal modo que en medio no hay nada. El movimiento de las cosas movidas por otra cosa debe proceder en una de cuatro formas: tirar, empujar, transportar o girar. Todas las formas de locomoción se reducen a éstas.[42]

Esto no es imprecisa física newtoniana, ni incompleta física newtoniana; no es newtoniana en absoluto. Cuanto más leía Kuhn esa antigua ciencia, más comprendía que no se relacionaba con la ciencia que le siguió. La ciencia no es un continuo, concluyó, sino otra cosa.[43]

Por lo tanto, se preguntó: ¿qué debemos hacer con esas antiguas teorías? ¿No eran ciencia, ni científicos sus practicantes? ¿La física newtoniana también dejó de ser científica cuando la de Einstein la remplazó? ¿Cómo pasa la ciencia de una serie de teorías a otra si no es basándose gradualmente en la obra del pasado?

En 1962, luego de quince años de investigación, Kuhn tenía su respuesta. La publicó en *La estructura de las revoluciones científicas*. Ahí propuso que la ciencia procede de una serie de revoluciones, en las que las maneras de pensar cambian por completo. Llamó a estas maneras de pensar "paradigmas". Un paradigma es estable por un tiempo y los científicos se ocupan en probar cosas que ese paradigma predice, pero al final aparecen excepciones. Los científicos las tratan al principio como preguntas aún por responder; pero si descubren bastantes de ellas y las preguntas son lo bastante importantes, el paradigma cae en "crisis". Éste continúa hasta que emerge un nuevo paradigma y el ciclo empieza otra vez. En opinión de Kuhn, un nuevo paradigma no es una versión mejorada de su predecesor. Nuevos paradigmas superan por completo a los viejos. Por eso es imposible comprender a científicos como Aristóteles con ojos modernos: ellos operaban en el marco de un paradigma que, desde aquel entonces, ha sido derribado por revoluciones científicas.

Pese a su enigmático tema, el libro de Kuhn ha alcanzado ventas de más de un millón de ejemplares y es una de las obras más citadas del mundo.[44] El autor de ciencia James Gleick lo llamó "la más influyente obra de filosofía de la segunda mitad del siglo XX".[45]

Los paradigmas son una forma de atención selectiva. Lo que cambia en una de las "revoluciones científicas" de Kuhn es lo que los científicos ven. En palabras de Kuhn: "Durante las revoluciones, los científicos ven cosas nuevas y diferentes cuando examinan con instrumentos conocidos lugares que ya han visto antes. Lo que eran patos en el mundo de los científicos previo a la revolución son conejos después".[46]

El "descubrimiento" por Robin Warren de la bacteria *H. pylori*, ocurrido después de haberse publicado el libro de Kuhn, puede ser el más claro ejemplo de científicos que ven lo que esperan, no lo que está ahí. Después de Warren, los científicos examinaban imágenes que ya habían inspeccionado antes y se sorprendían al ver cosas que antes habían pasado por alto. Su experiencia —el sistema de creencias, experiencias y supuestos, que Kuhn llama paradigma— los había cegado.

6 LA LÍNEA ENTRE EL OJO Y LA MENTE

Observar no es igual que mirar. Saber cambia lo que observamos, tanto como observar cambia lo que sabemos, no en sentido metafórico o metafísico, sino literal. Las personas que hablaban por su teléfono celular no observaron al payaso en monociclo. Los radiólogos no observaron al gorila. Generaciones de científicos no vieron la *H. pylori*. Esto no se debe a que la mente juegue trucos, sino a que la mente *es* un truco. Ver y creer evolucionaron porque dotar de sentido al mundo permitió a nuestra especie sobrevivir y reproducirse. Después, nos volvimos conscientes y creativos, y quisimos recibir más de nuestros sentidos; pero tan pronto como ellos fueron lo suficientemente buenos para la sobrevivencia y la reproducción, lo fueron para todo. Tal vez queremos creer que vivimos en un universo estable y objetivo; que nuestros sentidos y mente nos lo brindan total y exactamente así —que lo que percibimos es "real"—; quizá necesitamos creer esto para poder sentirnos cuerdos y seguros de seguir adelante con nuestra vida, pero no es cierto. Si queremos comprender el mundo para cambiarlo, debemos entender que nuestros sentidos no nos ofrecen el panorama completo. Neil deGrasse Tyson, al hablar en el Salk Institute en 2006, dijo:

> Se elogia mucho al ojo humano, pero quien haya visto la vasta amplitud del espectro electromagnético reconocerá qué ciegos somos. No podemos ver campos magnéticos, la radiación ionizante ni radones. No podemos oler ni degustar el monóxido de carbono, el dióxido de carbono ni el metano, porque si los olemos, morimos.[47]

Sabemos que estas cosas existen porque hemos desarrollado herramientas que las perciben. Pero ya sea que usemos sentidos, sensores o ambos, nuestra percepción siempre estará limitada por lo que podemos detectar y cómo lo comprendemos. La primera limitación es obvia —sabemos que nuestros ojos no pueden ver sin luz, por ejemplo—, pero la segunda, comprender, no. Hay una barrera entre el ojo y la mente. No todo la atraviesa.

Crear significa abrir esta frontera: reconfigurar nuestra comprensión para que podamos notar cosas que no hemos percibido antes. No es indispensable que sean cosas grandes o extraordinarias. David Foster Wallace contó el chiste sobre peces para referirse a algo aparentemente trivial:

> Al salir del trabajo debes subirte a tu auto y dirigirte al supermercado. Éste está repleto; la tienda está ofensivamente iluminada y llena de un aroma a Muzak insoportable. Es casi el último lugar en el que quisieras estar. ¿Y quiénes son todas esas personas frente a tí? Mira lo repulsivas que son casi todas, lo tontas, bovinas, apagadas e inhumanas que parecen, o lo fastidiosas y groseras que son las que hablan a gritos en su teléfono celular. Mira lo honda y personalmente injusto que es esto. Ésta es mi forma predeterminada de pensar. Es la forma automática en que experimento las partes aburridas, frustrantes y tumultuosas de la vida.
>
> Pero hay modos totalmente diferentes de pensar en ese tipo de situaciones. Puedes optar por ver de otra manera a esa dama gorda, apagada y muy

maquillada que acaba de gritarle a su hijo en la fila de la caja. Por lo general, tal vez no sea así. Quizá lleva tres noches seguidas tomando de la mano a su esposo, que muere de cáncer en los huesos. Si de veras aprendes a prestar atención, estará dentro de tus posibilidades experimentar una situación de consumo, tumultuosa e infernal, no sólo como significativa, sino también sagrada. Llegarás a decidir conscientemente qué tiene significado y qué no.[48]

Cuando otorgamos un significado distinto a algo hacemos un cambio en lo que vemos. Wallace ofrece otro paradigma para la fila en la tienda. La apariencia de la dama no ha cambiado, pero él la ve de otra manera. Su segunda interpretación —que su esposo tiene cáncer en los huesos— es especulativa y probablemente errónea, pero no más que la primera. Tal vez se acerca más a la verdad: pocos de nosotros somos generalmente malos, pero todos tenemos días difíciles que nos hacen parecer malos ante desconocidos. Wallace dirige su atención selectiva a elegir otra cosa. Puede hacerlo porque reconoce que su manera "predeterminada" de ver no es su única manera de observar. Esto es algo que él puede decidir. Su capacidad para decidir ver de otra forma cosas ordinarias —"no sólo como significativas, sino también sagradas"— lo convirtió en uno de los principales escritores de su generación.

La mente del principiante y la experiencia parecen contrarias, pero no lo son. La filosofía occidental nos ha condicionado a ver las cosas en pares opuestos —blanco y negro, izquierda y derecha, bien y mal, yin y yang (en contraste con la idea china original de yin-yang),[49] principiante y experto—, un paradigma llamado "dualismo". No tenemos que ver las cosas de esa manera. Podemos verlas como interrelacionadas, no opuestas. La mente del principiante se *relaciona*, no se *opone*, con la experiencia porque los expertos saben que operan dentro de los límites de un paradigma y cómo surgieron esos límites. En ciencia, por ejemplo, algunas restricciones son resultado de las herramientas y técnicas disponibles. Robin Warren había desarrollado suficiente experiencia como patólogo para saber que el dogma del estómago estéril era anterior a la invención del endoscopio flexible y que podía ser un supuesto erróneo causado por falta de tecnología. Judah Folkman sabía que los supuestos sobre tumores se basaban en muestras, no en cirugías. Los hermanos Wright sabían que el coeficiente de Smeaton para calcular la relación entre el tamaño de las alas y el ascenso era un supuesto desarrollado en el siglo XVIII que podía estar equivocado. La mayor prueba de tu experiencia es qué tan explícitamente comprendes tus supuestos.

No hay verdaderos principiantes. Empezamos a crear paradigmas tan pronto como nacemos. Heredamos algunos, otros se nos enseñan e inferimos algunos más. Cuando creamos por primera vez, somos como los peces de David Foster Wallace, nadando en un mar de suposiciones en las que no hemos reparado aún. El último paso de la experiencia es el primer paso en la mente del principiante: saber qué supones, por qué y cuándo modificar tus supuestos.

7 EL MAGO DE MARTE

Hay un problema en ver cosas que nadie más ve: ¿cómo sabemos que estamos en lo cierto? ¿Cuál es la diferencia entre la necesaria seguridad y la peligrosa certidumbre? ¿Entre descubrimiento e ilusión?

En el verano de 1894, Percival Lowell miró por el telescopio de su nuevo observatorio por primera vez. Ya había anunciado que emprendería "una investigación sobre la condición de la vida en otros mundos", con "firmes razones para creer que nos encontramos en vísperas de un maravilloso y definitivo descubrimiento en la materia".[50]

Lowell vio hielo en el polo sur de Marte derretirse bajo el sol de verano. Otros astrónomos habían visto líneas rectas cruzar el desierto marciano. A medida que el hielo se derretía, esas líneas cambiaban de color, volviéndose más claras en el sur y más oscuras en el norte. Por lo que concernía a Lowell, eso sólo tenía una posible explicación: tales líneas eran canales artificiales, una "increíble red azul en Marte que sugiere que otro planeta, además del nuestro, está habitado en la actualidad".

Lowell inspiró un siglo de ciencia ficción protagonizada por marcianos invasores. Muchos rivalizaron con sus descripciones. Por ejemplo, en *Under the Moons of Mars*, Edgar Rice Burroughs escribió: "La gente se vio precisada a seguir las aguas en repliegue hasta que la necesidad la forzó a su salvación última, los así llamados canales marcianos".[51]

Los científicos estaban menos convencidos. Uno de los adversarios de Lowell fue Alfred Wallace, conocido por su obra sobre la evolución.[52]

Wallace no objetó los mapas de Lowell; el Lowell Observatory era uno de los mejores del mundo y Wallace no tenía razón para dudar de lo que Lowell había visto. En cambio, atacó sus conclusiones con una lista de fallas lógicas como éstas:

> El totalmente insuficiente suministro de agua para tal irrigación mundial; la extrema irracionalidad de construir tan vasto sistema de canales, el desperdicio proveniente de los mismos, por evaporación, consumiría diez veces el probable abasto; cómo pudieron haber vivido los marcianos antes de que ese gran sistema fuera planeado y ejecutado; por qué primero no utilizaron y fertilizaron la franja de tierra adyacente a los límites de las nieves polares; el hecho es que la única manera práctica e inteligente de transportar una cantidad limitada de agua por tan grandes distancias era un sistema de tubos de agua y aire escasos *tendidos bajo tierra*, y sólo una densa población con amplios medios de subsistencia podría haber construido obras tan gigantescas, aun si llegaran a tener alguna utilidad.[53]

La discusión se resolvió a favor de Wallace en 1965, cuando el *Mariner 4* de la NASA tomó fotos de Marte que mostraban, en palabras del ingeniero de imágenes de la misión, una superficie "como la de nuestra Luna, llena de cráteres, e inmutable en el tiempo. Sin agua, sin canales, sin vida".[54]

Pero aún había un misterio. Cada vez que otros astrónomos decían que no podían ver canales en Marte, Lowell señalaba que él tenía un observatorio mejor. En gran medida, esto era cierto. Pocas personas tuvieron acceso al observatorio privado de Lowell mientras él vivió, pero a su muerte, otros astrónomos pudieron mirar al fin por su telescopio. Aun así, nadie percibió ningún canal. ¿Qué había visto Lowell?

La respuesta resultó estar en sus ojos. Él no era un astrónomo experimentado. Por equivocación, había dado tan poca apertura a su telescopio que éste funcionaba como un oftalmoscopio, el dispositivo de mano que usan los médicos para proyectar luz en los ojos de los pacientes. Las venas de la retina de Lowell se reflejaron en la lente del ocular de su telescopio. Sus mapas de canales marcianos son imágenes especulares del árbol de vasos sanguíneos que todos tenemos en el fondo de los ojos, como lo son los "rayos" que vio en Venus, las "grietas" que vio en Mercurio, las "líneas" que vio en las lunas de Júpiter y las "rasgaduras" que vio en Saturno.[55]

Lowell examinaba una proyección del interior de su cabeza. Ningún telescopio es más poderoso que el prejuicio de quien ve a través de él. Podemos ver lo que esperamos aunque no exista, justo como podemos ignorar lo inesperado cuando sí existe.

Ver lo que esperamos comparte el origen de la ceguera inatencional. Cuando aplicamos a nuestros ojos ideas preconcebidas, no tenemos la mente del principiante. Lowell pudo haber evitado sus errores. A. E. Douglass, su asistente, señaló el riesgo de la escasa abertura del telescopio, poco después de que Lowell empezó a usarlo: "Quizá la imperfección más dañina del ojo esté en la lente. En condiciones apropiadas, despliega irregulares círculos y líneas radiales semejantes a una telaraña. Éstas se vuelven visibles cuando el rayo de luz que entra en el ojo es extremadamente diminuto".[56]

Douglass probó su hipótesis colgando globos blancos a kilómetro y medio del observatorio. Cuando los examinaba a través del telescopio, veía las mismas líneas que Lowell trazó en los planetas. La respuesta de Lowell fue despedirlo —Douglass sería pronto un astrónomo distinguido—, por deslealtad.

Podemos cambiar de dirección cuando damos pasos, pero no cuando damos saltos. Lowell dio un *salto* cuando dijo que encontraría vida en Marte. Se comprometió con los canales, no con la verdad. Robin Warren dio un paso cuando dijo que había bacterias en el estómago. Hizo esa modesta nota en el informe de su laboratorio: "Ignoro qué significan estos inusuales hallazgos, pero quizá valga la pena investigar más".[57] Después dio más pasos. Éstos lo llevaron al premio Nobel.

Warren poseía seguridad —no lo disuadieron, por ejemplo, los colegas que dijeron que esas bacterias no tenían importancia—, pero carecía de algo que Lowell tenía en abundancia: certidumbre.

Seguridad es creer en ti mismo. Certidumbre es confiar en tus creencias. La seguridad es un puente, la certidumbre una barrera.

La certidumbre es aún más fácil de engendrar que la ilusión. Nuestro cerebro es electroquímico. Como cualquier otra sensación, la de certidumbre procede de la electroquímica en nuestra cabeza. La estimulación química y eléctrica puede hacernos sentir certeza. La ketamina, fenciclidina y metanfetamina producen sensaciones de certidumbre, también aplicar electricidad a la corteza entorrinal, parte del cerebro unos centímetros atrás de la nariz.[58]

La falsa certidumbre es común en la vida diaria. En un estudio de la memoria, los psicólogos cognitivos Ulric Neisser y Nicole Harsch probaron la falsa certidumbre preguntando a estudiantes cómo se habían enterado de la explosión del transbordador espacial *Challenger*.[59] La respuesta de uno de ellos fue: "Estaba en mi clase de religión y de pronto llegaron unas personas que se pusieron a hablar de eso. No me enteré de los detalles, salvo que la nave había explotado, y que todas esas personas lo habían visto, lo cual me pareció muy triste".

Otra respuesta fue: "Estaba viendo la tele con mi compañero de cuarto de primer año cuando de repente hicieron un corte informativo que nos horrorizó por completo".

Ambas respuestas son del mismo estudiante. Neisser y Harsch le hicieron esa pregunta un día después del suceso y luego dos años después. Él dijo estar "absolutamente seguro" de la segunda respuesta.

De las cuarenta personas en el estudio sobre el *Challenger*, los recuerdos de doce fueron totalmente equivocados, y los de la mayoría casi en su totalidad. Treinta y tres personas estaban seguras de que nunca se les había hecho esa pregunta.[60] No había ninguna relación entre las sensaciones de certidumbre de los sujetos y su exactitud. Estar equivocados, aun si nos lo demuestran, no nos impide sentir certeza.

Tampoco la evidencia irrefutable lo hace; de hecho, eso no existe. Todos aquellos estudiantes siguieron creyendo en su segundo e incorrecto recuerdo aun cuando se les mostraron las respuestas que habían escrito de su puño y letra un día después de la explosión. Una respuesta: "Lo sigo recordando exactamente al revés".

Una vez aferrados a nuestra certidumbre, podemos permanecer así aun si la evidencia de que estamos equivocados es abrumadora. Esta inquebrantable certidumbre se estudió por primera vez en 1954, cuando la espiritista y psíquica Dorothy Martin anunció que extraterrestres le habían advertido que el mundo sería destruido el 21 de diciembre de ese año.[61] Los psicólogos Leon Festinger, Stanley Schachter, Henry Riecken y otros se hicieron pasar por creyentes, se unieron al grupo de seguidores de Martin y vieron qué pasó cuando su profecía no se hizo realidad.

Martin había hecho predicciones específicas. Una de ellas, recibida vía trance de un extraterrestre llamado "el Creador", decía que la medianoche del 20 de diciembre llegaría un "hombre del espacio" a rescatar a Martin y sus seguidores en un "platillo volador". El grupo hizo preparativos, como aprender contraseñas, quitar los cierres de sus pantalones y prescindir de brasieres. En su libro sobre esta experiencia, *When Prophecy Fails*, Festinger, Schachter y Riecken describen lo que sucedió cuando el hombre del espacio omitió el acto de materializarse:

> El grupo empezó a reexaminar el mensaje original que afirmaba que a la medianoche se le subiría en autos estacionados y se le llevaría al platillo. El primer intento de reinterpretación llegó pronto. Un miembro señaló que el mensaje seguramente era simbólico, porque decía que se les subiría en autos estacionados, cuando los autos estacionados no se mueven, y de ahí que no pudieran llevar al grupo a ningún lado. El Creador anunció después que, en efecto, el mensaje era simbólico, pero que los "autos estacionados" aludían al cuerpo físico de los miembros, que obviamente había estado ahí a medianoche. El platillo volador, continuó, simbolizaba la luz interior de cada miembro del grupo. Éstos estaban tan ansiosos de una explicación de cualquier clase que muchos aceptaron ésa.[62]

La gran predicción de ese extraterrestre había sido el fin del mundo. Pero poco antes del momento fijado para ese suceso, Martin recibió un nuevo mensaje de los extraterrestres: "Han sido librados de las fauces de la muerte. Desde el comienzo de los tiempos, nunca había habido en esta Tierra tanta fuerza del Bien y tanta luz como las que inundan ahora este cuarto".[63]

¡Ese grupo había salvado el mundo! El cataclismo se canceló. Miembros del grupo procedieron entonces a llamar a los periódicos, para darles la noticia. Ni siquiera consideraron la posibilidad de que las profecías de Martin hubieran sido falsas.

Uno de los psiquiatras encubiertos, Leon Festinger, llamó "disonancia" a esa brecha entre certidumbre y realidad.[64] Cuando lo que sabemos contradice lo que creemos, podríamos cambiar nuestras creencias para ajustarlas a los hechos, o cambiar los hechos para ajustarlos a nuestras creencias. Quienes sufren de certidumbre tienen más probabilidades de cambiar los hechos que sus creencias.

Festinger estudió después la disonancia en personas comunes y corrientes. En un experimento, asignó a voluntarios una tarea trivial y luego les preguntó qué pensaban de ella.[65] Cada uno dijo que era aburrida. Pese a esto, los convenció de decir al siguiente voluntario que era divertida. Luego de decir a otro que la tarea era divertida, la gente alteraba su recuerdo de ella. "Recordaba" haber pensado que la tarea era entretenida. Cambiaba lo que sabía para ajustarlo a algo que inicialmente sólo había pretendido creer.

Una vez prendidos de la certidumbre, necesitamos que el mundo sea, y permanezca, congruente con nuestra certeza. Vemos cosas que no existen e ignoramos las que son reales para vincular la vida con nuestras creencias. Festinger escribió en *A Theory of Cognitive Dissonance* (1957): "Cuando la disonancia está presente, además de tratar de reducirla, la persona evitará activamente situaciones e información que podrían incrementarla".[66]

Saber que la disonancia existe no ayuda a prevenirla. Podemos tener disonancia sobre nuestra disonancia. Dorothy Martin tuvo una larga carrera de comunicación con extraterrestres, luego de que su profecía fracasó y aun después de publicarse el estudio sobre ella.[67] Algunos de sus seguidores interpretaron la investigación de los psicólogos como *prueba* de sus poderes. Por ejemplo, "Natalina", una "exploradora de lo sobrenatural" de Tulsa, Oklahoma, escribió en su sitio web Extreme Intelligence: "Los psicólogos determinaron que cuando la gente tiene una fe suficientemente fuerte en algo, a menudo hará justo lo contrario de lo que esperaríamos cuando su fe es puesta a prueba".[68]

¿Cómo podemos saber que vemos algo real y no ser engañados por la disonancia? ¿Y que en realidad somos como Robin Warren y Judah Folkman, no como Percival Lowell y Dorothy Martin?

Muy fácil: la ilusión consuela, mientras que la verdad duele. Cuando te sientas seguro, sé cauteloso; podrías estar sufriendo de certidumbre.

El consuelo de la ilusión se desprende de la certidumbre. Ésta es el camino que elude las preguntas y los problemas. Es cobardía, huir de la posibilidad de que estemos equivocados. Si ya sabemos que estamos en lo cierto, ¿para qué enfrentar dudas o reparos? Sólo sube a la Torre Eiffel y vuela.

La seguridad es un ciclo, no un estado inmutable, es un músculo que debe fortalecerse a diario, una sensación que renovamos e incrementamos soportando la adversidad de la creación. La certidumbre es constante. La seguridad va y viene.

Distánciate de la certidumbre y haz amistad con la duda. Cuando eres capaz de cambiar de opinión, puedes cambiar cualquier cosa.

CAPÍTULO 5

HONOR A QUIEN HONOR MERECE

1 ROSALIND

Aguanieve como lágrimas de cristal caía sobre los azulejos formados por los paraguas negros en el United Jewish Cemetery de Londres. Era el 17 de abril de 1958. Al otro lado del mar, en Bruselas, la Feria Mundial abría con un modelo a escala de un virus como su principal atracción. En el cementerio, el ataúd con el cuerpo de la científica que había hecho ese modelo descansaba en el suelo. Ella se llamaba Rosalind Franklin. Había muerto de cáncer un día antes, a los 37 años de edad. Su trabajo consistía en tratar de entender la mecánica de la vida.[1]

Con sus cámaras de gas, misiles guiados y bombas atómicas, la Segunda Guerra Mundial fue el ápice de la ingeniería de la muerte. Después de ella, los científicos buscaban una nueva cúspide. El físico Erwin Schrödinger capturó el espíritu de la época en una serie de charlas en Dublín tituladas "¿Qué es la vida?". En ellas dijo que las leyes de la física se basan en la entropía, la "tendencia de la materia al desorden". Pero la vida se resiste a la entropía, "evitando el rápido deterioro hacia lo inerte", por medios que entonces eran enigmáticos. Schrödinger fijó una meta audaz para la ciencia del resto del siglo: descubrir cómo vive la vida.[2]

De todas las cosas en el universo, sólo la vida escapa a la inercia y la decadencia, así sea brevemente. Un organismo retarda la destrucción consumiendo materia del entorno —respirando, comiendo y bebiendo, por ejemplo— y usándola para reabastecerse. Una especie retarda la destrucción transfiriendo su esquema básico de padre a hijo. La vida misma retrasa la destrucción adaptándose y diversificando esos esquemas. A principios de la década de 1950, el mecanismo de la vida era un misterio; a fines de esa misma década, gran parte de ese misterio se había resuelto. El modelo de virus de Rosalind Franklin era una celebración de ese triunfo en la Feria Mundial.

Este modelo correspondía al virus mosaico del tabaco, o TMV, estudiado en todo el mundo porque es fácil de obtener, muy infeccioso y relativamente simple. El TMV debe su nombre a las manchas color café en forma de mosaico que destruyen las hojas de tabaco. En 1898, el botánico holandés Martinus Beijerinck demostró que esta infección no era causada por bacterias, las cuales son relativamente grandes y celulares, sino por algo más pequeño y carente de células. Lo llamó "virus", usando la palabra latina que significa "veneno".

Las bacterias son células que se dividen para reproducirse, como las células en otras formas de vida. Un virus no tiene células. Ocupa, o infecta, células y reorienta sus mecanismos reproductivos para hacer copias de sí mismo; es un usurpador microbiológico. Un virus contiene la información que necesita para hacer una copia de sí mismo y poco más. Pero ¿cómo se guarda esa información? ¿Cómo duplica el virus la información en una nueva célula sin ceder su copia?

Estas preguntas eran más importantes que el tabaco o los virus. Toda reproducción es como la viral. Los padres no se cortan a la mitad para procrear un hijo. Al igual que los virus, los padres sólo proporcionan información; un esperma es un mensaje envuelto en materia. Comprender un virus es comprender la vida.

La información de la vida es una serie de instrucciones que dan a las células funciones particulares. Un niño no es una combinación de sus padres, como creían los científicos del siglo XIX; hereda instrucciones específicas de cada uno de ellos. Estas instrucciones específicas se llaman "genes".

Los genes fueron descubiertos en 1865 por Gregor Mendel, fraile de la abadía de Santo Tomás en Brno, en la actual República Checa. Mendel cultivó, interfertilizó y analizó decenas de miles de plantas de chícharo y descubrió que los rasgos presentes en una planta podían introducirse en sus vástagos, pero que, en la mayoría de los casos, no podían combinarse. Por ejemplo, los chícharos podían ser redondos o arrugados pero no ambas cosas; no podían ser de una forma intermedia. Cuando Mendel cruzaba chícharos redondos y arrugados, sus retoños siempre eran redondos, nunca arrugados. La instrucción "Sé redondo" dominaba a la instrucción "Sé arrugado". Mendel llamó a estas instrucciones "caracteres"; hoy los conocemos como "genes".

El trabajo de Mendel fue ignorado —incluso Darwin lo desconocía— hasta 1902, cuando se le redescubrió para convertirlo en la base de la "teoría de los cromosomas".[3] Los cromosomas son paquetes de proteínas y ácidos en el núcleo de las células vivas. Su nombre procede de una de las primeras cosas que se descubrieron de ellos —adquieren un color muy intenso cuando se les mancha durante experimentos científicos: *chroma* es el término griego para "color" y *soma* es para "cuerpo". La teoría de los cromosomas, desarrollada en paralelo por Walter Sutton y Theophilus Painter y formalizada por Edmund Beecher Wilson, explicaba lo que hacen los cromosomas: transportar los genes que permiten a la vida reproducirse.

Al principio, los científicos supusieron que las proteínas de los cromosomas eran la fuente de la información de la vida. Las proteínas son moléculas largas y complicadas. Los ácidos, el otro componente de los cromosomas, son relativamente simples.

Rosalind Franklin creía que los mensajeros de la vida podían ser los ácidos de los cromosomas, no las proteínas.[4] Llegó al tema en forma indirecta. Cuando estaba en la universidad se interesó en los cristales y aprendió a estudiarlos usando rayos X. Se volvió experta en la estructura del carbón —o, como ella decía, los "agujeros del carbón"—, lo que le creó fama como talentosa cristalógrafa con rayos X. Esto la condujo a dos puestos de investigación en la University of London, donde analizó muestras biológicas en vez de geológicas. Fue durante su segundo nombramiento, en Birkbeck College, que estudió el virus mosaico del tabaco (TMV).

La palabra "cristal" evoca objetos quebradizos como copos de nieve, diamantes y sal, pero, en la ciencia, un cristal es cualquier sólido con átomos o moléculas dispuestos en una matriz tridimensional repetitiva.[5] Los dos ácidos de los cromosomas, el desoxirribonucleico y el ribonucleico, o ADN y ARN, son cristales.

Las moléculas de los cristales son muy compactas: el espacio entre ellas es de unas cuantas diezmilmillonésimas de un metro. Las ondas luminosas son cientos de veces más grandes, así que la luz no puede utilizarse para analizar la estructura de un cristal; puesto que no pasa por los espacios de éste. Pero las ondas de los rayos X, que son del mismo tamaño que los espacios del cristal, pueden pasar por el entramado de éste y, al hacerlo, son desviados (o "refractados") cada vez que chocan con un átomo. Los cristalógrafos con rayos X deducen la estructura de un cristal sometiéndolo a rayos X, desde todos los ángulos posibles, y analizando después los resultados. Este trabajo requiere precisión, atención a los detalles y capacidad para imaginar en tres dimensiones. Franklin fue una maestra de la cristalografía.

Necesitó toda su habilidad para resolver el problema de cómo se reproducen los virus. A diferencia de las bacterias, los virus son metabólicamente inertes, lo cual quiere decir que no cambian ni "hacen" nada si no han penetrado una célula. El virus mosaico del tabaco, por ejemplo, es apenas un tubo de moléculas de proteínas sin movimiento (que contiene instrucciones mortíferas, codificadas en el ARN) hasta que infecta una planta. Cuando Franklin se hizo cargo del problema, ya se había determinado que no había más que espacio vacío en el centro del mosaico del tabaco. ¿Dónde estaban entonces esas instrucciones mortíferas?

La respuesta, descubrió, era que el virus está estructurado como un taladro: su exterior de proteína está retorcido por ranuras y su núcleo está marcado por espirales de ácidos. Esta forma como de arma también indica cómo operan los virus. La proteína perfora la célula, tras de lo cual el ARN se desenrolla y se apodera de la maquinaria reproductiva en el núcleo de la célula, clonándose y propagando la infección.

Franklin publicó sus resultados a principios de 1958.[6] Hizo su trabajo, pese a que se sometía entonces a un tratamiento contra el cáncer que sufría desde 1956. Los tumores desaparecieron, pero regresaron para quitarle la vida. Ella hizo el modelo para la Feria Mundial mientras agonizaba.

Su muerte se reportó en el *New York Times* y el *Times* de Londres. Ambos diarios la describieron como una hábil cristalógrafa que había contribuido a descubrir la naturaleza de los virus.

Años después se supo la verdad. La contribución de Rosalind Franklin a la humanidad fue muy superior a su trabajo sobre el TMV. Durante mucho tiempo, los únicos que supieron lo que ella realmente había logrado fueron los tres hombres que le robaron en secreto su trabajo: James Watson, Francis Crick y Maurice Wilkins.

2 LOS CROMOSOMAS INCORRECTOS

Watson y Crick eran investigadores en Cambridge University. Wilkins había sido colega y supervisor de Franklin durante su primer puesto en la University of London, en el King's College. Los tres querían ser los primeros en contestar la pregunta del momento: ¿cuál es la estructura del ADN, el ácido que transporta la información de la vida, y cómo funciona? Los tres se concebían como rivales. Wilkins los llamaba "ratas" y les deseó "una feliz competencia".

Rosalind Franklin sabía de esa pugna, pero no competía en ella. Creía que precipitarse redundaba en una ciencia apresurada y tenía una desventaja: era mujer.

Desde la perspectiva genética, la diferencia entre un hombre y una mujer es uno de 46 cromosomas. Las mujeres tienen dos cromosomas X. Los hombres tienen un cromosoma X y uno Y. El cromosoma Y porta 454 genes, menos de 1% por ciento del total en un ser humano. Debido a esta minúscula diferencia, el potencial creativo de las mujeres ha sido suprimido durante la mayor parte de la historia humana.

En cierto sentido, Rosalind Franklin fue afortunada: estudió en el Newnham College, de la Cambridge University. Si hubiera nacido un par de generaciones antes, no se le habría admitido ahí. Newnham fue fundado en 1871, y fue el segundo de los colegios de esa universidad exclusivos para mujeres. El otro, Girton, se fundó en 1869. Cambridge University fue fundada en 1209; durante sus primeros 660 años —más de 80% de su existencia— no admitió a mujeres. Pero pese a que eran admitidas, las mujeres no eran tratadas igual que a los hombres. Aunque obtuvo el primer lugar en el examen de admisión a química, Franklin no pudo ingresar a la universidad. Las mujeres eran "alumnas de Girton y Newnham". No podían titularse. Y aun este lugar, en el bajo vientre de la institución, era un privilegio. El número de mujeres a las que se permitía asistir a Cambridge tenía un tope de 500, para garantizar que 90% por ciento de los estudiantes fueran hombres.

Aunque pretende ser desapasionada y racional, la ciencia ha sido, desde hace mucho tiempo, una decidida opresora de las mujeres. La Royal Society de Gran Bretaña prohibió el acceso a mujeres durante casi tres siglos, por motivos que incluían el argumento de que ellas no eran "personas reconocidas legalmente". Las primeras admitidas ahí ingresaron en 1945. Ambas eran de campos similares al de Franklin: Kathleen Lonsdale era cristalógrafa, Marjory Stephenson, microbióloga.

A Marie Curie, la científica más famosa de la historia, no le fue mejor. La Academia Francesa de Ciencias —equivalente a la Royal Society de Gran Bretaña— rechazó su solicitud de ingreso. Harvard University se negó a concederle un título honorífico porque, en palabras de Chales Eliot, entonces presidente emérito, "no lo merece cabalmente".[7] Eliot suponía que el esposo de Curie, Pierre, hacía todo el trabajo, o que casi todo lo hacían sus compañeros. Pero Harvard no tenía que tomarse la molestia de suponer que el crédito "no perteneciera por completo" a cualquier hombre que quisiera honrar.

Estos rechazos llegaron, pese a que Curie era la primera mujer en ganar un premio Nobel en ciencias y la única persona en ganar premios Nobel en dos ciencias distintas (física en 1903 y química en 1911). En parte, esos premios fueron resultado de su lucha por el crédito que merecía. Cuando aceptó su segundo premio Nobel, usó siete veces la primera persona al principio de su discurso, subrayando: "El trabajo químico destinado a aislar el radio en el estado de la sal pura, y caracterizarlo como un nuevo elemento, fue ejecutado expresamente por mí".[8] La segunda mujer en ganar el premio Nobel de ciencias fue su hija Irène. Ambas compartieron el premio con sus esposos, excepto el de química de Marie, que le fue otorgado tras la muerte de Pierre.

El éxito de las Curie no ayudó a Lise Meitner. Ella descubrió la fisión nuclear, sólo para ver a su colaborador Otto Hahn recibir el premio Nobel en 1944 por un trabajo que ella había hecho. La tercera mujer en recibir un Nobel de ciencias —y la primera no Curie— fue la bioquímica Gerty Cori, en 1947, quien, como las dos Curie, compartió el premio con su esposo. La primera mujer en ganar, sin compartir el premio con un hombre, fue la física Maria Goeppert-Mayer, en 1963. En total, sólo 15 mujeres han obtenido el premio Nobel de ciencias,[9] contra con 540 hombres, por lo que tienen 36 veces menos probabilidades de ganarlo que un hombre. Las posibilidades han cambiado poco desde los tiempos de Marie Curie: una científica obtiene un Nobel una vez cada siete años. Sólo dos mujeres diferentes a Curie han ganado un premio solas; únicamente en 2009, las mujeres recibieron premios en dos de las tres categorías de ciencias al mismo tiempo; una mujer no ha ganado nunca premios de ciencias en la misma categoría en dos años consecutivos, y 10 de los 16 premios dados a mujeres han sido en la "categoría de medicina o fisiología". Únicamente dos mujeres no llamadas Curie han ganado el premio Nobel de química. Sólo una mujer no llamada Curie ha ganado el de física.

Esto no se debe a que las mujeres sean menos aptas para la ciencia. Rosalind Franklin, por ejemplo, tomó mejores fotos del ADN que nadie y después empleó una compleja ecuación matemática, llamada "función de Patterson", para analizarlas. Esa ecuación, desarrollada por Arthur Lindo Patterson en 1935, es una técnica clásica en la cristalografía con rayos X. Las dos principales propiedades de las ondas electromagnéticas son su intensidad, o "amplitud", y su extensión, o "fase". La imagen creada por un rayo X muestra amplitud, pero no fase, la cual también puede ser una sustanciosa fuente de información. La función de Patterson resuelve esta limitación calculando la fase con fundamento en la amplitud. En la década de 1950, antes de las computadoras e incluso de las calculadoras, este trabajo duraba meses. Franklin tuvo que usar una regla de cálculo, hojas y hacer cálculos a mano para resolver las fases de cada imagen, cada una de las cuales representaba una parte de la molécula tridimensional del cristal que ella analizaba.

Mientras Franklin terminaba este trabajo, Maurice Wilkins, su colega de King's College, les mostró sus datos y fotos a James Watson y Francis Crick, sin el consentimiento ni conocimiento de ella. Watson y Crick llegaron pronto a la conclusión que Franklin probaba diligentemente —que la estructura del ADN era una hélice doble—, la publicaron y compartieron el premio Nobel con su fuente secreta, Wilkins. Cuando Rosalind Franklin murió, no sabía que esos tres sujetos le habían robado su trabajo. Ellos no la reconocieron ni siquiera más tarde. No le dieron las gracias en su discurso de aceptación del Nobel y en cambio sí lo hicieron con varios hombres que habían aportado cosas menores. Wilkins se refirió a Franklin una sola vez en su discurso y le restó importancia diciendo que ella hizo "muy valiosas contribuciones al análisis con rayos X", en vez de confesar que ella hizo *todo* ese análisis y mucho más. Watson y Crick ni siquiera la mencionaron en sus discursos.

3 LA VERDAD EN CADENAS

Rosalind Franklin fue la persona más importante en la historia del descubrimiento del ADN. Ella fue la primerísima integrante de la raza humana —o de cualquier otra especie sobre la Tierra— en ver el secreto de la vida. Contestó la pregunta de Schrödinger, "¿Qué es la vida?", con una fotografía tomada el primero de mayo de 1952. Apuntó su cámara a un filamento de ADN a quince milímetros, o cinco octavos de pulgada, de la lente, fijó el tiempo de exposición en cien horas y abrió el obturador. La cámara era efectivamente *suya*. Ella la había diseñado y supervisado su fabricación, en el taller de King's College; se inclinaba lo necesario para que ella pudiera tomar fotografías de muestras de ADN en diferentes ángulos. Podía tomar fotos a muy corta distancia. Protegía de la humedad a la muestra de ADN con un sello de latón y hule que también permitía a Franklin quitar el aire alrededor de la muestra y remplazarlo por hidrógeno, mejor medio para la cristalografía. No existía nada semejante en ningún otro sitio en el mundo.[10]

Cuatro días después, la foto estaba lista. Es una de las imágenes más importantes de la historia. Para cualquier ojo que no sea el más entrenado, no parece gran cosa: un círculo sombreado en torno a algo parecido a una cara fantasmal, con ojos, cejas, fosas nasales y hoyuelos alineados simétricamente y en diagonal, sonriendo como un Buda, o quizá como Dios mismo.

Para Franklin era evidente qué mostraba esa foto. El ADN tenía la forma de dos hélices, como una escalera de caracol sin soporte central. Esa forma daba una clara indicación de cómo se reproducía la vida. La escalera de caracol podía copiarse a sí misma desdoblándose y reproduciéndose.

Franklin sabía qué tenía, pero no corrió por los pasillos de King's College gritando algo equivalente al "¡Eureka!". Estaba decidida a no sacar conclusiones apresuradas. Quería abrirse paso por las matemáticas y tener la prueba antes de publicarla y estaba decidida a mantener una mente abierta hasta que hubiera reunido todos los datos. Así, dio a esa imagen el número de serie 51 y continuó su trabajo. Aún estaba terminando los cálculos de la función de Patterson, y había muchas más fotografías por tomar. Maurice Wilkins mostró entonces la foto 51 a James Watson y Francis Crick, los tres hombres a los que se les otorgó el premio Nobel por el trabajo de una mujer.

Lo mismo pasó con Marietta Blau, trabajadora no asalariada de la Universidad de Viena que desarrolló una técnica para fotografiar partículas atómicas. Blau no pudo obtener un puesto remunerado en ninguna parte, pese a que su trabajo representó un gran avance en la física de las partículas. C. F. Powell, el hombre que "adoptó y mejoró" las técnicas de Blau, recibió el premio Nobel en 1950. A Agnes Pockels le fue negada una educación universitaria por ser mujer, de modo que aprendió ciencias en los libros de su hermano, puso un laboratorio en su cocina y lo usó para hacer descubrimientos fundamentales sobre la química de los líquidos. Su trabajo fue "adoptado" por Irving Langmuir, quien ganó un premio Nobel por ese motivo en 1932. Hay muchas historias similares.[11] Gran cantidad de hombres han ganado el premio Nobel de ciencias por descubrimientos hechos total o parcialmente por mujeres.

4 EL EFECTO HARRIET

Aun en nuestra época posgenómica, el juego de los derechos está arreglado en favor de los hombres de raza blanca. Una de las razones para que eso ocurra es un desequilibrio originalmente registrado hace cincuenta años por la socióloga Harriet Zuckerman,[12] quien quiso saber si los científicos tenían más éxito solos o en equipo. Entrevistó a 41 ganadores del premio Nobel y descubrió algo que cambió para siempre la dirección de su investigación: que, tras obtener el premio, muchos temían integrarse a equipos, porque veían que recibían demasiado crédito individual por cosas que el grupo había hecho. Uno de ellos dijo: "El mundo es peculiar en cómo concede reconocimiento. Tiende a dar crédito a personas ya famosas". Otro: "El más conocido recibe más crédito, en proporciones desmesuradas".[13] Casi todos esos científicos ganadores del premio Nobel dijeron lo mismo.

Hasta Zuckerman, la mayoría de los especialistas suponían que los estratos de las ciencias eran más o menos meritocráticos.[14] Ella demostró que no lo son. Los científicos más reconocidos obtienen mayor reconocimiento y los pocos reconocidos obtienen menos, sin importar quién haga el trabajo.

Este descubrimiento de Zuckerman se conoce como el *efecto Mateo*, por Mateo 25, 29: "Porque a todo el que tiene, se le dará más y tendrá en abundancia; pero al que no tiene, aun lo poco que tiene se le quitará".[15] Éste fue el nombre que Robert Merton, un sociólogo mucho más eminente, dio a los hallazgos de Zuckerman. Ella descubrió el efecto y luego lo experimentó en carne propia: el crédito de su trabajo fue para Merton. Él la reconoció plenamente, pero sin mayor trascendencia. Como ella predijo, él tenía reconocimiento, así que recibió más todavía. No había malos sentimientos. Zuckerman colaboró con Merton y después se casó con él.[16]

El efecto Mateo —o, quizá más correctamente, el efecto Harriet— ejemplifica el amplio problema de ver lo que pensamos, en vez de ver lo que es. Es inusual que los científicos del estudio de Zuckerman hayan sido lo bastante honestos para saber que recibían un crédito que no merecían. Así como prejuzgamos a los demás, también nos prejuzgamos a nosotros mismos. Durante siglos, los blancos han tratado de convencer a otras personas de su propia superioridad. La gente suele dar y tomar crédito con base en sus prejuicios. Si en la sala hay una persona de un grupo "superior" cuando algo se crea, los miembros del grupo tenderán a suponer que esa persona hizo la mayor parte del trabajo, aun cuando sea lo contrario. En la mayoría de los casos, la persona "superior" parte del mismo supuesto.

Una vez se me remitió un correo electrónico que un científico blanco de alto rango había enviado a una científica de bajo rango. Ella había solicitado una patente; él exigió ser enlistado como inventor en la patente, pues era probable que la investigación de ella hubiese estado "relacionada" con la de él. Afirmaba que no tenía interés en recibir crédito; sólo se "aseguraba de que ella hiciera bien las cosas". La ley de patentes es complicada, pero la definición de invención de la oficina estadunidense de patentes no. "A menos que un individuo contribuya a la concepción del invento", dice, "no es inventor".[17] Si la científica mencionaba al científico como inventor, se arriesgaba a invalidar su patente.[18] Si no lo hacía, arriesgaba su carrera. La treta del científico ha dado resultado: se le menciona como inventor en cerca de cincuenta patentes, un número improbable, sobre todo cuando la mayoría de las patentes tienen muchos inventores, pese a que el número promedio de personas que "contribuyen a la concepción" de un invento es de dos.[19] Ese hombre creía sinceramente haber tenido algo que ver con el invento de la mujer, aunque la primera vez que supo de él fue cuando vio su solicitud de patente.

5 HOMBROS, NO GIGANTES

El esposo de Harriet Zuckerman, Robert Merton, era un imán de crédito y no sólo porque fuera hombre; también fue uno de los pensadores más importantes del siglo xx. Merton fundó un campo llamado "sociología de la ciencia", que, junto con la "filosofía de la ciencia" de su amigo Thomas Kuhn, escudriña los aspectos sociales del descubrimiento y la creación.

Merton dedicó su vida a comprender cómo crea la gente, en especial en las ciencias. Las ciencias dicen ser objetivas y racionales; pero aun cuando sus resultados a veces lo son, Merton sospechaba que sus practicantes no. Son personas capaces de ser tan subjetivas, emocionales y prejuiciosas como todas las demás. Por eso los "científicos" han sido capaces de justificar tantas cosas erróneas, desde la inferioridad racial y de género hasta canales en Marte y la idea de que el cuerpo está hecho de "humores". Como todas las personas creativas, los científicos operan en entornos —Merton los dividió en lo que llamó microentornos y macroentornos—, que determinan lo que ellos piensan y hacen. La manera de ver que Kuhn llamó "paradigma" forma parte del macroentorno;[20] que incluye a aquéllos cuyas contribuciones son reconocidas y sus motivos forman parte del microentorno.

Una de las observaciones de Merton fue que la idea misma de dar crédito exclusivo a un individuo es esencialmente fallida. Cada creador está rodeado por otros, tanto en el espacio como en el tiempo. Creadores trabajan junto a ellos, al otro lado del pasillo, en el continente frente a ellos y creadores muertos o retirados hace mucho trabajaron antes de ellos. Cada creador hereda conceptos, contextos, instrumentos, métodos, datos, leyes, principios y modelos de miles de personas, muertas y vivas. Parte de esta herencia es fácilmente evidente; otra no. Pero cada campo creativo es una vasta comunidad de relaciones. Ningún creador merece demasiado crédito, porque cada uno tiene una deuda enorme con muchos otros.

En 1676, Isaac Newton describió este problema cuando escribió: "Si he visto más es porque estoy parado en hombros de gigantes".[21] Esto podría parecer modestia, pero Newton lo dijo en una carta en la que discutió con el científico rival Robert Hooke por causas de crédito. Su comentario se volvió famoso y Newton es frecuentemente citado como si hubiera acuñado esa frase. Pero ya estaba subido en hombros de otro cuando escribió esa frase. La tomó de George Herbert, quien en 1651 había escrito:

"Un enano en hombros de gigantes ve más lejos que esos dos". Herbert la tomó a su vez de Robert Burton, quien en 1621 hizo constar: "Un enano subido en hombros de un gigante puede ver más lejos que el gigante mismo". Burton la había tomado de un teólogo español, Diego de Estella, también conocido como Didacus Stellae, quien la tomó probablemente de John de Salisbury, en 1159: "Somos como enanos en hombros de gigantes, así que podemos ver más que ellos y cosas a mayor distancia, no en virtud de una agudeza de visión de nuestra parte, ni de ninguna distinción física, sino porque somos cargados alto y elevados por su gigantesco tamaño". Salisbury la tomó a su vez de Bernard de Chartres, en 1130: "Somos como enanos sobre hombros de gigantes, de manera que podemos ver más y más lejos que los antiguos". No sabemos de dónde la tomó Bernard de Chartres.[22]

Robert Merton examinó esta cadena de custodia en un libro, *On the Shoulders of Giants*, para ejemplificar la larga y muy intervenida secuencia de mejora gradual que es la realidad de la creación y para mostrar cómo una persona, usualmente famosa, puede acumular un crédito que no merece. De hecho, la frase de Newton era casi un lugar común cuando él la escribió. No pretendía ser original; aquél era un aforismo tan común que Newton no necesitó citar una fuente. Su lector, Hooke, habría estado familiarizado con la idea.

Pero hay un problema con esa afirmación, sea que la atribuyamos a Newton o a otro: la idea de los "gigantes". Si todos ven más lejos por estar parados sobre hombros de gigantes, entonces no hay tales gigantes, sólo una torre de personas, cada una de ellas parada en los hombros de otra. Los gigantes, como los genios, son un mito.

¿Cuántas personas nos elevan? Una generación humana dura alrededor de veinticinco años. Fue hasta hace cincuenta mil años que terminó nuestra transición al *Homo sapiens sapiens* —personas creativas—, y todo lo que nosotros hacemos se basa en dos mil generaciones de ingenio humano. No vemos más lejos gracias a gigantes. Vemos más lejos gracias a generaciones.

6 HERENCIA

Rosalind Franklin, maestra cristalógrafa, se paró sobre una torre de generaciones cuando se convirtió en la primera persona en ver el secreto de la vida.

A principios del siglo xx no se sabía casi nada sobre los cristales, pero habían sido objeto de curiosidad desde al menos el invierno de 1610, cuando Johannes Kepler se preguntó por qué los copos de nieve tenían seis ángulos. Kepler escribió un libro, *El copo de nieve de seis picos*, en el que especuló que resolver el enigma del copo de nieve, o "cristal de nieve", nos permitiría "recrear el universo entero".[23]

Muchas personas trataron de entender los copos de nieve, entre ellas Robert Hooke, el destinatario de la carta de "los hombros de gigantes" de Newton. Fueron dibujados, descritos y clasificados durante tres siglos, pero jamás explicados. Nadie entendía qué era un copo de nieve, porque nadie entendía qué era un cristal, porque nadie entendía la física de la materia sólida.

Los misterios de los cristales son invisibles para el ojo. Para verlos, Rosalind Franklin precisó de una herramienta que tiene sus orígenes en la época de Kepler: los rayos X.

Aunque la curiosidad de Kepler por los copos de nieve tiene una clara relación con los cristales, el origen de los rayos X parte de algo menos obvio: mejoras en la tecnología de bombeo del aire que permitieron a los científicos preguntarse acerca de los vacíos. Uno de esos científicos fue Robert Boyle, quien se servía de vacíos para tratar de comprender la electricidad. Otros mejoraron el trabajo de Boyle hasta que, casi dos siglos después, el soplador de vidrio alemán Heinrich Geissler creó el "tubo de Geissler", un vacío parcial en una botella que brillaba cada vez que recibía la descarga de un serpentín eléctrico conectado a ella. El invento de Geissler fue una novedad, un "interesante juguete científico", durante su vida,[24] pero décadas más tarde se convirtió en la base de la luz neón, los focos incandescentes y el "tubo al vacío", principal componente de los primeros radios, televisiones y computadoras.

En 1869, el físico inglés William Crookes se basó en el tubo de Geissler para crear el "tubo de Crookes", que tenía un mejor vacío. El tubo de Crookes condujo al descubrimiento de los rayos catódicos, luego rebautizados como "haces de electrones".

Posteriormente, en 1895, el físico alemán Wilhelm Röntgen notó un extraño brillo en la oscuridad mientras trabajaba con un tubo de Crookes. Comió y durmió seis semanas en su laboratorio mientras investigaba y un día colocó la mano de su esposa sobre una placa fotográfica y apuntó su tubo de Crookes hacia ella. Cuando le enseñó el resultado, una imagen de sus huesos, la primera imagen de un esqueleto vivo en la historia, ella dijo: "He visto mi muerte".[25] Röntgen denominó su descubrimiento a partir del símbolo de algo desconocido: "rayos X".

Pero ¿qué eran esos rayos desconocidos? ¿Eran partículas, como los electrones, u ondas, como la luz?[26] El físico Max von Laue respondió esta pregunta en 1912. Puso cristales entre los rayos X y placas fotográficas, descubrió entonces que los rayos X dejaban sobre las placas patrones de interferencia, similares a la luz del sol al reflejarse en ondas de agua. Era imposible que partículas cupieran en las muy compactas moléculas de un cristal; si lo hacían, era improbable que formaran patrones de interferencia. Por tanto, concluyó Laue, los rayos X eran ondas.

Meses después de enterarse del trabajo de Laue, el joven físico William Bragg demostró que los patrones de interferencia también revelaban la estructura interior del cristal. En 1915, a los veinticinco años de edad, ganó el premio Nobel de física por su descubrimiento, convirtiéndose así en el científico más joven de la historia galardonado con dicho reconocimiento. Su padre, también un físico llamado William, recibió asimismo el premio, pero este caso correspondía por completo al "efecto Mateo". El viejo Bragg no desempeñó casi ningún papel en el descubrimiento de su hijo.[27]

El trabajo de Bragg transformó el estudio de los cristales. Antes de él, la cristalografía era una rama de la mineralogía, una sección de la ciencia de minas y la minería, en donde gran parte del trabajo implicaba recolectar y catalogar; después de él, ese campo pasó a llamarse "cristalografía con rayos X", una frontera salvaje de la física habitada por científicos deseosos de penetrar los misterios de la materia sólida.

Ese cambio súbito tuvo una importante e inesperada consecuencia: promovió la carrera de muchas científicas. A fines del siglo XIX, las universidades habían empezado a admitir mujeres en sus cursos de ciencias, aunque con cierta renuencia. La cristalografía, un terreno desierto en comparación, era un campo de estudio en el que las mujeres habían podido encontrar empleo después de graduarse. Una de ellas, Florence Bascom, enseñaba geología en el Bryn Mawr College, en Pennsylvania, mientras Bragg recibía su premio Nobel. Bascom fue la primera mujer en obtener un doctorado en la Johns Hopkins University, donde se le obligaba a tomar clases sentada detrás de una pantalla para que "no distrajera a los hombres"; fue también la primera geóloga nombrada por el United States Geological Survey y ya era experta en cristales mucho antes de que los físicos se interesaran en ellos.

Cuando el estudio de los cristales transitó de comprender su exterior —mineralogía y química— a entender su interior —física de estado sólido—, Bascom persistió, llevando consigo a sus alumnas.

Una de ellas era una mujer llamada Polly Porter,[28] a quien se le había prohibido ir a la escuela porque sus padres no creían que las mujeres debieran educarse. Cuando Porter tenía quince años, su familia se mudó de Londres a Roma. Mientras sus hermanos estudiaban, ella vagaba por la ciudad, recolectando fragmentos de piedras, catalogando el mármol que los antiguos romanos habían usado para construir la capital de su imperio.[29] Cuando la familia se mudó a Oxford, Porter también encontró ahí pedazos de Roma: en el Museum of Natural History de la Oxford University, que tenía una colección de antiguos mármoles romanos que necesitaban limpieza y rotulación. Henry Miers, primer profesor de mineralogía de Oxford, advirtió las regulares visitas de Porter a la colección y la contrató para que tradujera el catálogo y reorganizara las piedras.[30] Ella descubrió la cristalografía a través de Miers. Él hizo saber a los padres de Porter que ella debía solicitar su ingreso a la universidad, pero ellos no querían saber nada de eso.

Porter aceptó, en cambio, un empleo sacudiendo polvo. Pero no cualquier polvo, sino el del laboratorio de Alfred Tutton, cristalógrafo de la Royal School of Mines de Londres. Tutton le enseñó a hacer y medir cristales. Luego, los Porter se mudaron a Estados Unidos, así que ella catalogó más piedras, primero en la Smithsonian Institution, después en Bryn Mawr College, donde Florence Bascom la descubrió y la presentó con Mary Garrett, sufragista y heredera de ferrocarriles, para obtener fondos que le permitieran estudiar. Permaneció ahí hasta 1914, año en que Bragg obtuvo el premio Nobel y en que la cristalografía traspasó los márgenes de la geología para convertirse en el fundamento de la ciencia. En ese momento, Bascom le escribió a Victor Goldschmidt, minerólogo de la Universidad de Heidelberg, en Alemania:

Estimado profesor Goldschmidt:

Desde hace mucho tiempo tenía el propósito de escribirle para interesarlo en la señorita Porter, quien este año está trabajando en mi laboratorio y a quien espero que usted reciba en el suyo el año próximo. Ella ha puesto su corazón en el estudio de la cristalografía y debería ir a la fuente misma de inspiración.

La vida de la señorita Porter ha sido poco común, porque jamás ha asistido a una escuela o universidad. Así, hay grandes lagunas en su educación, particularmente en química y matemáticas, pero para compensar esto creo que usted descubrirá que ella tiene una inusual aptitud y un intenso amor por su tema. Me gustaría verla tener las oportunidades que se le han negado desde hace tanto. Soy ambiciosa en cuanto a su futuro, así como tengo fe en su éxito definitivo.

Atentamente,
Florence Bascom[31]

Goldschmidt recibió a Porter en junio de 1914.

Al mes siguiente, estalló la Primera Guerra Mundial.

Porter tuvo éxito en aprender el arte de la cristalografía, pese a las dificultades de la guerra, la depresión y distracción de Goldschmidt; tres años más tarde recibió un título en ciencias de Oxford. Permaneció ahí como profesora e investigadora de los cristales que fueron su pasión, hasta retirarse en 1959.[32] Uno de sus actos más persistentes fue inspirar y alentar a una mujer que sería una de las principales cristalógrafas del mundo y mentora de Rosalind Franklin: Dorothy Hodgkin.

Hodgkin era una niña en el amanecer de la revolución de los cristales. Tenía dos años cuando Bragg inventó la cristalografía con rayos X, cinco cuando su padre y él ganaron el premio Nobel; quince cuando tomó las lecciones navideñas para niños que el viejo Bragg impartió en la Royal Institution. En Gran Bretaña, esas conferencias instauradas por Michael Faraday en 1825, forman parte de la temporada navideña tanto como los banquetes y los villancicos. El tema de Bragg en 1923 fue "La naturaleza de las cosas", seis conferencias que describían el recién revelado mundo subatómico.[33]

"En los últimos veinticinco años", señaló él, "hemos recibido nuevos ojos. Los descubrimientos de la radiactividad y los rayos X han cambiado por completo la situación, lo cual es, en efecto, el motivo del tema de estas conferencias. Ahora podemos entender muchas cosas que antes eran oscuras; vemos un mundo nuevo y maravilloso abrirse ante nosotros, a la espera de ser explorado."

Tres de las conferencias de Bragg fueron sobre cristales. Él explicó su atractivo: "El cristal tiene cierto encanto debido, en parte, a su brillo y oropel, pero también, en parte, a la perfecta regularidad de su perímetro. Sentimos que algún misterio y belleza deben estar en el fondo de los rasgos que nos agradan y, en efecto, ése es el caso. A través del cristal penetramos en las primeras estructuras de la naturaleza".

Esas conferencias inspiraron a Dorothy Hodgkin a seguir una carrera en la cristalografía, aunque Oxford la decepcionó: una reducida parte de los cursos de licenciatura en ciencias de esas universidad estaba dedicada al estudio de los cristales.[34] Fue hasta su último año que conoció a Polly Porter, quien enseñaba cristalografía, al mismo tiempo que hacía investigaciones para clasificar todos los cristales del mundo. Porter inspiró a Hodgkin de nuevo, e incluso quizás impidió que se dedicara a otra área de estudio. Hodgkin escribió: "Obviamente ya había gran cantidad de material disponible sobre la estructura de los cristales que no conocía, y por un momento me pregunté si había algo que pudiera descubrir; gradualmente me di cuenta de las limitaciones del presente que podíamos vencer".

Lo que Hodgkin vio antes que muchos otros científicos fue que la cristalografía con rayos X podía aplicarse no sólo a las rocas, sino también a moléculas vivas y que podía revelar los secretos de la vida misma. En 1934, poco después de graduarse, se propuso probar su idea analizando una hormona humana cristalina: la insulina. Esta molécula no se rendiría a la tecnología de la década de 1930. En 1945, ella determinó la estructura de cristal de una forma de colesterol, la primera estructura biomolecular en la historia en ser identificada, o "resuelta", y luego determinó la estructura de una segunda biomolécula, la penicilina. En 1954 dedujo la estructura de la vitamina B12, y por este descubrimiento se le otorgó el premio Nobel.

Ese mismo año, el físico japonés Ukichiro Nakaya resolvió el misterio del copo de nieve.[35] Los copos de nieve que se forman a temperaturas superiores a los -40 grados Celsius no son agua pura. Se forman alrededor de otra partícula, casi siempre biológica, usualmente una bacteria.[36] Es una maravillosa coincidencia que la vida, en forma de una bacteria, sea el núcleo de un abundante cristal, la nieve, y que un cristal, el ADN, sea el núcleo de una vida abundante. Nakaya también demostró por qué los copos de nieve tienen seis ángulos: porque se desarrollan a partir de cristales de hielo y la estructura cristalina del hielo es hexagonal.

Cuando Rosalind Franklin comenzó a analizar el ADN, usando la cristalografía con rayos X, heredaba una técnica iniciada por Dorothy Hodgkin, inspirada a su vez por Polly Porter, protegida de Florence Bascom, quien abrió camino a todas las mujeres en las ciencias siguiendo el trabajo de William Bragg, quien fue inspirado por Max von Laue, quien siguió a William Röntgen, quien siguió a William Crookes, quien siguió a Heinrich Geissler, quien siguió a Robert Boyle.

Aun la mayor contribución individual es un paso minúsculo en el camino de la humanidad. Debemos casi todo a otros. Las generaciones también son generadoras. El propósito de la fruta es el árbol y el propósito del árbol es la fruta.

Hoy, el mundo entero se levanta sobre los hombros de Rosalind Franklin. Todos nos beneficiamos de su trabajo; es un eslabón en la larga cadena que llevó —entre muchas otras cosas— a la virología, la investigación de las células madre, la terapia genética y la evidencia penal basada en el ADN. El impacto de Franklin, junto con el de Bragg, Röntgen y todos los demás, ha viajado incluso más allá de este planeta. *Curiosity*, el vehículo robótico de la NASA, analiza la superficie de Marte usando a bordo cristalografía con rayos X. Nucleobases, componentes esenciales del ADN, se han descubierto en meteoritos,[37] y el glicolaldehído, una molécula como la del azúcar que forma parte del ARN, se ha descubierto orbitando una estrella a cuatrocientos millones de años luz de nosotros.[38] Dado que hemos encontrado tan lejos estos elementos, ahora resulta posible que la vida no sea poco común, sino que esté en todas partes. La vida era misteriosa cuando Franklin la fotografió por vez primera; hoy la comprendemos tan bien que podemos sospechar razonablemente que el universo podría estar lleno de ella.

Rosalind Franklin murió a causa de su ADN. Era una judía askenazí, descendiente, en parte, de personas que migraron de Medio Oriente a orillas del río Rin, en Europa, durante la Edad Media. El apellido de su familia fue alguna vez Fraenkel; sus antepasados eran de Wrocław, en la actual Polonia, entonces la capital de Silesia. Gran parte de su herencia genética era europea, no asiática: los askenazíes surgieron cuando judíos convirtieron a su religión a mujeres europeas y sobrevivieron prohibiendo el matrimonio fuera de su grupo. Tres de esas personas tenían fallas genéticas: dos tenían genes mutados supresores de tumores de cáncer de mama tipo 1, llamados genes BRCA1; otra tenía una mutación llamada 6174delT en su supresor del tumor de cáncer de mama tipo 2, o gen BRCA2. Franklin heredó probablemente uno de estos genes mutados.[39] La mutación BRCA2 vuelve a una mujer quince veces más propensa a cáncer ovárico; la mutación BRCA1 incrementa sus posibilidades en un factor de treinta.[40] Rosalind Franklin murió de cáncer ovárico.

Nada de esto podría haber sido imaginado siquiera antes de que ella fotografiara el ADN. Hoy, las judías askenazíes, todas ellas primas literales de Rosalind Franklin,[41] pueden hacerse una prueba para ver si tienen las mutaciones BRCA1 o BRCA2, y tomar medidas preventivas de ser así. Estas medidas son bruscas; incluyen la remoción quirúrgica de ambos senos, para reducir el riesgo de cáncer de mama, y la de los ovarios y trompas de Falopio, para reducir el riesgo de cáncer ovárico. Pero es probable que, en el futuro próximo, haya una terapia que impida que esa mutación cause cáncer, sin necesidad de cirugía. Esto puede decirse también de otras mutaciones genéticas, otros cánceres y otras enfermedades. Puede ser que Franklin no haya salvado su vida, pero podría ayudar, y lo ha hecho ya, a salvar la vida de decenas de miles de mujeres nacidas después de que ella murió, muchas de las cuales nunca sabrán su nombre.

Nada de esto habría ocurrido en ese entonces o después si las mujeres tuvieran prohibidas las ciencias todavía, y no porque sean mujeres, sino porque son humanas y, por tanto, proclives a crear, inventar o descubrir, como cualquier otro ser humano. Lo mismo puede decirse de los negros, los morenos o los homosexuales. Una especie que sobrevive creando no debe limitar quién puede crear. Más creadores significan más creaciones. La igualdad produce justicia para algunos y riqueza para todos.

CAPÍTULO 6

CADENAS DE CONSECUENCIAS

1 WILLIAM

El perro de William Cartwright comenzó a ladrar poco después de la medianoche del domingo 12 de abril de 1812. Hubo un disparo al norte, otro al sur y luego uno al este y oeste. Los vigías de Cartwright despertaron por el ruido. Una cantidad de hombres que era imposible de ver y contar llegó en medio de la noche y derribaron a golpes a los vigías, a un costado de la fábrica de Cartwright.[1]

Otros rompieron las ventanas de la fábrica y azotaron su puerta con enormes mazos llamados "enochs". Pero todavía más pistolas fueron disparadas por las ventanas rotas, y mosquetes en los pisos superiores.

Cartwright, acompañado por cinco empleados y cinco soldados, contraatacó, disparando desde losas elevadas y haciendo sonar una campana para alertar a la caballería, acantonada a kilómetro y medio de distancia.

La puerta de la fábrica, que Cartwrigth había reforzado y recubierto de hierro, no cedió a los enochs. Balas de mosquetes ascendían humeantes antes de caer. Pronto, dos hombres yacían muertos en el patio. Veinte minutos y ciento cuarenta disparos después, los agresores se retiraron, cargando a los heridos y sin poder rescatar a los muertos.

Una vez desaparecidas las sombras de la turba, Cartwright se asomó. Mazos y pistolas habían destruido las ventanas, vidrios y marcos del primer piso; balas de mosquete habían hecho pedazos cincuenta vidrios más en la parte de arriba. La puerta había sido tan castigada que ya no soportaría una reparación. Más allá, dos hombres mortalmente heridos se agitaban entre fragmentos de mazos y hachas, charcos de sangre, trozos de carne viva y dedos cercenados.

El objetivo del ataque había sido el telar automático de Cartwright. Los atacantes eran tejedores que intentaron destruir la nueva máquina, antes de que ella los dejara sin empleo. Se llamaban a sí mismos "luditas" y habían lanzado agresiones similares por todo el norte de Inglaterra. William Cartwright fue el primero en derrotarlos.

Los luditas —nombre que procedía del entonces famoso, quizá ficticio, destructor de máquinas Ned Ludd— se habían vuelto iconos tanto del azoro ante la nueva tecnología como del arraigado temor al cambio. No los movía ninguna de ambas cosas: sólo eran hombres desesperados por conservar su empleo. Su batalla era contra el capital, no contra la tecnología. Los nuevos y mejorados mazos que usaban para destrozar los telares debían su nombre a su inventor, Enoch Taylor, quien también había creado los telares devastados, ironía que no escapó a los luditas, quienes recitaban: "¡Enoch los hizo, Enoch los destruirá!".[2]

La historia de los luditas no es un relato acerca del bien y el mal, sino de los matices de lo nuevo. Conforme nuestras creaciones avanzan de una generación a otra, tienen consecuencias que, buenas o malas, son casi siempre imprevistas e inesperadas.

La nueva tecnología suele llamarse "revolucionaria". Esto no siempre es una hipérbole. El contexto de esa sangrienta noche en Inglaterra era una colisión entre dos revoluciones, una tecnológica y la otra social.

En las décadas previas, monarcas y aristócratas de Europa habían sido sitiados. En 1776, trece colonias en América del Norte declararon su independencia del rey Jorge III de Inglaterra. La Revolución francesa empezó en 1789, y el rey Luis XVI fue muerto menos de cuatro años después. En 1791 Thomas Paine resumió el espíritu de la revolución y de la época, cuando escribió en *Los derechos del hombre*: "Los gobiernos surgen del pueblo o contra el pueblo".[3]

En la época de los luditas, el gobierno británico, como el francés recién depuesto, había surgido contra el pueblo. El jefe de Estado, el rey Jorge III, era un hilo de una telaraña de monarcas interrelacionados en matrimonio que cubrían Europa. Jorge gobernaba Gran Bretaña a través de una retahíla de intermediarios: aristócratas herederos que regían a su vez sobre la población en general. Tiempo después, una nueva capa en la jerarquía social había puesto en peligro este acomodo: los capitalistas, hombres que se hacían ricos trabajando y creando empleos para los demás, no por un accidente de nacimiento. Quienes se decían "miembros de la realeza" no impresionaban a los capitalistas, quienes esperaban poder político junto con sus ganancias. En parte, este ascenso se debía a inventos como la imprenta, que liberó la información y con las máquinas que facilitaban el trabajo y ahorraban tiempo. La clase media es consecuencia de las creaciones de la Edad Media.

La batalla en la fábrica de William Cartwright ejemplificaba las nuevas tensiones. Cartwright, a quien se habían asignado unos cuantos soldados del monarca, hizo sonar su campana para convocar a más, que nunca llegaron. La aristocracia tenía una actitud ambivalente ante esa nueva clase industrial. Muchos nobles advertían el mismo riesgo que los luditas: que la mecanización podía concentrar poder y riqueza en nuevas manos. Tecnologías como el telar automático de Taylor no amenazaban a una clase social; amenazaban a dos.

En general, luditas, monarcas y aristócratas no temían a la tecnología tanto como a las posibles consecuencias de tecnologías particulares para ellos en lo personal. Nuevas herramientas hacen nuevas sociedades.

Mientras los aristócratas dudaban de la amenaza, los luditas estaban seguros de ella; estaban tan convencidos de que los telares automáticos los perjudicarían que estaban dispuestos a morir, ya fuera en sus asaltos o ejecutados tras la captura, para detener el ascenso de las máquinas. Pero las consecuencias a largo plazo de los telares, precursores tanto de las computadoras como de los robots, eran imprevistas, en especial para los luditas. Jamás habrían podido predecir que sus descendientes —los trabajadores de hoy— usarían la tecnología de la información y la automatización para ganarse la vida, como lo hacía William Cartwright. Al final, como veremos, la clase obrera fue la que más se benefició de la nueva tecnología. Los aristócratas, los únicos que quizá tenían el poder para impedir la automatización, no hicieron nada y lo perdieron todo.

2 EL CORO DE LA HUMANIDAD

En gran medida las consecuencias de la tecnología son imprevisibles, en parte, debido a que la tecnología es sumamente compleja. Para comprender esa complejidad, dejemos un momento la fábrica de Cartwright para considerar algo al parecer netamente estadunidense y vulgar: una lata de Coca-Cola.

La tienda H-E-B, a kilómetro y medio de mi casa en Austin, Texas, vende doce latas de Coca-Cola por 4.49 dólares.

Cada una de esas latas tiene su origen en una pequeña ciudad de cuatro mil habitantes, junto al río Murray, en el oeste de Australia, llamada Pinjarra, sede de la mina de bauxita más grande del mundo. La bauxita se extrae de la superficie —básicamente se le raspa en el suelo— y más tarde se aplasta y se lava con hidróxido de sodio caliente hasta que se separa en hidróxido de aluminio y un material de desecho llamado "lodo rojo". El hidróxido de aluminio primero se enfría y después se calienta a más de mil grados Celsius en un horno, donde se convierte en óxido de aluminio, o alúmina. Ésta se disuelve en una sustancia líquida llamada criolita, un mineral raro descubierto en Groenlandia, y se convierte en aluminio puro usando electricidad, mediante un proceso llamado electrólisis. El aluminio puro se deposita en el fondo de la criolita líquida, se escurre y se pone en un molde. El resultado es una larga barra cilíndrica de aluminio. Ahí termina el papel de Australia en el proceso. La barra se transporta al oeste, al puerto de Bunbury y se carga en un contenedor para iniciar un viaje de un mes a —en el caso de la Coca para su venta en Austin— el puerto de Corpus Christi, en la costa texana.

Una vez que la barra de aluminio avista tierra, un camión la lleva al norte, por las carreteras interestatales 37 y 35, hasta una planta embotelladora en Burnet Road, Austin, donde se le enrolla en un taller de laminado y se le convierte en hojas de aluminio. En las hojas se perforan círculos para dar la forma de vaso, por medio del proceso mecánico conocido como dibujado y planchado; esto no sólo forma la lata, sino que también adelgaza el aluminio. La transición de círculo a cilindro tarda la quinta parte de un segundo. El exterior de la lata se decora usando una capa base de acrilato de uretano y después hasta siete capas de pintura acrílica coloreada y barniz, que se curan con luz ultravioleta. El interior de la lata también se pinta, con un químico llamado "cubierta polimérica comestible", para impedir que el aluminio se disuelva en el refresco. Hasta aquí, esta enorme cadena de producción ha generado sólo una lata vacía sin tapa. El siguiente paso es llenarla.

Esa Coca-Cola se elabora con un jarabe producido por la compañía de Atlanta, Georgia. El jarabe es lo único que Coca-Cola Company aporta; la operación de embotellamiento pertenece a una corporación distinta e independiente, Coca-Cola Bottling Company. El principal ingrediente del jarabe que se usa en Estados Unidos es un endulzante conocido como jarabe de maíz alto en fructosa 55, así llamado porque es 55 por ciento fructosa, o "azúcar de frutas" y 42 por ciento glucosa, o "azúcar simple", misma proporción que está presente en la miel natural. El jarabe de maíz de alto contenido de fructosa se hace moliendo maíz húmedo hasta que se vuelve almidón de maíz, mezclando éste con una enzima secretada por un bacilo, una bacteria en forma de bastón y otra enzima secretada por moho perteneciente al género *Aspergillus*, y usando luego una tercera enzima, xilosa isomerasa, derivada de la bacteria *Streptomyces rubiginosus*, para convertir en fructosa parte de la glucosa.

El segundo ingrediente, el colorante de caramelo, da a la bebida su distintivo color café oscuro. Hay cuatro tipos de colorante de caramelo; Coca-Cola emplea el tipo E150d, el cual se hace calentando azúcares con sulfito y amoniaco para producir un líquido amargo de color café. El otro ingrediente principal del jarabe es ácido fosfórico, que añade acidez y se hace diluyendo fósforo quemado (calentando previamente roca de fosfato en un horno de arco) y procesándolo para eliminar el arsénico.

El jarabe de maíz alto en fructosa y el colorante de caramelo componen gran parte del jarabe, pero lo único que aportan es dulzor y color. Los sabores constituyen una proporción mucho menor de la mezcla. Incluyen vainilla, que —como ya vimos— es el fruto de una orquídea mexicana deshidratada y curada; canela, la cual es la corteza interna de un árbol de Sri Lanka; hoja de coca, procedente de América del Sur y procesada en una única fábrica autorizada por el gobierno de Estados Unidos en Nueva Jersey, para eliminar su estimulante adictivo (la cocaína), y kola, una nuez roja que se encuentra en un árbol de la selva africana (quizás éste sea el origen del característico logotipo rojo de la Coca-Cola).

El ingrediente final, la cafeína, es un alcaloide estimulante que puede derivarse de la kola, granos de café y otras fuentes.

Todos estos ingredientes se combinan y hierven hasta formar un concentrado, el cual se transporta de la fábrica de Coca-Cola Company, en Atlanta, a la de Coca-Cola Bottling Company, en Austin, donde se diluye con agua local con infusión de bióxido de carbono. Parte de este último se convierte en gas en el agua y sus burbujas dan la efervescencia, también conocida como "fizz" por su sonido. La mezcla final se vierte en latas, que todavía necesitan tapas.

La tapa de la lata se produce con todo cuidado: también es de aluminio, pero debe ser más gruesa y fuerte que el resto de la lata, para resistir la presión del bióxido de carbono, así que se hace con una aleación con más magnesio. Se le perfora, marca y se le aplica una abertura con lengüeta, también de aluminio. La tapa terminada se pone en lo alto de la lata llena, cuya orilla se dobla y se suelda para cerrar. Estas latas se empacan por docena en una caja de cartón, llamada *fridge pack*, usando una máquina capaz de producir trescientos paquetes por minuto.

La caja terminada se transporta por tierra hasta mi tienda local H-E-B, donde —finalmente— puede comprarse, llevarse a casa, enfriarse y consumirse. Esta cadena, que abarca excavadoras para la extracción de bauxita, refrigeradores, uretano, bacterias y cocaína, tocando todos los continentes del planeta, salvo la Antártida, produce setenta millones de latas de Coca-Cola al día, cada una de las cuales puede adquirirse por aproximadamente un dólar en la tienda de la esquina y cada una contiene mucho más que algo para beber. Como todas las demás creaciones, una lata de Coca-Cola es un producto del mundo entero y contiene inventos que se remontan al origen de nuestra especie.

El número de individuos que saben cómo hacer una lata de Coca es de cero. El número de naciones particulares que podrían producir una lata de Coca es cero. Este producto célebremente estadunidense no lo es en absoluto. La invención y creación, como ya vimos, es algo en lo que todos participamos. Las modernas cadenas de producción son tan largas y complejas que nos unen en una sola persona y un solo planeta. Son cadenas de mentes: locales y extranjeras, antiguas y modernas, vivas y muertas, resultado de una invención e inteligencia dispares distribuidas en el tiempo y en el espacio. Coca-Cola no enseñó al mundo a cantar, por más que sus comerciales lo sugieran, pero cada lata suya contiene el coro de la humanidad.

La historia de la Coca-Cola es representativa. Todo lo que hacemos depende de decenas de miles de personas y dos mil generaciones de antepasados.

En 1929, el ruso Ilyá Ehrenburg describió cómo se hacía un auto, casi como lo he hecho aquí con la Coca-Cola, en un libro titulado *The Life of the Automobile*. Comienza con el desarrollo, por el francés Philippe Lebon, del primer motor de combustión interna a fines del siglo XVIII,[4] y termina con el surgimiento de la industria petrolera. En el camino, Ehrenburg señala las contribuciones de, entre otros, Francis Bacon, Paul Cézanne y Benito Mussolini. Escribe acerca de las correas transportadoras de Henry Ford: "Ni siquiera es una correa. Es una cadena. Es un milagro de la tecnología, una victoria de la inteligencia humana, un aumento de los dividendos".

En 1958, Leonard Read trazó la historia de un lápiz amarillo "Mongol 482", hecho por la Eberhard Faber Pencil Company, desde el cultivo y tala de un cedro en Oregon hasta su transporte a un taller y fábrica de pintura en San Leandro, California, y luego a Wilkes-Barre, Pennsylvania, donde se le ranura, se le dota de plomo hecho con grafito de Sri Lanka y lodo del Mississippi, se le laquea con aceite de ricino y se le cubre con latón y un material llamado *factice*, "producto parecido al hule hecho de aceite de canola de las Indias Orientales holandesas con cloruro de azufre", para hacer la goma de borrar.

Y, en 1967, Martin Luther King Jr. contó una historia similar, predicando en la Ebenezer Baptist Church de Atlanta, en un sermón titulado "Paz en la Tierra":

En verdad se reduce a esto: a que toda la vida está interrelacionada. Todos estamos atrapados en una red de mutualidad, ligados a un solo atavío del destino. Lo que afecta a uno directamente, afecta a todos indirectamente. Estamos hechos para vivir juntos, debido a la estructura interrelacionada de la realidad. ¿Alguna vez se han detenido a pensar que no pueden irse a trabajar en la mañana sin depender de la mayor parte del mundo? Se levantan temprano y se meten al baño, toman la esponja, que les entrega un isleño del Pacífico. Toman el jabón, de manos de un francés. Luego van a la cocina y toman su café matutino, servido en su taza por un sudamericano. O tal vez quieran té: eso se los sirve un chino. O quizá se les antoja chocolate para desayunar y eso se los sirve un africano del oeste. Después toman su pan tostado, de manos de un agricultor angloparlante, por no hablar del panadero. Y antes de terminar de desayunar, ya han dependido de más de la mitad del mundo.[5]

La mitad del mundo y dos mil generaciones anteriores a nosotros. Juntas, esas cadenas de producción nos dan lo que los científicos de la computación llaman "cadenas de herramientas": procesos, principios, partes y productos que nos permiten crear.

King describió estas cadenas para argumentar en favor de la paz mundial. Pero la política y la moral de nuestras largas y antiguas cadenas de herramientas son complicadas. Ilyá Ehrenburg describió la cadena que fabricaba el automóvil para argumentar a favor del marxismo: creía que los procesos industriales de la producción en serie ponían en peligro y deshumanizaban a los trabajadores. Leonard Read vio el trayecto del lápiz como un argumento en pro del libertarismo: afirmó que esa espontánea complejidad sólo era posible cuando la gente estaba libre del control central de los "cerebros" del gobierno. Evidentemente, estamos tentados a atribuir significado a la complejidad de la creación. Pero ¿debemos hacerlo?

3 LECCIONES DE LOS AMISH

Existe un modelo en la realidad para explorar la relación entre la creación y sus consecuencias: los amish de Estados Unidos, un grupo de cristianos menonitas descendientes de inmigrantes suizos. Los amish valoran las pequeñas comunidades rurales y su modo de vida incluye protegerlas contra la influencia externa. A medida que la electrificación se propagaba en Estados Unidos durante el siglo XX, los amish la resistieron. Hicieron lo mismo con otros inventos del periodo, en particular el automóvil y el teléfono. Como resultado de esto, los amish, en especial los tradicionales o del "antiguo orden", tienen fama de anticuados, paralizados en el tiempo y opuestos a la tecnología.

Pero los amish *no* evitan la nueva tecnología. Son tan creativos y hábiles como cualquiera, incluso más que la mayoría. Generan electricidad con paneles solares, han inventado sofisticados sistemas para usar baterías y gas propano, emplean iluminación LED, operan máquinas propulsadas por motores de gasolina o aire comprimido, hacen fotocopias, refrigeran sus alimentos y usan computadoras para procesar textos y elaborar hojas de cálculo. Lo que evitan es utilizar esta tecnología para relacionarse con el mundo no amish, o "inglés". Por eso generan su propia energía y no tienen transporte de larga distancia —disponen de taxis para viajar más allá del ámbito de sus carretas tiradas por caballos—, y por eso sus computadoras no tienen acceso a internet. No practican la autosuficiencia. La mayoría de las herramientas que usan son como en Coca-Cola: contienen ideas de todo el globo; no podrían producirse sin plantas de energía a gran escala, centros de tratamiento de agua, refinerías petroleras y sistemas de información y no pueden conseguirse localmente. Los amish tampoco tienen una preferencia puritana por el trabajo manual: la línea entre comodidad y eficiencia es fina, y aunque valoran el trabajo, no aprecian la ineficiencia. Las secadoras de ropa y procesadores de textos amish hacen cosas que los amish también podrían hacer —y han hecho previamente— a mano.

Contra su reputación, los amish están entre los usuarios de herramientas más conscientes y considerados del mundo. El líder amish Elmo Stoll explica: "No consideramos que los inventos modernos sean malos. Un auto o televisión es una cosa material, hecha de plástico, madera o metal. Cambios de estilo de vida son posibles gracias a las tecnologías modernas. La relación entre ambas cosas debe estudiarse con detenimiento".[6]

El enfoque amish de la tecnología sólo parece arbitrario. Ellos son cautelosos con la tecnología porque son cautelosos con la manera en que ésta da forma a sus comunidades.

Lo más inusual de los amish es que quizás hacen lo que predican. No son el único pueblo con objeciones a la creación, el cambio y la tecnología. Algunos creen que no toda la tecnología es buena, y por tanto que la mayor parte de ella es mala; si la tecnología no puede resolver todos los problemas, no puede resolver ninguno y quien piense que la tecnología puede hacer el bien es un ingenuo optimista, ignorante de sus nocivas consecuencias. Un ejemplo del rechazo anterior son los razonamientos del escritor y crítico de la tecnología Evgeny Morozov, quien se opone a lo que llama "la locura del solucionismo tecnológico":

No todo lo reparable debería ser reparado, aun si las tecnologías más recientes vuelven las reparaciones más fáciles, baratas e irresistibles. A veces, basta con lo imperfecto; a veces, eso es mucho mejor que lo perfecto. Lo que más me preocupa es que, hoy en día, la disponibilidad de reparaciones digitales baratas y diversas nos dice qué necesita reparación. Es muy simple: entre más remedios tenemos, más problemas vemos.

Más todavía, continúa Morozov, la tecnología está

inserta en un mundo de complejas prácticas humanas, donde aun pequeños ajustes a actos aparentemente intrascendentes podrían generar cambios profundos en nuestra conducta. Bien podría ser que optimizando *localmente* nuestra conducta [...] terminemos *globalmente* con una conducta menos que óptima [...]. Un problema local podría resolverse, pero sólo detonando problemas globales que no podemos reconocer de momento.[7]

Morozov está en lo cierto. "Entre más remedios tenemos, más problemas vemos" es una buena descripción de los ciclos de resolución de problemas de Karl Duncker, que examinamos en el capítulo 2. Los problemas conducen a soluciones, las que conducen a problemas, y —segundo punto de Morozov— como las soluciones se ensamblan en todo el mundo y son heredadas por las generaciones futuras, los problemas que una solución genera pueden parecer lejanos o futuros. Crear puede causar problemas no buscados, imprevistos y, a menudo, imposibles de conocer, al menos con anticipación. Para ilustrar esto, volvamos a nuestra lata de Coca-Cola.

4 UNA LATA DE GUSANOS

Alguna vez nos arrodillamos junto a un río para tomar agua con las manos. Ahora tiramos de una lengüeta en una lata de aluminio y bebemos ingredientes cuyo nombre ignoramos, procedentes de sitios que tal vez no conocemos y combinados en formas que no entendemos.

Coca-Cola es una rama de nuestro árbol de cincuenta mil años de novedad. Está ahí porque el agua es nuestro nutriente más importante. Si no tomamos agua, moriremos en cinco días. Si tomamos el agua equivocada, moriremos de enfermedades como ciclosporiasis, microsporidiosis, cenurosis, cólera y disentería. La sed debería limitarnos a movernos hacia lugares a menos de uno o dos días de agua potable, y volver peligrosas tanto las migraciones como la exploración. Pero las dos mil generaciones previas desarrollaron instrumentos para que el agua fuera portátil y potable, y para que pudiéramos vivir lejos de ríos y lagos.

Las primeras tecnologías para acarrear y almacenar agua incluían piletas, vasijas ahuecadas y —hace dieciocho mil años— cerámica. Hace diez mil años desarrollamos pozos, que permitían un acceso constante al agua dulce del subsuelo. Hace tres mil años, los chinos empezaron a tomar té, paso que coincidió con beber agua hervida, práctica que —por coincidencia— eliminaba microorganismos transmisores de enfermedades. La existencia de estos organismos no fue descubierta durante otros 2,500 años, pero al extenderse gradualmente la tecnología del té desde China a Medio Oriente y por fin, alrededor del año 1600 de nuestra era, a Europa, los consumidores de té sospecharon que el agua era más saludable cuando se hervía. Asimismo, hervirla permitía viajes de largo alcance, pues el agua encontrada en el camino ahora podía hacerse inofensiva.

La mejor fuente de agua pura es el manantial, equivalente en la naturaleza a un pozo, donde agua subterránea brota de un acuífero. Esta agua, limpia y rica en minerales, ha sido venerada por miles de años; los manantiales naturales suelen considerarse sitios sagrados de curación. Además, cierta agua de manantial es naturalmente efervescente.

Cuando las botellas —originalmente desarrolladas por los fenicios en Medio Oriente hace 2,500 años— se hicieron más comunes, al fin fue posible transportar agua sagrada, con su pureza curativa y alto contenido de minerales, desde manantiales a otros lugares. Una vez embotelladas y transportadas, esas "aguas minerales" pudieron ser saborizadas.

Algunas de las primeras aguas saborizadas fueron los *sharbats* persas, o sorbetes, que se hacían usando frutas maceradas, hierbas y pétalos de flores, descritos por primera vez en la enciclopedia médica del siglo XII de Ismail Gorgani, *Zakhireye Khwarazmshahi*. Cien años después, los británicos ya bebían agua mezclada con dientes de león fermentados y raíces de bardana, una planta que la volvía efervescente. Cientos de años más tarde, bebidas similares se elaboraban en Asia y en América, empleando partes de la planta espinosa centroamericana llamada zarzaparrilla o raíces del árbol de sasafrás. A todas estas variantes del agua espumosa y las bebidas hechas con ingredientes naturales se les atribuían beneficios saludables.

A fines de la década de 1770, los químicos empezaron a reproducir las propiedades del agua de manantial y de las bebidas herbales. En Suecia, Torbern Bergman hizo agua efervescente usando bióxido de carbono. En Gran Bretaña, Joseph Priestley hizo lo propio. Johann Jacob Schweppe, un suizo-alemán, comercializó el proceso de Priestley y formó la Schweppes Company en 1783. El contenido mineral del agua de manantial fue reproducido con fosfato y cítricos para hacer bebidas llamadas "fosfatos" o "ácidos" de naranja o limón; estos términos fueron de uso popular en el siglo XX en Estados Unidos para designar al agua efervescente saborizada.

Al volverse comunes la mineralización y carbonatación, las propiedades curativas asociadas al agua mineral cedieron, a favor de remedios y tónicos con ingredientes exóticos, como la fruta del baobab africano y raíces supuestamente extraídas de pantanos. Muchas de esas "medicinas de patente" contenían cocaína y opio, lo que las volvía eficaces para el tratamiento del dolor (si acaso) y también adictivas.

Uno de esos medicamentos, inventado por el químico John Pemberton en Georgia en 1865, constaba de ingredientes como la nuez de kola y la hoja de coca, además de alcohol. Veinte años más tarde, cuando en ciertos lugares de Georgia se prohibió el consumo de alcohol, Pemberton produjo la versión no alcohólica, que llamó "Coca-Cola". En 1887, vendió la fórmula al boticario Asa Candler.

Años antes, Louis Pasteur, Robert Koch y otros científicos europeos habían descubierto que las bacterias provocaban enfermedades, lo que marcó el principio del fin de los tónicos y remedios. En las dos décadas siguientes, la medicina se volvió científica y regulada. Harvey Washington Wiley, jefe del área química del Departamento de Agricultura de Estados Unidos, encabezó una cruzada que culminó con la aprobación de la Pure Food and Drug Act de 1906 y la creación de un organismo gubernamental que se convertiría en la U.S. Food and Drug Administration.

En su repliegue como medicina, el jarabe de la Coca-Cola se mezclaba con agua carbonatada en farmacias y se vendía como brebaje, suavizados sus argumentos de salud con adjetivos ambiguos como "refrescante" y "tonificante". Al principio, el agua carbonatada se añadía a mano y la bebida sólo se conseguía en fuentes de sodas. El embotellamiento era una idea tan extraña que, en 1899, Candler cedió a perpetuidad los derechos respectivos, en Estados Unidos, a dos jóvenes abogados a cambio de un dólar, convencido de que todo el dinero de la cola provendría de la venta del jarabe.

Éste podría parecer un error pasmoso, pero en 1899 las cosas no eran tan obvias. El vidrio no era fácil de producir en serie y puede ser que Candler supusiera que el embotellamiento sería por siempre un negocio pequeño. Sin embargo, las tecnologías del vidrio y del embotellado mejoraban. En 1870, el inglés Hiram Codd desarrolló una botella de refresco que usaba una canica como tapón, ingenioso método que aprovechaba la presión de la carbonatación para empujar la canica hasta el cuello de la botella a fin de formar un sello. En la actualidad, estas botellas de Codd se venden en subastas por miles de dólares. Al mejorar la tecnología de las botellas, el embotellamiento de Coca-Cola aumentó. Diez años después de que Candler vendiera sus derechos de embotellado, había cuatrocientas plantas embotelladoras de Coca-Cola en Estados Unidos. La Coca-Cola, alguna vez asociada con la fuente de sodas, se volvió portátil y pronto migraría otra vez, de la botella a la lata.

La historia de la lata comienza con Napoleón Bonaparte. Habiendo perdido más soldados por desnutrición que por la guerra, Napoleón concluyó que "un ejército marcha con el estómago". En 1795, el gobierno revolucionario francés ofreció un premio de doce mil francos a quien inventara una manera de preservar alimentos y los volviera portátiles. El pastelero parisino Nicolas Appert pasó quince años experimentando y, al final, desarrolló un método para conservar alimentos sellándolos en botellas cerradas herméticamente y metidas después en agua hirviendo. Lo mismo que ocurría con el agua para el té, la ebullición eliminaba las bacterias, en este caso las que causaban que los alimentos se pudrieran, fenómeno que no sería comprendido durante otros cien años. Appert remitió botellas selladas con dieciocho tipos de alimentos, de perdices a verduras, a soldados en el mar, quienes las abrieron cuatro meses después encontrando fresco su contenido. Appert ganó el premio, mismo que Napoleón le otorgó personalmente.

El enemigo de Francia, Gran Bretaña, vio como un arma la tecnología de preservación de Appert. Las conservas ampliaban el alcance de Napoleón. Un ejército que marchaba, movido por su estómago, ahora podía marchar más lejos. La respuesta británica fue inmediata: el inventor Peter Durand mejoró el método de Appert usando latas de estaño en vez

de botellas; el rey Jorge III le otorgó una patente por su invento. En tanto
que las botellas de vidrio eran frágiles y difíciles de transportar, las latas
de Durand tenían muchas más probabilidades de sobrevivir la marcha a la
guerra. Los alimentos enlatados adquirieron rápida popularidad entre los
viajeros, lo que estimuló los viajes del explorador alemán Otto von Kotze-
bue y del almirante británico William Edward Parry, así como la fiebre del
oro en California —iniciada en 1848 y que motivó a trescientas mil personas a mudarse a California, haciendo de San Francisco una gran ciudad—,
extendiendo al mismo tiempo el alcance de los dos ejércitos enfrentados
en la guerra civil de Estados Unidos.

En una coincidencia que apunta a Napoleón y los orígenes del enla-
tado, Coca-Cola desarrolló las primeras latas de refresco en la década de
1950 para abastecer a los soldados estadunidenses que libraban una distante guerra en Corea. Se les fabricaba con estaño que habían engrosado
para contener la presión de la carbonatación, y recubierto para impedir
reacciones químicas, procesos que las volvían pesadas y costosas. Cuando
se abarataron, en 1964 fueron inventadas latas de aluminio, más ligeras, y
los embotelladores de Coca-Cola las adoptaron casi de inmediato.

La Coca-Cola existe porque nos da sed. Existe porque el agua puede ser
peligrosa y no todos podemos vivir junto a un manantial. Existe porque la
gente se enfermaba y esperaba que hierbas, raíces y corteza de árboles de lugares remotos pudieran ayudarla. Existe porque a veces necesitamos viajar:
huir, cazar, ir a la guerra o buscar mejores medios y lugares. La Coca-Cola
podría parecer un lujo, pero existe a causa de una necesidad para la vida.

Sin embargo, como todas las creaciones, la Coca-Cola se ve afectada
por consecuencias imprevistas, no buscadas y a menudo distantes. El aluminio se origina en minas superficiales de bauxita, devastadoras para el
entorno local. En 2002, una compañía minera británica, Vedanta Resources, solicitó autorización para explotar bauxita en las montañas Niyamgi-
ri del este de la India, asiento del pueblo indígena tribal dongria kondh. El
plan, aprobado por el gobierno indio, habría destruido el modo de vida de
esa tribu y su montaña sagrada. Los lugareños encabezaron protestas in-
ternacionales que pusieron un alto a la mina, pero fue un milagro que, desde luego, no tuvo el mismo impacto en las minas de bauxita igualmente
destructivas en Australia, Brasil, Guinea, Jamaica y más de una docena de
países alrededor del mundo.

Se dice que el jarabe de maíz de alta fructosa es causa de obesidad creciente, en especial en Estados Unidos. Los estadunidenses consumían 51 kilogramos de azúcar por persona al año en 1966. En 2009 ya eran 59 kilos, aumento que podría deberse, en parte, a la introducción del jarabe de maíz de alta fructosa, que, a causa de aranceles a la importación, en Estados Unidos es mucho más barato que el azúcar. El estadunidense promedio consume 18 kilos de jarabe de maíz de alta fructosa al año.

La cafeína puede ser embriagante y adictiva si se abusa de ella; si se le toma en exceso puede causar vómito o diarrea, lo que podría resultar en deshidratación, lo contrario a beber. La cafeína en refrescos es un problema particular para los niños: ahora beben un promedio de 109 miligramos al día, el doble que en la década de 1980.

Aunque el aluminio se recicla con facilidad, muchas latas de aluminio se desechan en rellenos sanitarios, donde tardan cientos de años en descomponerse. La producción y distribución de cada lata añade 225 gramos de bióxido de carbono a la atmósfera, contribuyendo al cambio climático.

Coca-Cola Company ha sido una eficaz promotora del comercio global y ha tenido éxito en la elaboración y venta de su producto en el mundo entero, estrategia que ha provocado conflicto y preocupación en numerosos países, como la India, China, México y Colombia. Un problema son los derechos respecto al agua: el único ingrediente local de la Coca-Cola es el agua, y elaborar 355 mililitros de Coca requiere mucho más de 355 mililitros de agua, debido a la limpieza, enfriamiento y otros procesos industriales. Cuando se consideran todos los procesos en la cadena de producción de la Coca-Cola, una lata de 355 mililitros consume más de 120 litros de agua.[8] Siempre será más barato y eficiente beber agua que Coca, y éste es un problema en áreas que sufren de escasez del vital líquido.

Por tanto, ¿mejores herramientas producen siempre una vida mejor? ¿Hacer innovaciones hace a las cosas mejores? ¿Cómo podemos estar seguros de que hacer mejor las cosas no las empeorará?

Éstas son preguntas que nosotros, como los amish y Evgeny Morozov, nos debemos hacer. A veces las fallas de la tecnología son peligrosas, incluso mortales. Las primeras competidoras de la Coca-Cola, la cerveza de raíz y la zarzaparrilla, se hacían con raíces fermentadas del sasafrás, ingrediente prohibido ahora por ser causa probable de enfermedades del hígado y cáncer. Antes el vidrio contenía tanto plomo que intoxicaba, cuya consecuencia podría ser la gota, dolorosa inflamación que suele afectar la articulación del dedo gordo del pie. La gota se conocía tiempo atrás como "enfermedad de ricos", porque la padecían a menudo las clases altas de la sociedad, personas como el rey Enrique VIII, John Milton, Isaac Newton y Theodore Roosevelt. Benjamin Franklin escribió incluso un ensayo titulado "Dialogue Between Franklin and the Gout". Fechado "la medianoche del 22 de octubre de 1780", este diálogo narra una conversación en la que Franklin pide a su gota explicarle qué le hizo "merecer estos crueles tormentos". Él suponía que eran resultado de demasiada comida e insuficiente ejercicio, y "Madame Gota" lo reprende por su pereza y glotonería. De hecho, la causa de esa "enfermedad de ricos", en el caso de Franklin y todos los demás, era el uso de licoreras de cristal hechas con plomo, empleadas por las clases altas para almacenar y servir oporto, brandy y whisky. El "cristal con óxido de plomo" no es cristal en absoluto, sino vidrio con un alto contenido de plomo. Éste puede pasar del vidrio al alcohol y causar intoxicación por plomo, origen de la gota.

La intoxicación por plomo afligió también a la mayoría de los emperadores romanos, entre ellos Claudio, Calígula y Nerón, quienes bebían vino saborizado con jarabe preparado en vasijas de plomo. Esto tuvo consecuencias mucho más allá de la gota. Su intoxicación con plomo era tan severa que es probable que haya causado problemas en sus órganos, tejidos y cerebro, síntomas graves que afectaban a tantos emperadores que quizá contribuyeron al fin del imperio romano.

Como dice el líder amish Elmo Stoll, lo nuevo es neutral, ni bueno ni malo. Como dice Morozov, las cosas *nuevas* tienden a ser buenas para algunas personas y malas para otras, o buenas ahora y malas después, o ambas cosas.

¿No estás convencido? Volvamos a la fábrica de William Cartwright.

5 SI PUEDES LEER ESTO, AGRADÉCELO AL HILANDERO

Comprender el impacto del pasado en el presente es tan difícil como predecir la influencia del presente en el futuro. Probablemente no lo sabían, pero los tejedores que atacaron los telares automáticos de William Cartwright no habrían sido tejedores de no haber sido por la automatización. Hasta el siglo XIII, la industria textil inglesa tuvo su centro en el sureste. Y lo que la desplazó al norte, a lugares como Rawfolds, Yorkshire, sede del taller de Cartwright, fue la mecanización, específicamente la mecanización del proceso de limpieza de la tela conocido como "desplegado". Durante milenios, el desplegado de telas fue como pisar uvas, golpeándolas con los pies descalzos. Para tomar impulso y mantenerse sincronizados, los desplegadores, usualmente mujeres, entonaban especiales "canciones de desplegado", lentas al principio, cuando la tela aún estaba dura, que se aceleraban después, conforme la tela se ablandaba. Las mujeres ajustaban la duración y tempo de su canción para adecuarla al tamaño y tipo de la tela desplegada. He aquí un ejemplo de Escocia, una letra originalmente cantada en gaélico, con sílabas absurdas añadidas aquí y allá si era necesario:

> Ven acá, amor mío,
> cumple tu promesa,
> dale mis saludos
> al vecino Harris
> y al cortés John Campbell,
> mi amiguito bruno,
> cazador de gansos,
> cisnes y de focas,
> truchas saltadoras,
> ciervos bramadores,
> húmeda es la noche,
> esta noche, y fría.[9]

En Inglaterra, la tradición de la canción de desplegado llegó a su fin a causa de una tecnología que revolucionó el mundo entre los siglos I y XV: el molino de agua, o en este caso específico, el batán.

Los molinos de agua se inventaron hace dos mil años, girando primero horizontalmente, como *frisbees*, y luego en dirección vertical, como ruedas de carro. Al terminar el primer milenio, ya estaban en todas partes, y eran usados inicialmente para moler granos, pero pronto también para desplegar telas, así como para curtir, lavar, serrar, triturar, pulir, hacer pulpa y acuñar monedas "molidas".

La importancia de los ríos cambió el valor de la tierra. Los sitios capaces de producir energía para los molinos estaban entre los lugares más valiosos del mundo. El trabajo iba donde estaba la energía.

Durante el primer milenio, el comercio textil de Inglaterra se centró en sus condados del sureste, pero las máquinas de desplegado precisaban de un tipo de energía hidráulica sólo disponible en el noroeste. La industria textil se reubicó. A fines del siglo XIII, las intérpretes de canciones de desplegado en Inglaterra permanecían en silencio.

Esta revolución de la energía sembró las semillas de la Ilustración: la experiencia de mecanizar la energía de la naturaleza condujo directamente al desarrollo de la física teórica y la revolución científica. Es probable que a Newton lo haya inspirado más un batiente molino de agua que la caída de una manzana.

Cuando William Cartwright nació, a fines del siglo XVIII, la manufactura textil estaba altamente automatizada y lo había estado por siglos. La diferencia entre el nuevo telar de Cartwright y su antiguo molino estaba en que el telar remplazó el trabajo mental tanto como el manual. El desplegado con los pies es una tarea aburrida. La gente aportaba poco más que la energía cinética de sus músculos. Por eso las manivelas, levas y engranajes añadidos a las ruedas hidráulicas sustituyeron tan rápido la mano de obra: el desplegado es sobre todo energía aplicada. Pero tejer es un trabajo tanto mental como manual. Supone inteligencia, no sólo músculo, interpretar y comprender patrones de tejido. Cuando la energía hidráulica incrementó el volumen de la industria textil, la demanda de tejedores aumentó, lo que engendró la necesidad de obreros con un cerebro mejor entrenado. Entonces surgió un sistema de aprendices para satisfacer esta necesidad: maestros tejedores enseñaban a adolescentes la habilidad de la confección de telas. El aprendizaje de la confección fue una forma común de escolaridad en los días previos a la educación pública: en 1812, año en que los luditas atacaron la fábrica de William Cartwright, uno de cada veinte adolescentes ingleses residentes de ciudades fabriles eran aprendices de tejedor. Fueron estos mismos trabajadores con un cerebro mejor entrenado quienes empezaron a exigir reformas políticas a fines del siglo XVIII y principios del XIX.

El telar automatizado amenazaba a los tejedores porque también podía "pensar", o al menos seguir instrucciones. Los patrones de tejido se introducían usando tarjetas perforadas, capaces de imitar la mente del tejedor, haciendo su pensamiento más rápido y preciso, y volviéndolo redundante entre tanto. Ésta fue la primera máquina programable; en muchos sentidos, la primera computadora. Los luditas protestaban contra el inicio de la revolución de la información.

En ese tiempo, las consecuencias de esta revolución parecían sombrías. A los descendientes de trabajadores manuales se les había enseñado a pensar porque los molinos habían reducido la necesidad de trabajo manual e incrementado la de trabajo intelectual. Ahora los nuevos telares amenazaban con reducir la necesidad de tejedores, eliminando casi por completo la necesidad de obreros.

Lo que los luditas no podían prever era que sucedería lo contrario. La consecuencia de la victoria de William Cartwright fue totalmente inesperada y no buscada. El telar automatizado no redujo la necesidad de trabajo inteligente; la aumentó. Mientras máquinas programables simples se hacían cargo de tareas mentales simples, las eficiencias de la manufactura generaron nuevos empleos en una vasta y nueva cadena de producción, trabajos como mantener, diseñar y fabricar máquinas aún más sofisticadas; planear la producción; contar ingresos y gastos, y otros que, menos de un siglo después, se llamarían "gerencia".[10] Estos empleos requerían trabajadores capaces de hacer algo más que pensar. Requerían trabajadores que supieran *leer*.

En 1800, un tercio de los europeos sabían leer, en 1850 la mitad de los europeos sabían leer y en 1900 casi todos los europeos sabían leer. Luego de milenios de analfabetismo, en un siglo todo cambió. Todos tus antepasados eran probablemente analfabetos hasta hace unas generaciones. ¿Por qué tú sabes leer mientras que ellos no sabían? Gracias principalmente a la automatización.

Los hombres que atacaron la fábrica de William Cartwright en 1812 no aprendieron a leer tras perder su campaña contra el telar automatizado, pero sus hijos y nietos, sí. Las naciones industrializadas respondieron a la necesidad de obreros más inteligentes invirtiendo en educación pública. Entre 1840 y 1895, la asistencia a la escuela en esos países creció más rápido que la población.[11]

Cuando la automatización mejoró y proliferó durante el siglo XX, impulsó y fue impulsada por la continua expansión de la educación. Cada año más niños eran educados en un nivel creciente. En 1870, Estados Unidos tenía siete millones de estudiantes de primaria, ochenta mil de secundaria y otorgó nueve mil títulos universitarios. En 1990 tenía treinta millones de estudiantes de primaria, once millones de secundaria y otorgó 1.5 millones de títulos universitarios.[12] Esta última es casi la misma proporción de niños de primaria, pero treinta y cinco veces más de chicos de secundaria, y veinticinco más de graduados universitarios. La tendencia hacia más educación superior continúa. El número de estadunidenses que reciben grados universitarios casi se duplicó entre 1990 y 2010.[13]

Los luditas no previeron esto —ni lo podían hacer— cuando intentaron destruir el telar de Cartwright. Este último tampoco pudo preverlo. Cada quien veía para sí mismo; nadie pudo imaginar el mucho mejor futuro que la automatización traería a sus nietos.

Las cadenas de herramientas y de producción tienen cadenas de consecuencias. Como creadores, podemos anticipar algunas de esas consecuencias y si éstas son malas debemos dar pasos para impedirlas, creando otra cosa en su lugar. Lo que no podemos hacer es dejar de crear.

Aquí es donde se equivocan los autodenominados "herejes" de la tecnología, como Evgeny Morozov. La respuesta a los problemas de la invención no es menos invención sino más. La invención es un acto de infinita e imperfecta repetición. Nuevas soluciones engendran nuevos problemas, los que engendran a su vez nuevas soluciones. Éste es el ciclo de nuestra especie. Siempre haremos mejor las cosas. Nunca las haremos inmejorables. No debemos suponer que anticiparemos todas las consecuencias de nuestras creaciones, ni siquiera la mayoría de ellas, buenas o malas. Tenemos una responsabilidad distinta: buscar resueltamente esas consecuencias, descubrirlas lo más pronto posible y, si son malas, hacer lo que los creadores saben hacer mejor: aceptarlas como nuevos problemas por resolver.

CAPÍTULO 7

LA GASOLINA EN TU TANQUE

1 WOODY

En marzo de 2002, Woody Allen hizo algo que no había hecho nunca: voló de Nueva York a Los Ángeles, se puso una corbata de moño y asistió a la ceremonia anual de entrega de los premios de la Academia de Artes y Ciencias Cinematográficas de Estados Unidos, los Oscar.[1] Para entonces él ya había ganado tres Oscar y recibido otras 17 nominaciones, entre ellas más nominaciones a mejor guion que cualquier otro autor, pero jamás había asistido a esa ceremonia. En 2002, su película *The Curse of the Jade Scorpion* no obtuvo ninguna nominación. De cualquier modo, él estaba ahí. El público lo aplaudió de pie. Allen presentó escenas de películas filmadas en Nueva York e instó a los directores a seguir trabajando ahí, pese a los ataques terroristas ocurridos meses antes en esa ciudad. Dijo: "Haría lo que fuera por Nueva York".

¿Por qué Allen evitó siempre esa ceremonia? Ha dado varias excusas sarcásticas, siendo las dos más comunes que casi siempre hay un buen partido de basquetbol esa noche y que todos los lunes tiene que tocar el clarinete con la Eddy Davis Orleans Jazz Band.[2] Ninguna de esas razones es cierta. El verdadero motivo, que él explica ocasionalmente, es que cree que los Oscar reducirán la calidad de su trabajo.

"Todo el concepto de los premios es absurdo", dice. "Yo no puedo atenerme al juicio de otros, porque si acepto cuando dicen que merezco un premio, tengo que aceptar cuando me dicen que no."[3] En otra ocasión señaló:

"Pienso que lo que se obtiene en los premios es favoritismo. La gente puede decir: '¡Ah!, mi película favorita fue *Annie Hall*', pero la implicación es que ésa es la mejor película, y creo que ese tipo de juicios sólo pueden hacerse en pruebas de pista y campo, en las que un tipo corre y tú lo ves ganar; ahí está bien. De joven yo gané premios así y me dio mucho gusto, porque sabía que los merecía".[4]

Sea lo que motive a Woody Allen, no son los premios. Su caso es extremo —casi todos los demás escritores, directores y actores nominados a un Oscar asisten a la ceremonia—, pero señala algo importante: los premios no son siempre zanahorias para la creación. A veces pueden inhibirla y perjudicarla.

Los motivos nunca son sencillos. Nos impulsan un montón de cosas, de algunas estamos conscientes, mientras que de otras, no. El psicólogo R. A. Ochse enlista ocho motivaciones para crear: el deseo de maestría, inmortalidad, dinero, reconocimiento y autoestima; el deseo de crear belleza, demostrar la propia valía y descubrir el orden de fondo.[5] Algunas de estas recompensas son internas, otras externas.

Teresa Amabile, psicóloga de Harvard, estudia la relación entre motivación y creación. Cuando comenzó a investigar este tema, tenía la sospecha de que la motivación interna mejora la creación, en tanto que la motivación externa la empeora.

La motivación externa que Woody Allen evita es la evaluación de los demás. La poeta Sylvia Plath admitió que anhelaba lo que llamó el "elogio del mundo", pese a que descubrió que esto le dificultaba crear: "Quiero sentir que mi trabajo es bueno y bien recibido, lo que, paradójicamente, me inmoviliza, porque corrompe mi labor monjil de que el-trabajo-es-su-propia-recompensa".[6]

En uno de sus estudios, Amabile pidió a noventa y cinco personas que hicieran collages.[7] Para probar el papel de la evaluación externa en el proceso de la creación, a algunos participantes se les dijo: "Cinco artistas graduados del Stanford Art Department están trabajando con nosotros. Ellos harán una detallada evaluación de su diseño, señalando los puntos buenos y criticando las debilidades. Les enviaremos una copia de la evaluación de cada juez". A los demás no se les dijo que fueran a ser evaluados.

De hecho, todos los collages fueron evaluados en varias dimensiones por un panel de expertos. El trabajo de quienes esperaban la evaluación fue significativamente menos creativo que el de quienes hicieron collages por puro gusto. Los primeros también reportaron menos interés en el trabajo; el impulso creativo interno que Plath llamó "labor monjil" había disminuido.

Amabile obtuvo los mismos resultados en un segundo experimento con una nueva variable: presencia de público. Dividió a cuarenta personas en cuatro grupos. Al primer grupo le dijo que sería evaluado por cuatro estudiantes de arte que lo observaría detrás de un espejo unilateral; al segundo, que lo evaluarían estudiantes de arte situados en otro lugar y al tercero que detrás del espejo había personas esperando a hacer un experimento distinto. Al cuarto grupo no se le mencionaron espectadores ni evaluadores. Éste fue el que hizo el trabajo más creativo. El siguiente grupo más creativo fue el otro al que no se le dijo que sería evaluado, aunque se sabía observado. El grupo que esperaba la evaluación, pero no tenía público ocupó el tercer lugar. El grupo menos creativo, con mucho, fue el evaluado y juzgado. Los grupos evaluados reportaron más ansiedad que los no evaluados. Cuanto más ansiosos estaban, menos creativos fueron.

En su siguiente prueba, Amabile examinó creaciones escritas antes que las visuales. Dijo a la gente que participaría en un estudio sobre creación literaria. Como en el caso anterior, había cuatro grupos, algunos evaluados y otros no, algunos observados y otros no. Amabile dio veinte minutos para escribir un poema sobre la alegría. También esta vez un panel de expertos juzgó los poemas y los clasificó del más al menos creativo. Los resultados fueron iguales. Más todavía, los sujetos no evaluados dijeron estar muy satisfechos con sus poemas. Los evaluados dijeron haberse sentido forzados a escribirlos.

Las investigaciones de Amabile validan las razones de Woody Allen de evitar los premios Oscar. Él también se saltó algunas clases en la preparatoria y desertó de la universidad. Perderse las ceremonias de los premios es, en su caso, parte de un patrón para evitar la potencial destrucción de la influencia externa.

Allen trabaja sobre un pequeño escritorio en un rincón de su departamento en Nueva York, escribiendo guiones de cine en hojas amarillas tamaño oficio con una máquina de escribir portátil Olympia SM2 de color rojo borgoña que compró cuando tenía dieciséis años.[8] Dice: "Aún funciona como un tanque. Me costó cuarenta dólares, creo. He escrito todos mis guiones, todos mis artículos para el *New Yorker*, todo lo que he hecho, en esta máquina de escribir".[9]

Junto a ella siempre tiene una pequeña engrapadora Swingline, dos quitagrapas color ciruela y unas tijeras; él, literalmente, corta y pega —o, más bien, engrapa— sus textos de un borrador al siguiente: "Tengo muchas tijeras aquí y pequeñas engrapadoras. Cuando llego a una parte buena, la corto y la engrapo".

El resultado es un revoltijo: una retacería de papel, cuyas piezas están engrapadas o picadas por las grapas retiradas. Cubre esa mezcolanza con la fuente tipográfica Continental Elite en 11 puntos, coloreada con un espectro de grises y negros que sólo pueden proceder del metal sobre la cinta; es el guion de una película que, sin duda, casi será un éxito y que, incidentalmente, podría obtener algunos de los premios que Allen evita.

En 1977, una de esos deshilachados edredones amarillos se convirtió en el filme *Annie Hall*. Allen lo juzgó terrible: "Cuando lo terminé, no me gustó nada, así que hablé con United Artists y les ofrecí hacer una película gratis si no exhibían ésta. Pensé: 'Si en este momento de mi vida eso es lo mejor que puedo hacer, no deberían pagarme por hacer películas'".

De cualquier forma, United Artists estrenó la película. Allen se había equivocado al dudar de ella: *Annie Hall* fue un gran éxito. Marjorie Baumgarten, del *Austin Chronicle*, escribió: "Su trama, actuaciones e ingenio son sencillamente perfectos". Vincent Canby, del *New York Times*, señaló: "Esto coloca a Allen en la liga con los mejores directores que tenemos". Larry David, cocreador del programa de televisión *Seinfeld*, declaró: "Esa cinta cambió para siempre la manera de hacer comedias".

La opinión de Allen sobre los premios saltó a la vista por primera vez cuando *Annie Hall* fue nominada a cinco premios Oscar y él se negó a asistir a la ceremonia. Ni siquiera la vio por televisión. Recuerda: "A la mañana siguiente me levanté, tomé el *New York Times* y vi que abajo, en primera plana, decía: '*Annie Hall* gana cuatro premios de la Academia' así que pensé: '¡Vaya!, es grandioso'".

Dos de los premios, los de mejor director y mejor guion, fueron para el propio Allen. Sin inmutarse, insistió en que la frase "ganadora del Oscar" no apareciera en la publicidad de la película 150 kilómetros a la redonda de Nueva York.

Su siguiente cinta fue *Stardust Memories*. Ésta subrayó su indiferencia al elogio: "Fue mi película menos popular, pero es sin duda mi favorita".

Allen no es el único que desea evitar que el juicio ajeno lo distraiga. Cuando T. S. Eliot llegó al más alto pináculo del elogio, el premio Nobel de literatura, quiso eludirlo. El poeta John Berryman lo felicitó diciéndole que aquél era un "momento culminante".[10] Eliot contestó que era "prematuro". "El Nobel es un boleto para el propio funeral. Nadie ha hecho nada después de obtenerlo." Su discurso de aceptación fue modesto al punto de la evasión:

> Cuando me puse a pensar qué diría, sólo deseé expresar muy simplemente mi agradecimiento, aunque hacerlo en forma adecuada resultó no ser una tarea sencilla. Indicar solamente que sabía que había recibido el mayor honor internacional que puede concederse a un hombre de letras, equivaldría a decir lo que todos ya saben. Profesar mi indignidad sería proyectar dudas sobre la sabiduría de la Academia. Alabar a ésta podía indicar que aprobaba el reconocimiento. ¿Puedo pedir entonces que se dé por supuesto que, al enterarme de este premio, experimenté todas las emociones normales de la exaltación y la vanidad que puede esperarse de cualquier ser humano en un momento así, con regocijo por el halago, y exasperación por la incomodidad de verse convertido, de la noche a la mañana, en una figura pública? Debo expresarme, por tanto, en forma indirecta. Interpreto el premio Nobel de literatura, otorgado a un poeta, principalmente como una afirmación del valor de la poesía. Estoy ante ustedes no por mis propios méritos, sino como un símbolo, por una vez, de la significación de la poesía.[11]

Einstein, por su parte, *sí* evadió el premio Nobel. Éste llegó mucho después de que su genialidad fuera generalmente reconocida; no se le otorgó por su trabajo sobre la relatividad, sino por un hallazgo más oscuro: su propuesta de que la luz era a veces una partícula tanto como una onda, conocida como *efecto fotoeléctrico*. Dijo ya tener un compromiso en Japón la noche de la ceremonia del Nobel, envió disculpas al comité de premiación y pronunció un "discurso de aceptación" al año siguiente al hablar ante la Nordic Assembly of Naturalists en Gotemburgo.[12]

No mencionó el efecto fotoeléctrico ni el premio Nobel.

2 POR GUSTO O POR PREMIO

Es febrero de 1976 en la ciudad portuaria de Sausalito, California. Los días son fríos y secos.[13] Una extraña cabaña de secuoya da hacia la gris y apacible bahía. Animales toscamente tallados decoran su puerta. Un castor estruja un acordeón. Un búho sopla un saxofón. Un perro pulsa las cuerdas de una guitarra. No hay ventanas.[14] Dentro de la cabaña, la banda de rock Fleetwood Mac graba su álbum *Yesterday's Gone*. Su humor es tan malo como el clima; la atmósfera, tan extraña como la puerta. Los músicos aborrecen este oscuro y espectral estudio con sus animales raros. Ya despidieron a su productor. La cantante, Christine McVie, y el bajista, John McVie, los "Mac" del nombre de la banda, están por divorciarse. El guitarrista, Lindsey Buckingham, y la cantante, Stevie Nicks, se traen entre manos un asunto muy rudo: se reconcilian, se distancian, discuten. El baterista, Mick Fleetwood, encuentra a su esposa en la cama con su mejor amigo. Cada día, al anochecer, se presentan, con sus emociones, ante esos bichos psicodélicos, se atascan de paliativa cocaína y trabajan hasta después de medianoche. Christine McVie lo llama "una fiesta de coctel".[15]

Fleetwood Mac sobrevive a Sausalito unos meses y se esfuma después en Los Ángeles. Las cantantes, McVie y Nicks, desertaron. Las cintas de Sausalito son un desastre. La banda cancela su gira por Estados Unidos, con localidades agotadas, y su compañía disquera, Warner Bros., pospone el lanzamiento de *Yesterday's Gone*.

En Hollywood, ingenieros forenses aplican lentamente técnicas balsámicas a las cintas y rescatan el proyecto. La banda vuelve a juntarse para escuchar y se sorprende. El álbum es bueno, muy bueno. Los recuerdos de las discusiones en Sausalito inspiran a John McVie a cambiar de nombre el disco. Lo llama *Rumours*.

Rumours se lanza en febrero de 1977, y la crítica se extasía. Permanece 31 semanas en la cima de las listas de popularidad, vende decenas de millones de copias, en 1978 gana el Grammy al mejor álbum del año y se convierte en uno de los discos más vendidos en la historia de Estados Unidos, por encima de cualquiera de los Beatles.

¿Qué hacer después de *Rumours*? Fleetwood Mac renta un estudio en el oeste de Los Ángeles, gasta un millón de dólares y se la juega con un álbum doble titulado *Tusk*, el disco más caro producido hasta ese entonces.

Pero obtiene tibias reseñas, se estanca en el cuarto lugar en la lista de popularidad, vende apenas un millón de copias y se hunde. Warner Bros. lo compara con el cohete que fue *Rumours* y lo declara un fracaso.[16]

Años después, la banda pop Dexys Midnight Runners conoció un destino similar. Su gran éxito fue *Too-Rye-Ay*, un álbum impulsado por la canción "Come on Eileen", el sencillo más vendido en 1982, tanto en Estados Unidos como en el Reino Unido. Igual que Fleetwood Mac, Dexys grabó su disco durante una tormentosa crisis personal: el cantante y líder de la banda, Kevin Rowland, y la violinista, Helen O'Hara, se enamoraron. El éxito del álbum desembocó en una intensa gira mundial de promoción. Los músicos terminaron exhaustos en las playas de Inglaterra. Tres miembros de la banda renunciaron. Los restantes se metieron al estudio a grabar su siguiente álbum, *Don't Stand Me Down*, el cual costó más y tardó más que *Too-Rye-Ay*. La fotografía de la portada mostró lo que quedaba de la banda, famosa por usar overoles de mezclilla, tan adecuados como para una entrevista de trabajo. Con sólo siete canciones, una de las cuales duraba doce minutos y empezaba con dos minutos de conversación sobre nada, *Don't Stand Me Down* confundió a los reseñistas, se lanzó sin ningún sencillo y no se vendió.[17] Dexys Midnight Runners no volvería a grabar otro álbum en veintisiete años.[18] Los veteranos de la industria de la música llaman a esto el *síndrome del segundo álbum*, el posterior al éxito, que cuesta más, tarda más, cuesta más trabajo y fracasa.

Fleetwood Mac y Dexys Midnight Runners no vieron reducirse su creatividad por las presiones emocionales que sufrieron cuando grabaron *Rumours* y *Too-Rye-Ay*. Como muchos otros antes que ellos, hicieron arte de la angustia. Pero la flor del éxito oculta las espinas de las expectativas. Las grandes ganancias tienen un alto precio: la promesa implícita de más, hecha a un mundo que espera, ansioso y observador.

Todos los creadores enfrentan este riesgo. Trabajar en lo que nos gusta es mejor que trabajar por obligación. Dostoievski lamentó la presión externa de las expectativas de un editor:

> Éste es mi caso: *trabajé y fui torturado*. ¿Sabes lo que significa componer? ¡No, gracias a Dios no lo sabes! Creo que nunca has escrito por la fuerza, sobre medida, y jamás has experimentado esa tortura infernal. Habiendo recibido por adelantado del *Russkiy Vestnik* tanto dinero (4,500 rublos, ¡qué

horror!), yo tenía fe en que la poesía no me abandonara a principios de año, en que la idea poética brillase y se desenvolviera artísticamente hasta los últimos días del año y en que lograra satisfacer a todos. Durante todo el verano y el otoño seleccioné varias ideas (algunas de ellas muy ingeniosas), pero mi experiencia siempre me ha permitido presentir la falsedad, dificultad o fugacidad de esta o aquella idea. Al final me aferré a una y comencé a trabajar. Escribí mucho, pero el 4 de diciembre mandé todo al diablo. Te aseguro que la novela habría sido tolerable, pero me hartó horriblemente justo porque lo era, sin llegar a ser *del todo buena*; yo no quería eso.[19]

La experiencia de Dostoievski es característica. Trabajar "por la fuerza, sobre medida" es menos creativo que trabajar por gusto.

Harry Harlow fue uno de los protegidos de Lewis Terman, la figura paterna de las termitas que analizamos en el capítulo 1. La influencia de Terman sobre Harlow fue tan grande que lo convenció de adoptar este apellido en sustitución de "Israel", porque sonaba "demasiado judío". Tras obtener un doctorado en psicología bajo la tutela de Terman, en Stanford, el recién apellidado Harlow se volvió profesor de la University of Wisconsin-Madison, donde renovó un edificio vacío y creó uno de los primeros laboratorios de primates del mundo.[20] Algunos de sus experimentos probaron el efecto de los premios en la motivación. Harlow dejaba en las jaulas de los monos rompecabezas consistentes en una bisagra clavada con tornillos, pernos y barras.[21] Los monos podían abrir la bisagra quitando esas sujeciones en el orden correcto. Cuando resolvían el rompecabezas, Harlow lo volvía a armar. Una semana después, los monos ya habían aprendido a abrir rápidamente las bisagras, con pocos errores. En los cinco últimos días del experimento, un mono lo hizo en menos de cinco minutos, ciento cincuenta y siete veces. No había premio; los monos abrían las bisagras por diversión.

Cuando Harlow introdujo un premio —comida— en el proceso, la resolución del problema por los monos perdió eficacia. En sus propias palabras, eso "tendió a perturbar, no a facilitar el desempeño de los sujetos experimentales".[22] Fue un hallazgo sorpresivo, una de las primeras veces que alguien advertía que las recompensas externas podían desmotivar antes que alentar.

Pero aquéllos eran monos. ¿Y las personas?

Teresa Amabile pidió a artistas profesionales seleccionar veinte piezas de su obra, diez de ellas hechas por encargo y diez sin esa condición. Un panel de jueces independientes evaluaron los méritos de cada pieza. Sistemáticamente estimaron el arte por encargo como menos creativo que el hecho por iniciativa propia.[23]

En 1961, Sam Glucksberg, de Princeton, investigó el asunto de la motivación usando el problema de la vela.[24] Dijo a algunas personas que ganarían entre 5 y 20 dólares dependiendo de qué tan rápido fijaran la vela en la pared (el equivalente a entre 40 y 160 dólares en 2014). A los demás no les ofreció ninguna recompensa. Al igual que con los monos de Harlow y los artistas de Amabile, en este caso también la recompensa tuvo un efecto nocivo en el desempeño. Las personas sin recompensa resolvieron el problema de la vela más rápido que las que podían ganar más de 150 dólares. Experimentos complementarios de Glucksberg y otros científicos reprodujeron estos resultados.[25]

La relación entre recompensa y motivación no es tan simple como "los premios reducen el desempeño". Existen más de cien estudios aparte de los de Amabile y Glucksberg;[26] no hay consenso entre ellos. Algunos han encontrado que las recompensas ayudan, otros que perjudican, otros más, que no hacen ninguna diferencia.

Ken McGraw, de la University of Mississippi, ofreció una de las hipótesis más prometedoras para poner un poco de orden en este caos: se preguntó si las tareas que implicaban descubrimiento eran perjudicadas por recompensas, mientras que las que tenían una respuesta inequívoca, como los problemas matemáticos, se veían beneficiadas por ellas. En 1979, aplicó a estudiantes una prueba de diez preguntas. Las nueve primeras requerían pensamiento matemático y la décima descubrimiento creativo. Ofreció a la mitad de los estudiantes 1.50 dólares (12 de 2014) si resolvían bien los problemas y nada a la otra mitad. Los resultados de McGraw confirmaron, parcialmente, su idea. La recompensa no tuvo ningún efecto en las preguntas de matemáticas: ambos grupos se desempeñaron igualmente bien. Pero hizo una gran diferencia en la pregunta de descubrimiento creativo. Los sujetos que trabajaron por la recompensa tardaron mucho más en encontrar la respuesta. Los premios sólo son un problema cuando se requiere un pensamiento abierto.[27] Tienen un efecto positivo o neutral en otro tipo de resolución de problemas, pero sean explícitas, como el adelanto que

Dostoievski recibió del *Russkiy Vestnik*, o implícitas, como las expectativas que enfrentó Fleetwood Mac después de *Rumours*, las recompensas atascan el mecanismo de relojería de la creación.

Amabile exploró y amplió este hallazgo con dos experimentos más.[28] En el primero, pidió a escolares contar una historia basada en las fotografías de un libro. La mitad de los niños aceptaron hacerlo a cambio de una recompensa —la posibilidad de jugar con una cámara Polaroid— y la otra mitad no. Ella eliminó el riesgo de que anticipar la recompensa interfiriera en el pensamiento de los niños permitiéndoles jugar con la cámara *antes* de que contaran su historia. Los niños del grupo "sin recompensa" también jugaron con la cámara, pero sin asociarla con la tarea. Las historias de los niños fueron grabadas y juzgadas por un grupo independiente de maestros. Los resultados fueron claros y predecibles: los niños que no esperaban ninguna recompensa contaron historias más creativas.

En el segundo experimento, Amabile introdujo una nueva variable: el gusto. Dijo a sesenta estudiantes universitarios que participarían en un test de personalidad, a cambio de créditos para sus cursos. En cada caso, la investigadora fingió que su videograbadora se había descompuesto y que el experimento no podría realizarse. Dijo entonces a los miembros de un grupo, llamado *ni por gusto ni por premio*, que tendrían que hacer a cambio un collage. Dijo a los sujetos de otro grupo, llamado *no por gusto sino por premio*, que tendrían que hacer un collage pero que se les pagarían dos dólares. A las personas del tercer grupo, *por gusto no por premio*, les preguntó si no les importaba hacer un collage, pero no les ofreció pago. A los miembros del cuarto grupo, *por gusto y por premio*, les preguntó finalmente si no les importaba hacer un collage por 2 dólares. Para mayor énfasis, los grupos con recompensa trabajaron con billetes de 2 dólares frente a ellos. Un panel independiente de expertos juzgó los collages. En este experimento, la recompensa *condujo* al trabajo más creativo, el del grupo *por gusto y por premio*. Pero también el trabajo menos creativo fue causado por la recompensa; provino del grupo *no por gusto sino por premio*. Los grupos *sin* recompensa obtuvieron un desempeño promedio, independientemente de que hubieran trabajado por gusto o no. En el trabajo creativo, el gusto transforma el papel del premio. El problema del grupo menos creativo fue fácil de diagnosticar: los miembros del grupo *no por gusto sino por premio* reportaron haber sentido la mayor presión.

No por gusto sino por premio es la condición en que la mayoría de nosotros nos encontramos cuando vamos a nuestro trabajo.

3 EL CRUCE DE CAMINOS

La gente muy al sur de Estados Unidos narra una historia sobre un músico llamado Robert Johnson.[29] Dice que una noche en que los grillos no cantaron y las nubes cubrían la luna, Johnson abandonó a escondidas su cama, en la plantación de Will Dockery, cargando su guitarra. Siguió el curso del río Sunflower gracias a la luz de las estrellas hasta que llegó a un cruce de caminos en medio de una polvareda, donde lo esperaba una alta y oscura figura. Ésta tomó la guitarra de Johnson con manos grandes y extrañas, la afinó para en seguida tocarla, haciendo gemir y llorar las cuerdas con la mortal emoción de una música que ningún hombre había escuchado antes. Cuando terminó de tocar, el extraño reveló su identidad: era el diablo, quien le ofreció un trato a Johnson: el sonido de la guitarra a cambio de su alma. Johnson aceptó y se convirtió en el más grande guitarrista de la historia, tocando la música del diablo, llamada "blues", a todo lo largo del delta del Mississippi hasta convertirse en una leyenda. Seis años después, el diablo reclamó su deuda y tomó el alma de Robert Johnson. Éste tenía veintisiete años.

Esta historia no es del todo cierta ni falsa. Sí hubo un hombre llamado Robert Johnson. Sí tocó blues en el delta del Mississippi durante seis años. Fue uno de los mayores guitarristas de la historia. Su legado incluye blues, rock y metal. Murió a los veintisiete años. No hizo ningún trato con el diablo, pero llegó a un cruce de caminos en el que tuvo que hacer un trato consigo mismo. Se casó a los diecinueve y, pese a su talento como músico, planeó una vida estable como agricultor y padre. No fue hasta que su esposa, Virginia, murió al dar a luz que decidió hacer lo que otros describieron como "vender su alma al diablo" y entregarse por completo a tocar blues.

La historia que emergió alrededor de la vida y talento de Johnson se debe, en parte, a su muerte prematura y, en parte, también a su canción "Cross Road Blues", que cuenta una historia de un aventón, no de un trato con el diablo, que es, en esencia, una mezcla de una antigua leyenda alemana y un mito afroestadunidense.

La leyenda alemana es el relato de Fausto, que data al menos del siglo XVI. Aunque tiene muchas variantes, hay un tema común. Fausto es un hombre instruido, por lo general un médico, que ansía el conocimiento y el poder mágico. Invoca al diablo y hace un trato con él. Obtiene conocimiento y magia, mientras que el diablo consigue su alma. Fausto disfruta de sus poderes hasta que el diablo regresa para llevarlo al infierno.

De acuerdo con el vudú, la mitología popular de los esclavos africanos, una persona puede adquirir habilidades especiales si encuentra a un extraño en un cruce de caminos en la oscuridad de la noche. Las tradiciones vudús de Haití y Louisiana también reservan un papel especial al cruce de caminos: une el mundo espiritual con el material y es protegido por un guardián llamado Papa Legba. A diferencia de la leyenda de Fausto, este extraño en la encrucijada no impone ningún precio.

La historia de Robert Johnson combina esos dos arquetipos míticos para iluminar una verdad más profunda: que en toda vida creativa, sea cual fuere la disciplina, llega un momento en que el éxito depende de un compromiso absoluto. Este compromiso tiene un alto precio: debemos entregarnos, casi por completo, a nuestra meta creativa. Debemos decir no a la distracción cuando queramos decir sí. Debemos trabajar cuando no sepamos qué hacer. Debemos regresar a nuestra creación todos los días, sin ningún pretexto. Debemos seguir cuando fallamos.

Aun si un diablo está involucrado, no es él quien exige compromiso. Sea cual sea tu poder superior —Dios, Alá, Jehová, Buda o el bien de la humanidad— es él a quien sirves cuando te comprometes con una vida de creación. Lo diabólico es malgastar tu talento. Vendemos nuestra alma cuando desperdiciamos nuestro tiempo. No avanzamos, ni hacemos avanzar nuestro mundo, si optamos por el ocio sobre la inventiva.

Cuando Robert Johnson llegó a medianoche al cruce de caminos, la tentación le dijo: "No practiques, no toques, no escribas, no deslices tus manos por los trastes hasta que te duelan, no aprietes tus dedos sobre las cuerdas hasta que sangren, no toques para sillas vacías y borrachos parlanchines que abuchean, no perfecciones tu música, no eduques tu voz, no permanezcas despierto a causa de tus letras hasta que cada palabra suene bien, no estudies la habilidad de todos los grandes ejecutantes que oigas, no inviertas cada minuto en perseguir la misión de crear que Dios te dio. Llévatela con calma, llora a tu esposa y a tu hijo, descansa, toma un trago, juega a las cartas, sal con tus amigos; ellos no pasan todo el día y toda la noche metidos en guitarras y música".

Y Robert Johnson miró la tentación y le dijo que *no*. Llevó entonces su guitarra al delta del Mississippi y durante seis años tocó música tan maravillosa que cambió el mundo, música tan maravillosa que inspiró a todos los guitarristas que le siguieron, música tan maravillosa que estamos hablando de él ahora, no porque nuestro tema sea la guitarra o la música, sino porque su historia inspira sobre el verdadero significado del compromiso creativo.

Si estás inmerso de lleno en tu vida creativa y el cruce de caminos dejó desde hace mucho tu espejo retrovisor, sé firme. Los amigos, madre, padre, terapeutas, colegas, exnovios, exnovias, exesposos y exesposas que dijeron que estabas loco, que trabajabas demasiado, que nunca triunfarías y que necesitas más equilibrio están equivocados, como los están quienes siguen haciendo eso.

Si aún no has llegado al cruce de caminos, mira a tu alrededor. Está aquí, ahora. Ese desconocido de allá espera la oportunidad de ofrecerte una interminable provisión de razones para que no crees nada.

Lo único que quiere a cambio es tu alma.

4 DOS VERDADES DE HARRY BLOCK

Algunos dicen que hay un trastorno llamado "bloqueo del escritor", una parálisis que le impide a la gente crear. Se asegura que el bloqueo del escritor provoca depresión y ansiedad. Algunos investigadores han especulado que tiene causas neurológicas. Uno lo atribuyó incluso a "calambres" en el cerebro.[30] Pero nadie ha encontrado evidencias de que el bloqueo del escritor sea real. Es consecuencia inevitable de ese otro fenómeno no comprobado, el momento ¡ajá! Si sólo puedes crear cuando estás inspirado, no puedes crear cuando no lo estás; por lo tanto, el acto de crear puede bloquearse.

Woody Allen se ríe del bloqueo del escritor. Escribió una obra de teatro titulada *Writer's Block*,[31] además escribió, dirigió y estelarizó una película, *Deconstructing Harry*, en la que el protagonista, Harry Block, le dice a su terapeuta: "Por primera vez en mi vida experimento el bloqueo del escritor [...]. Esto es inaudito en mí [...]. Comencé unos cuentos y no puedo terminarlos [...]. No puedo sumergirme en mi novela [...] porque acepté un adelanto".[32]

Allen asumió el papel de Harry, pero sólo como último recurso, dos semanas antes de que empezara el rodaje, porque ningún otro actor estaba disponible, entre ellos Robert De Niro, Dustin Hoffman, Elliott Gould, Albert Brooks y Dennis Hopper.[33] Allen temía que la gente supusiera que Harry Block era un personaje autobiográfico, cuando lo cierto es que él es lo opuesto: "Él es un escritor judío de Nueva York —como yo—, pero con el bloqueo del escritor, lo que me descalifica de inmediato".

El bloqueo del escritor anula de inmediato a Harry Block como Woody Allen porque él es uno de los cineastas más productivos de su generación y quizá de muchas. Entre 1965 y 2014 se le acreditaron más de sesenta y seis películas como director, escritor o actor, y a menudo las tres cosas. Tómese en cuenta sólo su papel como autor: Allen ha escrito cuarenta y nueve largometrajes, ocho obras de teatro, dos películas para televisión y dos cortometrajes en menos de sesenta años, a razón de más de un guion por año, pese a dirigir y actuar en películas casi al mismo ritmo. Los únicos cineastas que se le acercan son Ingmar Bergman, quien escribió o dirigió cincuenta y cinco películas en cincuenta y nueve años, pero no actuó en ninguna de ellas, y directores del sistema "fabril" de los grandes estudios de la década de 1930 como John Ford, quien dirigió ciento cuarenta películas, sesenta y dos de ellas mudas, en cincuenta y un años, pero no escribió ni actuó en ninguna.

La productividad de Allen dice dos verdades sobre el bloqueo del escritor. La primera es acerca de la importancia del tiempo:

Nunca me gusta perder el tiempo. Cuando camino a algún lado en la mañana, planeo qué voy a pensar, qué problema voy a abordar. Digo, por ejemplo: "Esta mañana concebiré títulos". Cuando me meto a bañar en la mañana, trato de aprovechar ese tiempo. Dedico gran parte de él a pensar porque ésa es la única manera de atacar los problemas de escribir.

Una víctima del "bloqueo del escritor" *no* es incapaz de escribir. Aun puede tomar una pluma, teclear en la máquina de escribir, abrir el procesador de palabras. Lo único que un autor que padece el bloqueo del escritor no puede hacer es escribir algo que le parezca bueno. No se trata de un bloqueo del escritor, sino un bloqueo de "escribir algo que me parezca bueno".

La cura es evidente: escribe algo que te parezca malo. El bloqueo del escritor es el error de creer en el desempeño máximo constante. Un punto máximo no puede ser constante; es, por definición, excepcional. Tendrás días buenos y días menos buenos, pero el único mal trabajo que puedes hacer es el que no haces. Los grandes creadores trabajan tengan ganas o no, estén de humor o no, estén inspirados o no. Sé crónico, no agudo. El éxito no llega; se acumula.

Woody Allen aprendió pronto esto, escribiendo chistes para la televisión. Dice: "No podías sentarte en un cuarto a esperar a que llegara tu musa a hacerte cosquillas. Llegaba la mañana del lunes, el jueves había ensayo con vestuario y tú debías tener listo tu texto. Era agotador, pero aprendías a escribir". Y añade:

> Escribir no es fácil, es un trabajo angustioso, muy difícil, y tienes que romperte el cuello haciéndolo. Muchos años después leí que Tolstói dijo: "Tienes que bañar tu pluma en sangre".[34] Yo comenzaba muy temprano, me ponía a trabajar sin tregua, a escribir, reescribir, repensar, romper lo que había hecho y volver a empezar. Di con un método de línea dura: nunca esperaba la inspiración. Siempre tenía que ir y hacerlo. Lo tienes que forzar.

Tener el bloqueo del escritor no es lo mismo que estancarse, que nos pasa a todos. El mito del bloqueo del escritor quizá se deba, en parte, a que no todos saben cómo salir del estancamiento. Woody Allen dijo:

> Al paso de los años descubrí que todo cambio momentáneo estimula un nuevo estallido de energía mental. Así, si estoy en este cuarto y luego voy al otro, eso me ayuda. Salir a la calle es una ayuda enorme. Darme un baño también, así que a veces me doy duchas extra. Estoy en un *impasse* en la sala, y lo que me ayuda es subir a bañarme. Me da una pausa y me relaja. Salgo mucho a la terraza. Una de las mejores cosas de mi departamento es que tiene una terraza grande que he recorrido un millón de veces mientras escribo películas. Es muy útil cambiar de atmósfera.

La segunda verdad de Allen sobre el bloqueo del escritor es una confirmación de que la motivación intrínseca es la única posible. Los golpes de inspiración son externos; vienen de fuera y escapan a nuestro control. La fuerza para crear debe venir del interior. El bloqueo del escritor es esperar algo fuera de ti, y es apenas una forma más decorosa de decir "procrastinación", o aplazamiento.

Gran parte de la parálisis del bloqueo del escritor resulta de preocuparse de lo que piensan los demás: el bloqueo para "escribir algo que me parezca bueno" suele echar raíces en el de "escribir algo que le parezca bueno a otro". La indiferencia de Woody Allen por la opinión ajena sobre su trabajo es una de las principales razones de que él sea tan productivo. Es indiferente incluso a lo que los demás piensen de su productividad: "La longevidad es un logro, sí, pero el logro que persigo es tratar de hacer una gran película. Eso me ha eludido durante décadas".

Allen no sólo evita las ceremonias de premiación; tampoco lee las reseñas ni ve sus películas. El trabajo, específicamente la satisfacción que obtiene de él, es su propia estatuilla: "Cuando te sientas a escribir es como comer el platillo que pasaste cocinando todo el día".

Cocina para comer, no para servir.

5 LA OTRA MITAD DEL CONOCIMIENTO

La isla más grande del archipiélago de Filipinas es Luzón, que se extiende como un ala desde Manila hacia China y Taiwán. En el este, las montañas Mingan alcanzan picos de verdor de 1,800 metros de altura. Hasta el siglo XVIII, esas montañas guardaron un secreto: un pueblo indígena llamado abilao o italón o, más comúnmente, ilongot.

Hace apenas cincuenta años, los ilongotes tenían fama de feroces. *Popular Science* los describió como "asesinos salvajes, peligrosos y absolutamente indomables".[35] Se sabía que eran cazadores de cabezas; que mataban y decapitaban a sus vecinos; que conservaban como trofeo la cabeza de sus víctimas y, a veces, también su corazón y sus pulmones.

En 1967, Michelle Rosaldo, antropóloga de Nueva York, se fue a vivir con los ilongotes. Éstos ya cazaban mucho menos cabezas en esos años, pero ésa fue, de todas maneras, una decisión valiente. El último antropólogo que había vivido con los ilongotes, William Jones, llevaba ahí menos de un año cuando tres de ellos, incluido aquél con quien compartía una choza, lo mataron con cuchillos y lanzas.[36]

Lo que Rosaldo encontró fue una cultura con una visión distinta de la naturaleza humana. Los ilongotes creen que todo lo humano es resultado de dos fuerzas psicológicas: *bēya*, o conocimiento, y *liget*, o pasión. El éxito en la vida consiste en moderar la pasión con el conocimiento. La pasión con conocimiento produce creación y amor; la pasión sin conocimiento ocasiona odio y destrucción. La pasión, creen los ilongotes, es innata y reside en el corazón. El conocimiento se inculca y se encuentra en la cabeza. El propósito de la vida de cada ilongot era desarrollar el conocimiento necesario para dirigir su pasión a crear para el bien común. Decapitar y otras formas de violencia eran el resultado de demasiada pasión e insuficiente conocimiento. Asombrada, Rosaldo recogió las ideas de los ilongotes en un libro, *Knowledge and Passion*, hoy una obra icónica de la antropología.[37]

Historias como la de Woody Allen y experimentos como los de Teresa Amabile nos enseñan que la pasión importa, pero no qué es la pasión. La sabiduría de los ilongotes llena ese vacío. La pasión es el estado más extremo de gusto, sin premio. O, más bien, es *su propio premio*, una energía indiferente al resultado, aun si éste incluye dejar de dormir, volverse pobre, perder amigos, sangrar y sufrir, incluso morir.

Esta definición no es nueva. La palabra "pasión" proviene del latín *passio*, que significa "sufrir". En 1677, el filósofo holandés Baruch Spinoza definió la pasión como un estado negativo en su obra maestra, *Ethica Ordine Geometrico Demonstrata*, o *Ética*: "La fuerza de toda pasión o emoción puede imponerse sobre el resto de las actividades o poder de un hombre, hasta fijarse obstinadamente en él".[38]

Spinoza pensaba que la pasión era lo contrario de la razón, una fuerza que llevaba a la locura. El filósofo francés René Descartes tenía una opinión distinta: "Las pasiones no nos pueden engañar, porque están tan cerca, tan dentro de nuestra alma, que ésta no puede sentirlas a no ser que las sienta como verdaderamente son. Aun dormidos y soñando, no podemos sentir tristeza o ser movidos por cualquier otra pasión a menos que el alma la tenga dentro de sí".[39]

O sea, la pasión es la voz del alma.

Estas dos definiciones de la pasión se batieron a duelo hasta el siglo XX, cuando la opinión positiva se volvió más popular. Pero ¿la pasión es siempre buena? Los ilongotes nos dan la respuesta. Pasión es energía; si no crea, perjudica.

6 ADICCIÓN, O CASI

Como saben los ilongotes y sus víctimas sin cabeza, la pasión que no crea destruye. Todos somos creativos y, la hayamos descubierto o no, todos tenemos pasión. Pero muchos de nosotros, por una razón u otra, no ponemos en acción nuestra pasión. Una pasión frustrada produce un hueco entre nuestro presente y nuestro potencial, un vacío que puede llenarse de destrucción y desesperación. Esa pasión se estanca. Se manifiesta como deseos incumplidos. Si no perseguimos nuestros sueños, ellos nos perseguirán como pesadillas. La pasión insatisfecha genera adictos y delincuentes.

Daquan Lawrence cumplió los dieciséis años preso en el Elliot Hillside Detention Center de Roxbury, en Boston, Massachusetts.[40] Sus padres eran drogadictos. Su nana Charlesetta lo salvó de su hogar cuando tenía cinco años. Fue arrestado por primera vez a los trece, por traficar mariguana y crack en las calles de Mattapan, un turbulento barrio de Roxbury conocido en Boston como "Murderpan" (Roxbury no tiene tan mala fama en general; aunque los bostonianos llaman a esa parte de la ciudad "Roachbury"). Lawrence fue de una prisión a otra durante el resto de su adolescencia, conocido por todos, aun por sí mismo, como reincidente y alborotador.

Poco después de esos dulces dieciséis en la cárcel, llegó a Elliot Hillside un individuo flaco y desconocido. Se llamaba Oliver Jacobson. Metió a la sala de empleados del centro de detención grandes cajas negras. Lawrence se asomó tímidamente a la puerta. Vio que Jacobson desempacaba un piano. Un montón de cables conectaron micrófonos, teclados, amplificadores y audífonos.

Alentado por Jacobson, Lawrence se acercó a un micrófono e interpretó un rap. Fue un momento de revelación para todos los que lo vieron: Lawrence, el irremediable joven traficante inserto en un círculo de crimen y castigo, o algo peor, tenía el don del hip-hop que el mundo llama "flush". Su rap era fluido, rítmico y entonado. Improvisaba —o "se soltaba"— usando varios recursos poéticos, de la rima y la repetición a la aliteración y la asonancia:

> Es la lidia de la vida lo que muestra tu valía,
> pero el cielo y su mensaje es a mí lo que me guía,
> somos líderes, ardientes,

con visiones de creyentes,
no dejes de fluir mirando al cielo,
no vivas en la sombra, estás luciendo.

Lawrence pasó meses escribiendo canciones con Jacobson. Como rapero se nombró "True". Estudió actuación e interpretó a Romeo en *Romeo y Julieta* y a Otelo en *Otelo*.

Cuando salió de la cárcel, a los diecisiete años, consiguió su primer trabajo, para pagar la escuela de actuación, como vendedor de puerta en puerta de una compañía de energía. Aprobó su examen de General Educational Development, obteniendo el equivalente de un certificado de preparatoria. Comenzó a pensar en la universidad y declaró al *Boston Globe*: "Las artes me enseñaron a tener dirección, una meta, ser cada vez mejor. Ahora me siento productivo en todos los sentidos. Así me siento justo ahora. Esto es importante para mí".

La historia de Daquan no es inusual. Los raperos tienen fama de delincuentes, pero es más común que los delincuentes se vuelvan raperos, o músicos de otros géneros, escritores, actores, artistas o creadores de algún otro tipo. En 1985, un traficante de crack y cocaína de diecisiete años llamado Shawn Corey Carter tomó una pistola y le disparó a su hermano mayor durante una discusión por joyas; en 1999 se le arrestó y enjuició por, supuestamente, haber apuñalado a un tipo en el estómago en un centro nocturno de Nueva York. Carter se declaró culpable de un delito menor y recibió tres años de libertad condicional. Éste fue un momento decisivo. Dijo: "Prometí no volver a estar nunca en una situación como ésa". Hoy, Carter es el famoso rapero llamado Jay-Z. En 2013, tras veinte años de éxito en la música y los negocios, tenía una fortuna personal de 500 millones de dólares.

La música ha apartado a los jóvenes del crimen en todo el mundo. Israel cuenta con el programa Music Is the Answer; la Australian Children's Music Foundation tiene el programa Disadvantaged Teens; Oliver Jacobson, el maestro de música de Daquan Lawrence, era un voluntario de Genuine Voices, organización filantrópica estadunidense y en Gran Bretaña, la institución benéfica Irene Taylor Trust opera el programa Music in Prisons. En la evaluación de uno de sus proyectos, esta institución afirmó que los presos habían tenido 94% menos probabilidades de cometer un delito

durante el proyecto y 58% menos de cometerlo en los seis meses posteriores.[41] Estas cifras parecen demasiado bellas para ser verdad; los datos son
escasos, y la investigación padece deficiencias. Sería un error decir que
unos meses de educación musical ponen fin a una vida de crimen: Daquan
Lawrence siguió traficando drogas y se le sorprendió haciéndolo varios
años después de que empezó a rapear. Pero los buenos resultados eviden-
cian la verdad: cuanto más creativos somos, menos destruimos.

Tendemos a juzgar como positiva la pasión y negativa la adicción, pero
son indistintas más allá de sus resultados. La adicción destruye, la pasión
crea y ésa es la única diferencia entre ambas. En los años cincuenta, George "Shotgun" Shuba conseguía hits para los Dodgers de Brooklyn.[42] Ya
retirado, una noche estaba en el sótano de su casa tomando coñac y hablando de beisbol con el periodista deportivo Roger Kahn. Shuba le contó que de chico practicaba colgando una cuerda llena de nudos en el patio
y golpeándola con un bat pesado. Viejo y un poco tomado, en ese mismo
momento le mostró cómo lo hacía. De un estuche en la pared sacó un pesado bat con plomo y se dispuso a golpear una vieja cuerda como si fuera
una pelota. Kahn describió lo que sucedió en seguida:

> El swing fue hermoso y, gruñendo ligeramente, él azotó el bat contra la cuerda
> hecha bola. Rápido y parejo, el bat cruzó el aire como si gimiera. Shuba vol-
> vió a balancearse, otra vez con control y una fuerza terrible. Fue el swing más
> fuerte que yo hubiera visto de tan cerca.
>   Dije:
>   —¡Para ti es natural!
>   —¡Ah! —exclamó Shuba—. Hablas como reportero de deportes.
>   Fue al archivero y sacó una gráfica, marcada con varias X.
>   —Cada invierno —dijo—, durante quince años, después de cargar pa-
> pas, o lo que fuera, y aunque ya estaba en las ligas mayores, hacía seiscientos
> swings. Cada noche ponía una X después de sesenta. Con diez X, tenía mis
> seiscientos swings. Entonces ya me podía ir a acostar. ¿Llamas a eso natural?
> Hacía swings con un bat de 1.2 kilos, 600 veces cada noche, 4,200 a la sema-
> na, 46,200 cada invierno.

El secreto del swing de Shuba era lo que el psicólogo William Glasser llamaría después "adicción positiva".[43] A Shuba le apasionaba tanto el beisbol

que actuaba como un adicto. No podía dormir si no había hecho 600 swings. Hizo de su adicción, o pasión, una carrera.

De una o otra forma, emergerá tu pasión. Conviértela en valor para crear.

7 CÓMO EMPEZAR

La pasión debe estar estructurada por un proceso. Woody Allen comienza con un cajón lleno de pedazos de papel, muchos de ellos arrancados de cajetillas de cerillos y de revistas, todos pequeños parches de posibilidad:

> Empiezo con notas escritas en objetos de hoteles, que luego pondero, sacándolas y esparciéndolas sobre la cama. Siempre tengo que hacer esto y cada vez que comienzo un proyecto me siento ahí a ver. Una nota dice: "Un hombre hereda todos los trucos de magia de un gran mago". Eso es todo lo que tengo, pero podría formar una historia en la que un bribón como yo compra algo en una subasta. O todos estos objetos me llevan a crear una aventura interesante en una de esas cajas, y tal vez aparece de repente una época distinta, o un país diferente, o un lugar totalmente desconocido. Paso una hora pensando en esto y si no me lleva a nada, paso a lo siguiente.[44]

Las tres palabras más destructivas de un idioma podrían ser *Antes de empezar…*

El guionista, ganador de un Oscar, Charlie Kaufman dijo: "Empezar, empezar. ¿Cómo comenzar? Tengo hambre. Debería tomar un café. El café me ayudaría a pensar. Debería escribir primero algo y luego premiarme con un café. Con un café y un panqué. De acuerdo, así que debo establecer los temas. Quizá de plátano y nuez. ¡Ése sí que es un buen panqué!".[45]

Lo único que hacemos antes de empezar es no empezar. Sea cual sea la forma que adopte nuestro fracaso, de panqué de plátano con nuez, de cajón de calcetines en orden o de bolsa de compras de papelería, es lo mismo: no empezar, con todo y sonido de auto muerto que no arranca pese a que todo está en su sitio. Habiendo resistido la tentación de complacer a los demás, también debemos resistir la tentación de ser autocomplacientes con nosotros mismos.

La mejor manera de empezar es igual que meterse al mar. No de puntitas, no vadeando, sumergiéndose, mojándose y enfriándose de pies a cabeza. Tragando sal, despeinándose las cejas y braceando una y otra vez. Sintiendo cómo varía el frío. No viendo atrás ni pensando por adelantado. Sólo haciéndolo.

Al principio, lo único que importa es cuánto barro pones en el torno del alfarero. Hazlo durante tantas horas como puedas. Repite cada día hasta que mueras.

El primer intento parecerá malo. No estamos acostumbrados a estar solos sin que nos interrumpan. No sabemos qué forma adoptarán las cosas en principio. Hemos imaginado terminadas nuestras creaciones, no comenzadas. En sus inicios, una cosa es menos correcta que incorrecta, más imperfecta que fina, todo problema y ninguna solución. Nada comienza bien, pero todo lo bueno comienza. Todo puede ser corregido, borrado o reacomodado después. El valor de crear es empezar mal.

El compositor ruso Ígor Stravinski, uno de los grandes innovadores de la música del siglo xx, tocaba al piano una fuga de Bach cada mañana. Durante años, comenzó igual todos los días. Y después trabajaba diez horas. Antes de comer componía. Después de comer orquestaba y transcribía. No esperaba a inspirarse. Dijo: "El trabajo lleva a la inspiración si ésta no es perceptible al principio".[46]

El ritual es opcional, pero la persistencia no. Crear requiere horas regulares de soledad. El tiempo es tu principal ingrediente, así que usa el de más alta calidad para crear.

Al principio, crear durante una hora es difícil. Cada cinco minutos nuestra mente siente el ansia de interrumpirse: para estirarte, tomar café, revisar el correo electrónico, acariciar al perro. Cedemos a la gana de indagar y, antes de darnos cuenta, ya estamos en Google a tres links de distancia de donde empezamos para recordar el nombre de la esposa de Bill Cosby en *The Cosby Show* (era Clair), o enterarnos de qué ruidos hacen las jirafas (suelen ser tranquilas, pero a veces tosen, braman, resoplan, balan, mugen y maúllan). Éste es el caramelo que nos damos.

Lo que la soledad crea, la interrupción lo destruye. La ciencia describe inequívocamente esa destrucción.[47] Muchos experimentos muestran lo mismo: la interrupción nos retrasa. Por poco que sea el tiempo que nos roba, perdemos más todavía volviéndonos a poner en sintonía con nuestro trabajo. La interrupción provoca el doble de errores. Nos hace enojar. Nos causa ansiedad. Esos efectos son iguales entre hombres y mujeres. La creación no sabe de multitareas.

La interrupción, por desgracia, es también adictiva. Vivimos en una cultura de la interrupción, que nos condiciona a anhelarla. Di "no" a tu ansia. Decir más "no" equivale a menos ansias. La mente es un músculo que empieza flácido, pero que se alarga y estiliza con el uso. Entre más nos concentremos, más fuerte se pone. Después de esa primera hora difícil, varias parecen fáciles. Luego no sólo trabajamos horas enteras, sino que también nos sentimos mal si no lo hacemos. Ocurre un cambio. Tenemos ansias no de interrupción, sino de concentración.

Cuando ponemos la pluma sobre la página que queremos convertir en novela, artículo científico, obra de arte, patente, poema o plan de negocios, podemos sentirnos paralizados, si acaso somos capaces de reunir el valor para realizar esa tarea en primer término. Aunque saber que esto es parte natural y normal del proceso creativo podría serenar un poco nuestra mente, quizá no nos vuelva más productivos. Miramos a nuestro alrededor en busca de inspiración. Así debe ser, sólo que, en gran medida, el arte no reside en lo que vemos, sino en lo que no vemos. Cuando envidiamos las perfectas creaciones de otros, lo que no vemos, lo que por definición no podemos ver y lo que quizás olvidamos al pensar en exitosas creaciones nuestras, es todo lo que se quitó, lo que no funcionó, lo que no libró la edición. Cuando vemos una página perfecta, no deberíamos ponerla en un pedestal, sino en una pila de páginas imperfectas, rotas o arrugadas, algunas en verdad atroces, creadas sólo para tirarse. Esta basura no es fracaso sino fundamento y la página perfecta es su progenie.

La fuerza más creativa que podemos concebir no somos nosotros, sino la que nos creó, así que podemos aprender de ella. Llámala Dios o evolución; es innegablemente un editor brutal. Destruye casi todo lo que hace, a través de la muerte, la extinción o el simple fracaso para reproducirse o ser producida y selecciona sólo lo mejor para sobrevivir. Creación es selección.

Todo, sea que nazca o se haga, fue creado mediante este proceso. Cada durazno, orquídea, estornino, igual que cada afortunado acto de arte, ciencia, ingeniería o negocios se compone de mil fracasos y extinciones. Creación es selección, repetición y exclusión.

Lo bien escrito es lo mal escrito bien editado; una buena hipótesis es lo que queda después de que fallan muchos experimentos; cocinar bien es el resultado de elegir, cortar, pelar, descascarar y reducir; una gran película tiene tanto que ver con lo que termina en el suelo de la sala de edición como con lo que no. Para tener éxito en el arte de lo nuevo debemos fracasar generosa y frecuentemente. El lienzo vacío no debe permanecer vacío. Tenemos que sumergirnos en él.

Lo que producimos, cuando lo hacemos, será malo, o al menos no tan bueno como lo será. Esto es natural. Debemos aprender a aceptar eso. Cada vez que procedemos a inventar, crear o concebir; cada vez que procedemos a hacer algo nuevo, nuestra cabeza se llena de defensores de lo mismo de siempre, sosteniendo lápices censuradores, balbuceando críticas. Reconocemos a la mayoría. Son los fantasmas de los interlocutores, jueces, inversionistas y correctores pasados, presentes y futuros, personificaciones creadas por nuestro desarrollado instinto de mantener las cosas como están, diciéndose de nuestro lado para salvarnos de los peligros de lo nuevo.

Esos personajes —son nosotros bajo un disfraz, por supuesto— deberían ser bienvenidos, no rechazados. Son importantes y útiles, pero han llegado demasiado pronto. La evaluación crítica —su momento— vendrá después. Por ahora se les debe enseñar un sitio en nuestra mente donde puedan esperar, sin ser oídos, hasta que se les necesite para editar, criticar y rehacer. De otro modo, no sólo nos paralizarán; también vaciarán nuestra imaginación. Consume mucha energía dar pie y voz a todos esos agoreros, energía que necesitamos para la tarea inmediata.

Lo mismo puede decirse de sus contrarios. A veces los críticos internos son remplazados por porristas de lo nuevo que nos apremian con fantasías de fama y glamur. Imaginan que la primera mala estrofa que escribimos sacudirá al público en Broadway. Escriben nuestro discurso de aceptación del Nobel mientras ponemos título a nuestro artículo científico. Ensayan las anécdotas que contaremos en los sofás de programas de entrevistas, mientras escribimos la primera página de nuestra novela. Para esas voces, todo lo nuevo que hacemos, o incluso que concebimos, es perfecto. A ellos también pásalos a la sala de espera.

Casi nada de lo que creamos será bueno a la primera. Rara vez será malo. Probablemente será una vaga sombra del promedio. La principal virtud del primer borrador es que rompe la página en blanco. Es una chispa de vida en el pantano, hermosa así sea sólo porque es un comienzo.

Y, de algún modo, mucho después del comienzo y ya en plena e interminable mitad, algo toma forma. Después del décimo prototipo, el centésimo experimento, o la página mil, hay suficiente material para permitir la selección. Todo ese barro en el torno del alfarero puede ser algo más que nuevo. Puede ser algo bueno.

Ése es el momento en que hay que dejar entrar a esos pertinaces defensores de lo mismo, nuestros críticos y jueces internos. Han estado oyendo en secreto todo el tiempo y están listos para arrojarse sobre nuestro trabajo con lápices azules filosos como dientes y garras. Que griten. Que escudriñen brutalmente los datos, o el borrador, o el boceto y quiten todo lo que no debe estar ahí. Seleccionar es un proceso sanguinario. Una obra bella, que quizá llevó meses hacer, es sacrificada en un instante.

Ésta es la parte más difícil de todas. Somos la suma de nuestro tiempo, sueños y actos, y nuestro arte son esas tres cosas. Abandonar una idea puede parecer como perder un miembro. Pero no es ni de cerca tan serio y tiene que hacerse. El rebaño debe reducirse o enfrentará la extinción y toda obra nueva que no sufre selección enfrenta un destino equivalente: es improbable que apruebe una revisión colegiada, o que sea producida o patentada, exhibida o publicada. El mundo siempre será más hostil a nuestro trabajo que nosotros. La cruel selección le da menos con lo cual trabajar.

Cuando el frenesí termina y sólo nuestro trabajo más apto, el mejor y más nuevo, ha sobrevivido, es momento de volver a empezar. Los agentes de lo mismo, satisfechos por ahora, deben retirarse para que lo que haya quedado, por leve que sea, pueda reproducirse y convertirse en un segundo borrador, otro prototipo, un experimento modificado, una canción reescrita, más vigorosa y mejor adaptada.

Y así es como esto sigue su marcha. Sin eurekas ni golpes de inspiración. La innovación es lo que queda cuando quitamos todos nuestros fracasos. La única forma de trabajar es aceptar nuestro impulso para crear y nuestro deseo de mantener cosas igual, y hacer que ambos nos impulsen a nuestro favor. El arte de lo nuevo, y tal vez el arte de la felicidad, no es una victoria absoluta de lo novedoso o lo viejo, sino un equilibrio entre ambos. Las aves no desafían la gravedad ni le permiten que las ate al suelo. La usan para volar.

8 DE VACÍO A LLENO

¿Por qué hacer más cuando puedes hacer menos? Woody Allen también ha reflexionado en eso: "¿Por qué optar por una vida de trabajo abrumador? Te engañas haciéndote creer que hay razón para llevar una vida productiva, de trabajo, lucha y perfección en tu profesión o tu arte. Mis ambiciones o pretensiones —que admito francamente— no son obtener poder. Sólo quiero hacer algo que entretenga a la gente y me esfuerzo en lograrlo".[48]

Lo nuevo es diferente, por tanto, la diferencia lo hace nuevo. Cuando creamos, cosechamos lo únicamente nuestro, lo que tenemos de especial, nuestro yo más profundo, formado por nuestros genes, por la vida que transcurre por nosotros todos los días y, para quienes los tenemos, por nuestro Dios o dioses. Cada uno de nosotros aporta una diferencia al mundo. Está en nuestro interior, desde que nacemos hasta que morimos. Cada padre sabe que su hijo no se parece a nadie, fue hecho con una receta de talentos, tendencias, tics y amores que es sólo suya. A mi primera hija le encantaba la nieve antes de que aprendiera a caminar. Mi segundo hijo rechazó su primera nevada llorando por un chai latte. No tenía dos años todavía. ¿Qué nos hace preferir un chai latte a la nieve antes de tener dos años? Algo innato. Por más que miles de millones respiren sobre esta Tierra, *tú* llevas contigo algo que no había aparecido nunca ni volverá a aparecer: un don para compartir, no para guardar.

Quizá no escribamos sinfonías ni descubramos leyes científicas, pero lo nuevo está en todos nosotros. En mi viejo barrio de Los Ángeles hay una cafetería. Es pequeña, cuarenta asientos o menos. Annie Miler la puso en 2000. Ella es chef pastelera. Hace muffins de arándano, brownies de caramelo y sándwiches de queso gratinado. El interior de la cafetería es ingenioso, de buen gusto y personal. Puedes ver a Annie de chica en fotos colgadas en la pared. En la primera ella es una niña pelirroja mostrando tímidamente un prematuro pastel; en la última, aparece con su equipo el día en que se inauguró la cafetería. Los pasteles de Annie unen a su comunidad. Su cafetería es el lugar donde los vecinos se reúnen para acariciar a sus perros y platicar del sabor del café exprés. Las estaciones cambian como la fruta en las tartas y los sabores de las sopas de Annie. La gente va a su cafetería a comenzar el día, tener su primera cita y aliviar las penas de la vida.

El lugar de Annie quizá se parezca a uno que tú conoces. Como Annie, muchas personas han puesto boutiques, cafeterías, florerías, tiendas de ultramarinos y miles de negocios comunitarios que van más allá de meras franquicias o tiendas de conveniencia y tienen detalles nuevos y excepcionales porque son un reflejo de lo nuevo y excepcional que hay en sus creadores.

Sé como Woody Allen y Annie Miler. Haz de la pasión la gasolina en tu tanque.

CAPÍTULO 8

CREAR ORGANIZACIONES

1 KELLY

En enero de 1944, Milo Burcham atravesó una pista de aterrizaje en el desierto de Mojave, en California y subió a un avión llamado *Lulu-Belle*.[1] Parecía un insecto: de un vivo color verde, con alas gruesas, cortas y sin hélices. Un apretado grupo de hombres, envueltos en abrigos, miraban en silencio. Burcham encendió el motor, un De Havilland Goblin de Inglaterra —único en su tipo en el mundo—, lanzó a su público una breve y maliciosa mirada y aceleró hacia el cielo. Cuando alcanzó los 808 kilómetros por hora, dejó caer a *Lulu-Belle*, volando tan cerca de aquellos señores que pudo verlos asustarse. Aún miraban en silencio cuando aterrizó y abrió la cabina. Salió poniendo su mejor cara de "fue sólo otro paseo en el parque" y conteniendo una sonrisa triunfal, hasta que los señores rompieron en aclamaciones echando a correr hacia él, aullando y aplaudiendo como si nunca antes hubieran visto un avión. Burcham esbozó una sonrisa tan amplia como el cielo. Aquél había sido el primer vuelo de *Lulu-Belle*. Jamás un avión estadunidense había volado tan rápido.

El *Lulu-Belle* era un Lockheed P-80 Shooting Star.[2] Se trataba del primer jet de combate del ejército estadunidense. Habían pasado cuarenta años desde el primer vuelo de los hermanos Wright en Kitty Hawk, y ciento cuarenta y tres días desde la concepción del P-80.

Si las personas con motivación intrínseca y libertad para elegir crean mejor solas, ¿cómo funcionan los equipos creativos? ¿Cómo formar una *organización* que pueda crear?

El equipo que fabricó el P-80 en lo más álgido de la segunda guerra mundial enfrentaba un grave problema: hacer un avión de caza con motor a reacción y hacerlo rápido. La urgencia era cuestión de vida o muerte. En 1943, los agentes de inteligencia británicos habían descubierto algo aterrador: los ingenieros de Hitler habían producido un avión de caza con motor a reacción que alcanzaba una velocidad de hasta 965 kilómetros por hora. Ese aparato, llamado Messerschmitt Me 262, apodado Schwalbe o Swallow, era ágil y sumamente maniobrable, pese a estar armado con cuatro ametralladoras, misiles y, de ser necesario, bombas. Su producción en serie ya había comenzado, lo cual provocaría una lluvia de muerte en Europa, a principios de 1944. Los nazis estaban ganando un nuevo tipo de guerra desde el cielo, usando tecnología inconcebible apenas unos años atrás.

El hombre que dirigió el equipo para contrarrestar la amenaza del Messerschmitt fue Clarence Johnson, un ingeniero a quien todos llamaban "Kelly". La premura y complejidad del desafío no era el único problema de Johnson; el gobierno estadunidense estaba seguro de que espías alemanes escuchaban sus comunicaciones. Johnson tuvo que levantar un laboratorio secreto usando cajas viejas, una carpa rentada a un circo y ocultarlo todo junto a un túnel aerodinámico en la planta de Lockheed, en Burbank, California. No podría contratar secretarias ni personal de limpieza y sus ingenieros no debían contarle a nadie, ni siquiera a su familia, qué estaban haciendo. Uno de los ingenieros llamó al lugar "Skonk Works", por la fábrica que convertía zorrillos y zapatos en aceite en la popular historieta *Li'l Abner*. Este nombre perduró hasta mucho después de la guerra y cuando el secretismo terminó, la editorial que publicaba aquella historieta obligó a Lockheed a cambiarlo. A partir de entonces, la operación, técnicamente la división de proyectos avanzados de Lockheed, fue llamada "Skunk Works".

Las circunstancias impuestas a Kelly Johnson parecían adversas, pero resultaron afortunadas: descubrió que un grupo pequeño, aislado y altamente motivado es el mejor equipo creativo. El ejército de Estados Unidos dio a Johnson y su equipo seis meses para diseñar el primer jet de combate de ese país; ellos necesitaron menos de cinco. El P-80 fue el primer avión desarrollado por los ingenieros de Skunk Works, al que le seguirían el supersónico F-104 Star Fighter; el avión de vigilancia U-2; el avión de vigilancia Blackbird, que volaba a tres veces la velocidad del sonido, y una aeronave capaz de evadir la detección por radares. Además de crear aviones, Johnson creó algo más: una organización modelo para lograr lo imposible rápidamente.

2 DEMUÉSTRALO

Kelly Johnson comenzó a trabajar en Lockheed en 1933. Ésta era entonces una pequeña fábrica de aviones con sólo cinco ingenieros, que se reestructuraba después de una bancarrota y que luchaba por competir con dos compañías mucho más grandes: Boeing y Douglas (más tarde McDonnell Douglas). El primer día de Johnson en Lockheed podría haber sido el último. En parte se le había contratado porque, siendo aún estudiante de la University of Michigan, colaboró en la prueba del nuevo Model 10 Electra de Lockheed, avión hecho completamente de metal, en el túnel aerodinámico de esa universidad. Su profesor, Edward Stalker, jefe del departamento de ingeniería aeronáutica del plantel, había dado un buen reporte del Electra. Johnson discrepaba. Un día en Lockheed, el joven de veintitrés años que acababa de titularse en aeronáutica y que había sido contratado, no como ingeniero, sino para hacer dibujos técnicos, lo hizo saber:

> Anuncié que el nuevo avión, el primero diseñado por la compañía reorganizada y en el que estaban puestas sus esperanzas para el futuro, no era un buen diseño, porque era inestable. Se desconcertaron bastante. Ésa no era la forma convencional de iniciar un empleo. De hecho, fue presunción de mi parte criticar a mis profesores y a experimentados diseñadores.

Hay pocas compañías en la actualidad donde esto pudiera llegar a favorecer una carrera. Es probable que en los años treinta fueran menos aún. Lo que sucedió en seguida explica casi por sí solo el éxito de Lockheed.

El jefe de Johnson era Hall Hibbard, jefe de ingeniería de Lockheed. Hibbard se había graduado en aeronáutica en el Massachusetts Institute of Technology, desde entonces hasta ahora una de las escuelas de ingeniería más importantes del mundo. Él quería "sangre joven": individuos "recién salidos de la escuela con ideas nuevas". Hibbard relataría más tarde: "Cuando Johnson me dijo que el nuevo avión que acabábamos de enviar al túnel aerodinámico de la universidad no era bueno porque era inestable en todas direcciones, me turbé un poco. Pensé que no debíamos contratarlo. Pero luego recapacité; después de todo, venía de una buena escuela y parecía inteligente. Así que pensé: 'Démosle una oportunidad'".

En vez de despedir a Johnson por su insolencia, Hibbard lo mandó a su primer viaje de negocios, diciéndole: "Kelly, criticaste el informe del túnel aerodinámico sobre el Electra firmado por dos personas que saben mucho. ¿Por qué no regresas ahí y ves si puedes mejorar el avión?".

Johnson recorrió los 3,860 kilómetros hasta Michigan con un modelo a escala del Electra balanceándose en el asiento trasero de su auto. Lo probó en el túnel aerodinámico setenta y dos veces hasta que resolvió el problema con una inusual "doble" cola con una aleta en cada lado del avión y nada en el centro.

La respuesta de Hibbard a la nueva idea fue quedarse a trabajar hasta tarde para escribirle una carta a Johnson:

> *Querido Johnson:*
> *Tendrás que disculpar mi mecanografía, porque estoy escribiendo en la fábrica esta noche y esta máquina no es muy buena.*
>
> *Puedes estar seguro de que hubo una gran celebración por aquí cuando recibimos el comunicado sobre tu hallazgo y lo simple que era la solución. Se trata evidentemente de un descubrimiento importante y creo que es bueno que no divulgues el secreto. Sobra decir que la adición de esas partes será muy fácil y supongo que esperaremos a que regreses antes de hacer algo al respecto.*
>
> *Bueno, me voy. Me imagino que el Electra te sorprenderá mucho cuando llegues. Todo marcha muy bien.*
> *Atentamente,*
> *Hibbard.*

Cuando Johnson volvió a Lockheed, se encontró con que lo habían ascendido. Ya era el sexto ingeniero de la compañía.

La historia de Skunk Works, el primer jet de caza de Estados Unidos, su avión supersónico, su tecnología indetectable y todo lo que le siguió empezó con este momento. En casi cualquier otra compañía, o al dirigirse a casi cualquier otro gerente, Johnson habría sido ridiculizado en la sala y posiblemente despedido. Ése fue, en efecto, el primer impulso de Hibbard. Pero tenía una extraña peculiaridad: era intelectualmente seguro.

Las personas intelectualmente seguras no necesitan demostrar a nadie qué listas son. Son empíricas y buscan la verdad. Las personas intelectualmente inseguras necesitan demostrar a *todos* qué listas son. Son egoístas y buscan el triunfo.

La seguridad intelectual no tiene que ver con el intelecto. Las personas que, por lo general, son más hábiles con las manos que con la mente suelen ser intelectualmente seguras. Saben lo que saben y les agradan las personas que saben más. Las personas brillantes suelen ser intelectualmente seguras también, por la misma razón.

La inseguridad intelectual es común en el resto de nosotros: personas no intelectuales ni demasiado intelectuales. No sólo somos la inmensa mayoría; también somos los individuos con más probabilidades de ser nombrados gerentes. A las personas hábiles con las manos no les interesa la administración más que los premios Nobel. Así, la mayoría de los gerentes y ejecutivos son intelectualmente inseguros. Hall Hibbard era inusual y estuvo en el lugar correcto en el momento indicado.

La reacción de Hibbard a la osada afirmación de su nuevo empleado de que la nave de Lockheed era un fiasco fue perfecta. Una de las cosas más eficaces que un gerente puede decir es "Demuéstralo".

Frank Filipetti, productor de músicos como Foreigner, Kiss, Barbra Streisand, George Michael y James Taylor, dice "Demuéstralo" para resolver conflictos creativos en el estudio de grabación:

> Cuando tratas con un proceso creativo, el ego siempre está involucrado. Yo tengo una filosofía: no entrar nunca en una discusión sobre cómo va a sonar algo. Ha habido gente que me dice por qué meter esos acompañamientos en el primer coro no va a funcionar y que lo explica durante treinta minutos, cuando bastaría tocar y oír. Y la mayoría de la veces, todos están de acuerdo, en cuanto lo oyen. Pero muchos se ponen a discutir sin escuchar. Puedes intelectualizar todo esto hasta ponerte azul, pero el resultado final es cómo suena y eso a veces puede sorprenderte. Ha habido ocasiones en las que yo estaba seguro de tener la razón, pero después de escuchar, he tenido que admitir: "En realidad eso se oye muy bien". Una vez que llegas a la etapa en que dices: "Tócalo", es maravilloso cómo todos oyen de repente lo mismo. Y esto permite dejar de lado el ego, también.[3]

La carta de Hibbard fue el equivalente de "En realidad eso se oye muy bien". Significó tanto para Johnson que la guardó toda la vida.

3 DE VERDAD Y PEGAMENTO

En noviembre de 1960, Robert Galambos descubrió algo. Dijo en voz alta, a nadie en particular: "Ya sé cómo funciona el cerebro".[4]

Una semana más tarde, le presentó su idea a David Rioch, su jefe en los diez años previos. La reunión no marchó bien. Rioch no le dijo: "Demuéstralo". En cambio, la idea de Galambos le molestó. Le ordenó no exponerla en público ni escribir al respecto y pronosticó que su carrera estaba acabada. Y casi lo estuvo: meses después, Galambos buscaba ya un nuevo empleo.

Ambos eran neurocientíficos del Walter Reed Army Institute of Research, en Silver Spring, Maryland. Habían trabajado muy de cerca durante una década, tratando de entender cómo funciona el cerebro y cómo repararlo. Ellos y sus colegas habían hecho de Walter Reed uno de los centros de neurociencias más respetados y prestigiosos del mundo. Galambos, de cuarenta y seis años, era más que un neurocientífico consumado; también era famoso. Siendo investigador en Harvard, había probado concluyentemente, por primera vez y con la colaboración de Donald Griffin, que los murciélagos se sirven de la ecolocación para "ver en la oscuridad", hallazgo radical que no fue aceptado de inmediato por los expertos, pero que ahora damos por hecho. Pese a este antecedente y una larga historia de exitoso trabajo en común, Rioch obligó rápidamente a Galambos a dejar su trabajo, a causa de su nueva idea. Seis meses más tarde, Galambos salió de Walter Reed para siempre.

La idea de Galambos era aparentemente sencilla: conjeturó que las células conocidas como "glía" son cruciales para el funcionamiento del cerebro. Cuarenta por ciento de las células del cerebro son glía, pero en 1960 se suponía que no hacían más que mantener juntas a otras células más importantes, y tal vez apoyarlas y protegerlas. Ese supuesto se incorporó a su nombre: la palabra "glía" es un término del griego medieval que significa "pegamento".

El problema de Rioch con la idea de Galambos se remonta a Santiago Ramón y Cajal, científico español del siglo XIX que ganó el premio Nobel y que fue una figura central en el desarrollo de la moderna ciencia del cerebro. Hacia 1899, Cajal concluyó que un tipo particular de células eléctricamente excitables eran la unidad primordial del funcionamiento del cerebro. Llamó a esas células "neuronas", por la palabra griega que significa "nervios". Su idea se conoció como "doctrina de la neuronas de Cajal". En 1960, todos los miembros de este campo la sostenían. Lo mismo que en el caso de la glía, esa idea se había incorporado al nombre de la disciplina: a partir de Cajal, el estudio del cerebro se denominó "neurociencia". La idea de Robert Galambos de que las células gliales desempeñaban un papel igualmente importante en la operación del cerebro ponía en duda lo que todo neurocientífico, incluido Dave Rioch, había creído durante toda su carrera. Cuestionaba los cimientos de ese campo, podía causar una revolución y amenazaba al imperio de las neuronas. Rioch percibió el riesgo e intentó acallar a Galambos.

A partir de esa confrontación, la idea de Galambos ha sido aceptada en forma cada vez más amplia. A los científicos ya no se les despide por tener ideas sobre la glía; ahora es probable que se les ascienda. Hay un creciente conjunto de evidencias de que Galambos estaba en lo cierto y de que las células gliales desempeñan un papel vital en la transmisión de señales y la comunicación en el cerebro. Esas células secretan líquidos con propósitos hasta ahora desconocidos y podrían tener una influencia crucial en enfermedades del cerebro como el Alzheimer. Un tipo de glía, los astrocitos —células en forma de estrella— podrían ser indicadores más sensibles que las neuronas. Cincuenta años después del enfrentamiento de Galambos con Rioch, una revista científica concluyó: "Es muy posible que los papeles más importantes de la glía aún estén por imaginarse".[5]

El hecho de que, a la larga, resulte que Galambos tenía razón no viene al caso. Lo importante es que las organizaciones no deben operar de esa manera. El pensamiento brillante e innovador tiene que ser estimulado. Galambos y su idea debieron y pudieron haberse convertido en una "cabecera de puente" en un continente totalmente nuevo de fértiles oportunidades de investigación. En cambio, descubrimientos importantes sobre la glía y el cerebro se demoraron décadas. Hoy nos enteramos de cosas que podríamos haber descubierto en los años setenta. ¿Por qué entonces un científico distinguido como David Rioch se enojó por una idea propuesta por un científico igualmente distinguido como Robert Galambos?

El problema no fue Rioch. La historia de Robert Galambos es típica: sucede casi todo el tiempo en casi cualquier organización. La de Kelly Johnson no lo es. Ambos hombres son ejemplo de lo que los expertos en administración Larry Downes y Paul Nunes llaman los "sinceros":

> A los sinceros les apasiona en verdad resolver grandes problemas. Te estimulan con su visión, así que es raro que permanezcan mucho tiempo en una compañía. No son empleados modelo; su auténtica lealtad es con el futuro, no con las ganancias del próximo trimestre. Pueden decirte qué pasará, aunque no necesariamente cuándo o cómo. Los sinceros suelen ser excéntricos y difíciles de manejar. Hablan un idioma extraño, que no atiende al cambio gradual, ni al cortés lenguaje de los negocios. Aprender a identificarlos es difícil. Aprender a entenderlos y apreciar su valor es más difícil todavía.[6]

Los sinceros son un poco como la glía de las organizaciones: se les pasa por alto en gran medida, pero son esenciales para la regeneración. Quizá no sean populares. La verdad suele ser desagradable y mal recibida, y así son las personas que la dicen.

Como ya vimos en nuestros análisis del rechazo, las confrontaciones por ideas están muy arraigadas en la naturaleza humana. La marca distintiva de una organización creativa es que es mucho más sensible al pensamiento nuevo que el mundo en general. A una organización creativa no le incomodan los conflictos conceptuales; los resuelve. Pero la mayoría de las organizaciones no son como Lockheed; son como Walter Reed. Así, a la mayoría de los sinceros no se les trata como a Kelly Johnson, sino como a Robert Galambos. No andamos por un mundo agradable cuando tenemos el don de las grandes ideas. Las grandes ideas son grandes amenazas.

4 SÉ RÁPIDO, DISCRETO Y PUNTUAL

El lema de Kelly Johnson era "Sé rápido, discreto y puntual". Esto nunca fue más importante que cuando le pidieron hacer a *Lulu-Belle*, el primer jet de caza estadunidense. *Lulu-Bell* no sólo volaba más rápido que otros aviones, también fue diseñado y desarrollado más rápidamente que otros aviones. Así tenía que ser: el futuro del mundo libre dependía de eso.

Durante la Segunda Guerra Mundial, los aviones se volvieron más rápidos hasta llegar a un límite misterioso: cuando alcanzaban los 800 kilómetros por hora se salían de control o se desbarataban. Lockheed experimentó por primera vez ese problema en su avión de combate P-38 Lightning, tan eficaz que los alemanes lo llamaron el "diablo de cola de horquilla", y los japoneses "dos aviones, un piloto". Varios pilotos de prueba de Lockheed murieron al tratar de hacer que el P-38 rebasara los 800 kilómetros por hora. Tony LeVier, uno de los mayores pilotos de prueba de Lockheed, dijo que cuando un aeroplano alcanzaba esa velocidad, se sentía como si "una mano gigante arrebatara el avión del control del piloto". El problema era tan grave que no podía explorarse en forma experimental: a alta velocidad, los modelos se sacudían tan enérgicamente que podían dañar un túnel aerodinámico.

Mientras Johnson y su equipo intentaban entender el problema, descubrieron algo alarmante: los nazis ya lo habían resuelto.

El 27 de agosto de 1939, cuatro días antes del inicio de la Segunda Guerra Mundial, un Heinkel He 178 despegó de Rostock, en la costa norte de Alemania y atravesó el mar Báltico. El He 178 se distinguía por no tener hélices. En su lugar, poseía algo que ningún avión había tenido nunca: un motor a reacción.

Los aviones producen ondas en el aire. Estas ondas viajan a la velocidad del sonido. Mientras más rápido va el avión, más juntas están las ondas, hasta que empiezan a fusionarse. En aerodinámica, esta fusión se llama "compresibilidad". Ésta genera un muro con el que los aviones chocan a 800 kilómetros por hora, pero sólo si tienen hélices.

Los motores a reacción jalan el aire por un embudo. Cuando el aire sale por la parte trasera del motor, una reacción igual y opuesta empuja al avión hacia delante. Los jets no chocan con el muro de la compresibilidad; lo utilizan para impulsarse. Los nuevos Messerschmitts alemanes con motor a reacción, descendientes del He 178, podrían maniobrar mejor y quizá destruir cualquier otra nave en el cielo, a menos que los aliados también pudieran desarrollar un avión de combate con ese motor.

Kelly Johnson quiso fabricar un jet para las U.S. Army Air Forces (USAAF), antecesora de la United States Air Force, tan pronto como supo del He 178, pero las USAAF prefirieron que hiciera volar más rápido los aeroplanos existentes. No fue hasta mucho después, cuando se descubrió el inminente lanzamiento por Alemania de los Messerschmitts con motor a reacción, que los comandantes aéreos estadunidenses entendieron que hacer un jet era la única forma de lograr que los aviones volaran más rápido.

Los británicos habían desarrollado un motor a reacción, pero montarlo en un avión existente resultó ineficaz. Los motores a reacción precisaban de una aeronave totalmente nueva. Así, el 8 de junio de 1943, a la 1:30 de la tarde, las USAAF concedieron un contrato a Lockheed para que fabricara un jet de combate, y únicamente ciento ochenta días para hacerlo.

Ni siquiera el propio Kelly Johnson estaba seguro de poder vencer ese reto. Lockheed ya producía veintiocho aviones diarios, trabajando tres turnos al día, excepto domingos, cuando hacía uno o dos. No tenía capacidad de ingeniería ni espacio extra y su equipo estaba en constante uso. El presidente de Lockheed, Robert Gross, le dijo a Johnson: "Ocúpate personalmente de esto, Kelly. Avanza y hazlo. Pero tendrás que conseguir tu propio departamento de ingeniería y tu propio personal de producción y pensar dónde poner este proyecto".

Estas restricciones aparentemente imposibles definen a la organización creativa modelo.

Johnson creía que los ingenieros debían estar lo más cerca posible de la acción, así que usó como pretexto la falta de capacidad adicional de Lockheed para formar una organización "esbelta", en la que los músculos de su equipo —diseñadores, ingenieros y mecánicos— tuvieran contacto directo entre sí, sin la adiposidad separadora de gerentes y personal administrativo.

La falta de espacio extra, así como la necesidad de alta seguridad, dieron una excusa a Johnson para integrar una organización aislada y apartada. Nadie ajeno a ella tenía permitida la entrada al "edificio" —hecho de cajas y una carpa— de Skunk Works. Esto no sólo se hizo para mantener encubierto el proyecto; también tenía otro beneficio: compartir secretos y tener un lugar de trabajo exclusivo que dieron al equipo un vínculo excepcional.

Dentro de la carpa, un "marcador de calendario" llevaba la cuenta regresiva de los ciento ochenta días, manteniendo concentrados a todos en el recurso más preciado de la creación: el tiempo.

Los retos aumentaron hacia el final del proyecto: la mitad del equipo se enfermó a causa de la carga de trabajo, la calefacción rudimentaria del improvisado edificio y un clima más frío de lo normal a mitad del invierno.

El avión tuvo que producirse sin ver nunca el motor; éste había sido enviado desde Gran Bretaña, pero el experto que vino con él fue arrestado bajo sospecha de espionaje, porque no pudo explicar el motivo de su presencia en Estados Unidos. Luego, un día antes de la fecha prevista para el primer vuelo del avión, el motor explotó. No hubo más remedio que esperar otro, el único en existencia.

La prueba de la organización fue el resultado. Pese a todos esos obstáculos, Skunk Works se adelantó treinta y siete días y *Lulu Bell* voló por primera vez.

5 EL SECRETO DE BETO Y ENRIQUE

Mike Oznowicz y su esposa, Frances, escaparon dos veces de los nazis en los años treinta. Primero huyeron de Holanda al norte de África y luego, cuando la guerra los siguió, del norte de África a Inglaterra. Ahí tuvieron dos hijos; el segundo, Frank, nació en la ciudad cuartel de Hereford, en mayo de 1944. En 1951, Mike y Frances gastaron sus últimos dólares en el traslado de su familia a Estados Unidos, estableciéndose, finalmente, en California, donde Mike encontró trabajo como diseñador de aparadores.

La pasión de Mike y Frances eran los títeres. Ambos eran miembros activos de Puppeteers of America, organización no lucrativa fundada en 1937 para promover y elevar el arte de los títeres. En 1960, el Puppetry Festival, la celebración anual de esa organización, se realizó en Detroit, Michigan.[7] Ahí, Mike y Frances se hicieron amigos de un individuo que asistía por primera vez al festival, Jim Henson.[8] Éste, su esposa y su hija de tres meses habían viajado 800 kilómetros desde su casa en Bethesda, Maryland en un Rolls-Royce Silver Shadow para asistir al evento. Un día, un amigo condujo el Rolls-Royce por Detroit, mientras Henson daba una función de títeres por el techo deslizable manipulando a una rana llamada Kermit (René).

Henson se hizo muy amigo de los Oznowicz. En 1961, cuando el Puppetry Festival tuvo lugar en Pacific Grove, California, los Oznowicz le presentaron a su hijo Frank, que acababa de cumplir diecisiete años. Frank era muy hábil para manipular los títeres de hilos, llamados marionetas, y ganó el concurso de talentos del festival, pese a que prefería el beisbol y dijo que manejaba títeres sólo porque provenía de una familia de titiriteros.

Henson había iniciado un exitoso negocio haciendo comerciales de televisión con un nuevo estilo de títeres al que llamó "muppets". Pensaba que Frank tenía mucho talento y quiso contratarlo. Al principio, Frank declinó; quería ser periodista, no titiritero, y apenas tenía diecisiete años.[9] Pero había algo en Jim Henson y en su entrevista, que nunca pudo olvidar: "Jim era un tipo muy tranquilo y reservado que hacía unos títeres divertidísimos, absolutamente frescos y novedosos, que nadie había hecho nunca".

Al terminar la preparatoria, Frank aceptó un empleo de medio tiempo en la compañía de Henson, Muppets, Inc., y se inscribió también en el City College de Nueva York, para no dejar de estudiar. Pero dos semestres después, abandonó la universidad para trabajar de tiempo completo con Henson. Más tarde diría: "Lo que estaba viviendo con los muppets era muy emocionante".

En 1963, cuando Frank se unió a Henson, los Muppets ya empezaban a trascender los comerciales. El popular cantante de música country Jimmy Dean planeaba un programa de variedades para ABC Television, y quería que Henson proporcionara un títere para el proyecto. Henson creó a Rowlf (Rufo), un perro café de orejas caídas. Rufo estaba hasta ocho minutos al aire por episodio, a menudo dejando al fondo a Dean y cada semana recibía miles de cartas de sus seguidores.

Rufo era lo que se conoce como un "muppet de mano". Algunos muppets, como la Rana René, son "muppets de mano y varilla": un solo titiritero mete una mano en la cabeza del títere y usa la otra para manipular sus manos usando varillas. Los muppets de mano requieren dos titiriteros: uno mete una mano, generalmente la derecha, en la cabeza del títere y la otra en la mano izquierda del muñeco, parecida a un guante; el segundo mete la mano derecha en la diestra del títere. Ambos titiriteros están muy cerca y deben pensar y moverse juntos. Henson era la cabeza, boca, mano izquierda y voz de Rufo; Frank, la mano derecha. Una noche Jimmy Dean, el conductor, se trabó al decir "Oznowicz" al aire y dio accidentalmente a Frank un nombre mágico: Oz.

Oz y Henson estaban en los inicios de lo que se convertiría en una potente sociedad creativa.

Años después —debido en parte a Rufo—, Henson, Oz y el resto de Muppets, Inc., fueron contratados para trabajar en una nueva serie de televisión para niños, que se llamaría *Sesame Street* (Plaza Sésamo).

Mientras se preparaban para el primer programa, Henson y Oz encontraron dos nuevos muppets en la sala de ensayos, hechos y diseñados por Don Sahlin, el maestro creador de muppets, quien también había elaborado a Rufo.[10] Uno de ellos era un títere alto de mano y varilla con cabeza larga de color amarillo, parecida a un balón de futbol americano a punto de ser pateado, cruzada por una gruesa ceja. El otro era su contrario, un pequeño títere de mano, de cabeza rechoncha y anaranjada, sin cejas y con un matorral de pelo negro.

Henson tomó el títere amarillo y Oz el anaranjado, intentando descubrir los personajes que habitaban en ellos. Los títeres parecían estar asignados equivocadamente, así que los intercambiaron; Henson tomó al pequeño anaranjado con cabello de gato espantado, y Oz al chico con la uniceja. Todo embonó entonces. El títere amarillo, interpretado por Oz, se convirtió en Bert (Beto), prudente, serio y razonable; el títere anaranjado, interpretado por Henson, se volvió Ernie (Enrique), un chico arriesgado, travieso y divertido. Beto era el tipo de individuo que quería ser periodista, no titiritero. Enrique, el tipo que había recorrido Detroit en un Rolls-Royce agitando una rana por el techo deslizable. Pese a todo y por alguna razón, Beto y Enrique eran espíritus afines, más valiosos juntos que separados.

El primer episodio de *Sesame Street* se transmitió el lunes 10 de noviembre de 1969. Después de las palabras "In Color", aparecen dos monstruos animados de plastilina, seguidos por un arco con las palabras "Sesame Street".[11] Los monstruos pasan por el arco, la pantalla se disuelve a negro y comienza a escucharse el tema del programa, "Can You Tell Me How to Get to Sesame Street?", cantado por un coro de niños con imágenes de chicos citadinos reales —no los ángeles atildados que solían verse entonces en la televisión— jugando en parques urbanos. La secuencia de títulos termina y el programa da inicio con un letrero verde que dice "Sesame Street", mientras se oye una versión instrumental de la canción, tocada en armónica por el jazzista Toots Thielemans. Un maestro negro llamado Gordon le muestra el vecindario a una niña blanca llamada Sally. Tras presentarle a algunos personajes humanos y a un muppet de disfraz entero de 2.5 metros de alto, llamado Big Bird (Abelardo), Gordon oye un canturreo que sale del sótano del 123 Sesame Street y señala la ventana, diciendo: "Ése es Enrique. Vive en el sótano, con su amigo Beto. Cada vez que oigas a Enrique cantar, puedes apostar que se está bañando".

El programa hace un corte mostrando a Enrique en la tina, quien canta mientras se enjabona.

ENRIQUE: ¿Me puedes pasar un jabón, Beto?

BETO (*Entrando.*): Sí.

ENRIQUE: Mételo aquí, en Rosie.

BETO: (*Mirando a su alrededor, confundido.*) ¿Quién es Rosie?

ENRIQUE: Mi tina. Le puse Rosie a mi tina.

BETO: ¿Por qué le pusiste Rosie a tu tina, Enrique?

ENRIQUE: ¿Cómo?

BETO: ¡Dije que por qué le pusiste Rosie a tu tina!

ENRIQUE: Porque cada vez que me baño, dejo un anillo alrededor de Rosie.

Enrique suelta una carcajada gutural y entrecortada. Beto mira a la cámara, como si preguntara al público si puede creer lo que está viendo. Con esta secuencia, Enrique y Beto fueron los primeros títeres en aparecer en Sesame Street. Hoy siguen siendo personajes importantes.

La estrecha relación entre Beto y Enrique a menudo ha despertado sospechas. ¿Qué hacían juntos dos personajes masculinos? ¿Por qué intimaban tanto? El pastor pentecostal Joseph Chambers, de Charlotte, Carolina del Norte, creía saber la respuesta: "Beto y Enrique son dos hombres adultos que comparten una casa, una recámara. Comparten ropa, comen y cocinan juntos, y tienen características evidentemente afeminadas. En un programa, Beto enseña a Enrique a coser. En otro, cuidan juntos sus plantas. Si esto no pretende representar una unión homosexual, no imagino qué se supone que representa".[12]

Pero no, Beto y Enrique no son gays. Para descubrir lo que representan esos personajes, basta con acudir a los hombres dentro de los títeres. Henson y Oz eran Beto y Enrique; y viceversa. Jon Stone, el escritor de *Sesame Street*, recuerda: "Su relación era un reflejo de la que Jim y Frank tenían en la vida real. Jim era el instigador, el bromista, el travieso. Frank era la víctima conservadora y prudente. Pero lo esencial para la armonía era el afecto y respeto que se tenían. Enrique y Beto son los mejores amigos, lo mismo que Jim y Frank".

Algunos de los mayores trabajos creativos proceden de personas que trabajan a dúo. La pareja es la unidad básica de la organización creativa y da muchas lecciones sobre cómo formar equipos innovadores. Algunas parejas creativas están casadas, como Pierre y Marie Curie; otras son familiares, como Orville y Wilbur Wright, pero la mayoría no son ni una cosa ni otra. Podrían no ser siquiera amigos. Son personas como Simon y Garfunkel, Warren y Marshall, Abbott y Costello, Lennon y McCartney, Page y Brin, Hanna y Barbera, Wozniak y Jobs, Henson y Oz.

Como en el caso de Beto y Enrique, la intimidad de la asociación creativa confunde a algunas personas, tal vez porque sobrestiman la importancia de los individuos.

El secreto de Beto y Enrique es que nada se crea en soledad. El ya mencionado consejo de Steve Wozniak de "trabajar solo" no es tan simple como parece. Como observó Robert Merton, nunca actuamos como individuos sin interactuar con muchos otros, al menos leyendo sus palabras, recordando sus lecciones y usando las herramientas que hicieron. Una pareja lleva a cabo esta interacción en el mismo cuarto.

6 CUANDO EL CAMINO PARECE LARGO

En una pareja creativa, la naturaleza alterna de la conversación ordinaria y los ciclos de resolución de problemas del pensamiento ordinario se combinan: los socios siguen el mismo proceso creativo que como individuos, pero piensan en voz alta, viendo problemas en las soluciones del otro y buscando soluciones en los problemas del otro.

Trey Parker y Matt Stone han sido socios creativos desde que se conocieron en la University of Colorado, en 1989. En 2011, ganaron nueve premios Tony por *The Book of Mormon*, musical de Broadway que coescribieron con Robert Lopez; han generado películas, libros y videojuegos y son especialmente conocidos por *South Park*, serie animada de televisión que crearon en 1997.[13] Parker y Stone han escrito, producido y prestado su voz a cientos de episodios de *South Park*, la mayoría de ellos elaborados, desde su concepción hasta su conclusión, en seis días.

El proceso comienza en una sala de juntas en Los Ángeles, una mañana de jueves, donde Parker y Stone comentan sus ideas con sus guionistas y empiezan a crear el programa que saldrá al aire el miércoles siguiente. Stone describe esa sala como "un espacio inofensivo, porque por todas las buenas ideas que se nos ocurren, hay un centenar que no son tan buenas". Nadie más está autorizado a entrar, pero, en 2011, Parker y Stone permitieron al cineasta Arthur Bradford poner cámaras remotas en la sala para hacer el documental 6 *Days to Air: The Making of South Park*.[14]

El día uno del documental, Parker y Stone hablan de ideas para el guion: el tsunami en Japón, los avances de malas películas y el basquetbol colegial, improvisando posibles guiones sobre la marcha, casi igual que como Henson y Oz probaron por primera vez a Beto y Enrique. Al cabo de su jornada, Parker y Stone no tienen nada o, al menos, nada que les guste. Parker está preocupado y le dice a Bradford: "Hay un programa el próximo miércoles y ni siquiera sabemos de qué va a tratar. Aunque siempre lo hacemos así, una vocecita nos dice: '¡Son un fracaso!'".

En la mañana del día dos, Parker hace una sugerencia a Stone: "Probemos esto: démonos hasta la once y media para hallar algo totalmente nuevo; después, de las once y media a las doce y media podemos seleccionar entre las ideas de ayer".

Stone se muestra escéptico: "¿Un programa totalmente diferente?".

Pero en vez de argumentar a favor de mejorar las ideas existentes, Stone prueba ese proceso. Por fin, Parker suelta una idea sobre algo que juzga frustrante: "Anoche entré a iTunes y apareció otra vez la ventana que dice 'Tu iTunes ya caducó', lo de siempre. ¡Maldita sea! Ahí está de nuevo. Tengo que descargar otra versión de iTunes. ¿Cuántas veces tengo que teclear 'Aceptar' en los términos y condiciones si nunca he leído una sola línea de ellos?".

Stone ríe y señala que la frustración de Parker con iTunes podría ofrecer una trama: "La broma sería que todos leen siempre los términos y condiciones menos Kyle" (uno de los personajes principales del programa).

Stone explicó después qué pasó entonces: "Dijimos: '¡Vaya! Parece que aquí hay algo'".

Este patrón —que Parker dirija el proceso y busque los puntos de partida y Stone los afine y se base en ellos— es característico de la relación de trabajo entre ambos. Las parejas tienden a no ser jerárquicas, en el sentido de que una persona tiene autoridad sobre la otra, pero rara vez carecen de un líder. En la sociedad entre Parker y Stone, Parker dirige. Dice Stone: "Aunque somos una sociedad y cada uno pone algo diferente sobre la mesa, Trey es siempre el medio de expresión de las historias. Es como si él fuera el jefe. Todo lo que logro lo obtengo a través de él".

Parker está de acuerdo, pero no se deja impresionar por la importancia de Stone. Y refiriéndose a otra famosa asociación de una banda de rock, Van Halen, Parker dice: "Puedes decir: 'Bueno, todo es Eddie van Halen'; pero en cuanto David Lee Roth se va, dices, 'Olvídate de esa banda'. Eddie puede llegar y decir: 'Yo escribo todo', pero Van Halen no existe sin David Lee Roth".

El lunes, a menos de tres días antes de salir al aire, el guion no está terminado todavía. El trabajo de animación y de voz ya avanza con base en la trama principal: la que Kyle tiene que hacer las locuras con las que estuvo de acuerdo cuando aceptó los términos y condiciones de iTunes. Pero aún hace falta una subtrama y un final. Parker comienza el día describiendo a Stone los problemas que restan: "Corremos el peligro de hacer lo típico del primer programa y meter demasiados ingredientes; aún no hemos introducido la idea de las apps, y me preocupa el tiempo: sea cual sea el final, tendrá que ser rápido".

Parker comienza a resolver esos problemas, describiendo una subtrama en la que otro de los protagonistas, Eric, intenta convencer a su madre de que le compre un iPad. El papel de Stone es de evaluación: ríe mientras Parker representa la idea.

Pero Parker está inquieto. Esa noche le dice a Bradford, el realizador del documental: "Ahora sí tengo miedo, porque ya llevo veintiocho páginas del guion y aún tengo que escribir cinco escenas. Cada una es, por lo general, de un minuto de duración, así que esto será un guion de cuarenta páginas, lo que es brutal, porque tendré que volver sobre las escenas y decidir cómo hacer lo mismo en la mitad del tiempo".

Incluso en una sociedad, el acto físico de escribir —elegir las palabras más que tener las ideas— es una actividad individual. Esto es a lo que se refirió Wozniak cuando dijo: "Trabaja solo". Dos personas y una página en blanco no son una fórmula para crear: una pluma es un artefacto unipersonal. Stone no revolotea sobre el hombro de Parker tratando de ser útil. Está en otra sala, trabajando en la edición del guion. Parker dice: "Odio escribir, porque es triste y solitario. Sé que todos esperan que lo haga y es una batalla saber cuál es la mejor manera de decir las cosas. Es algo que odio de veras".

Al concluir el lunes, Parker da vueltas mientras Stone observa desde un sofá. Ambos se rascan la cabeza y se aprietan el puente de la nariz. Parker resume el problema del momento: "Nos queda un minuto y tengo que escribir cuatro escenas".

En cuatro días, ha pasado de la preocupación de no tener material a la de tener demasiado. Stone dice que él toca fondo cada domingo y Parker un día después. Parker dice ese lunes, en efecto: "Me siento terrible por este episodio. Me avergüenza saber que vamos a pasar al aire esta porquería".

La risa de hace unos días ha desaparecido. Parker y Stone miran de soslayo el estudio, encogidos y apesadumbrados.

El martes, un día antes de que se transmita el programa, inicia con los animadores exhaustos dormidos bajo escritorios o sobre los teclados. A las seis de la mañana, al salir el sol, Parker y Stone se reúnen solos en la sala de guionistas. Parker ha borrado las toscas imágenes que hace unos días estaban en el tablero; ahora hay una escueta lista de escenas con nombres como "Patio de recreo", "Casa de Eric", "Escena de la cárcel" y "En el Genius Bar". Parker se pone de pie con un marcador junto al tablero, mientras Stone se recuesta en un sillón, con las manos detrás de la cabeza.

Los papeles han cambiado. Parker ya no dirige. Ahora lanza ideas: "Regresemos al principio del acto dos, donde 'De acuerdo, los genios van a vernos ahora'. Luego, el acto tres: empezamos a descubrir el asunto. Después pasamos a lo de la burbuja, Gerald se vuelve loco y se suma a Apple. Volvemos y eso es todo".

Parker ya no es quien dirige; ahora Stone instruye y engatusa. Suena paternal cuando dice: "¡Muy bien! Sí, eso funciona".

Fortalecido, Parker vuelve al teclado. Una hora después, despiertan a los animadores y les tienden el guion terminado del episodio 1,501 de *South Park*: primero de la decimoquinta temporada y el número 211 que Parker y Stone han escrito.

Esta historia muestra cómo operan muchas sociedades creativas. Parker confía en Stone. Éste complementa a Parker. Podría parecer que Parker hace una mayor contribución creativa, pero Stone la hace posible, en particular dando apoyo emocional a Parker durante la soledad y estrés de la creación. Stone también crea y Parker brinda estímulo. Los socios crean juntos, ayudándose a crear en forma individual.

7 EL TIPO EQUIVOCADO DE ORGANIZACIÓN

El hilo que une a dos personas que crean puede —o debería— extenderse también a grupos más grandes. Los socios creativos hablan mucho, así como los individuos creativos piensan en voz alta y no es necesario hacer cambios cuando el grupo crece. El propósito de una conversación creativa es identificar y resolver problemas creativos como "¿De qué debe tratar este episodio?" o "¿Qué orden deberían seguir las escenas?". Los únicos participantes en la conversación deben ser las personas capaces de hacer una contribución a la resolución de esas preguntas y por eso la sala de guionistas de Parker y Stone es un "lugar seguro" prohibido para todos, salvo unos cuantos escritores. En una conversación creativa no hay cabida para gerentes, "abogados del diablo", ni ninguna otra especie de espectadores. Esta conversación es el principal propósito de crear en grupo. La detallada labor creativa sigue siendo individual, a menos que se necesite ayuda —práctica, emocional o ambas— para superar las inevitables presiones y fracasos.

La compañía de Parker y Stone, South Park Digital Studios, es muy parecida a Skunk Works de Lockheed: forma parte de una gran corporación, Viacom; está aislada en su propia sede y es capaz de trabajar con una increíble rapidez. Mientras que hacer un episodio de *South Park* consume seis días, muchas otras compañías productoras tardan seis *meses* en terminar un episodio en la mayoría de los programas animados.

En el tipo equivocado de organización, el talento creativo de Parker y Stone puede volverse destructivo muy pronto. En 1998, Viacom les pidió hacer una versión cinematográfica de *South Park* con otra de sus subsidiarias, Paramount Pictures.[15]

Parker y Stone comenzaron a pelear con los ejecutivos de Paramount, casi tan pronto como se inició la producción. Una de sus primeras batallas fue acerca de la clasificación de la película. Parker y Stone querían una película con temas y lenguaje de clasificación R, lo que significa que los menores de diecisiete años deben ir acompañados por uno de sus padres o tutores. Paramount quería una clasificación PG-13, una película más apacible para toda la familia, aunque con una advertencia para los padres de que parte del contenido podría ser inapropiado para chicos menores de trece años.

Parker se rebeló: "Después de que nos enseñaron gráficas de cuánto más ganaríamos con una PG-13, nosotros dijimos: 'R o nada'".

Parker declaró lo que más tarde se convertiría en una "guerra". Paramount les mandó cintas con avances de la película; Parker y Stone las partieron en dos y las devolvieron por correo. Enviaron faxes descorteses a todos sus conocidos en Paramount, entre ellos uno titulado "Una fórmula para el éxito" que decía: "Cooperación + no haces nada = éxito". Parker robó la única copia de una videocinta promocional censurada para evitar que se transmitiera en MTV. Después de este incidente —esa cinta fue resultado de varios días y noches de arduo trabajo de los empleados de Paramount—, la compañía distribuidora amenazó con demandar a Parker y Stone.

La mayor protesta de Parker y Stone contra Paramount fue la película misma. La convirtieron en un extenso musical sobre su frustración con los intentos de Paramount de censurarlos. En *South Park: Bigger, Longer & Uncut*, Estados Unidos le declara la guerra a Canadá a causa de un programa canadiense de televisión con malas palabras; un maestro intenta rehabilitar a un niño blasfemo, entonando una canción basada en "Do-Re-Mi" de *The Sound of Music* y los personajes dicen cosas como: "Esta película contiene términos horribles y podría hacer que tus hijos empiecen a decir malas palabras" y "¡Lo siento! ¡No puedo evitarlo! Esta película ha retorcido mi frágil y pequeña mente".

Para los estándares de corto plazo de pérdidas y ganancias, la colaboración Paramount-South Park fue todo un éxito: la película obtuvo ingresos brutos por 83 millones de dólares, contra un presupuesto de 21 millones, y ganó premios; Parker y el coguionista Marc Shaiman recibieron una nominación al Oscar por su canción "Blame Canada". Pero desde la perspectiva de largo plazo, el proyecto de organización creativa fue una catástrofe y resultó muy costoso: pese a los positivos resultados y a tener los derechos para secuelas, Paramount nunca podrá hacer otra película *South Park*.

Parker declaró a *Playboy*: "No podrían pagarnos lo suficiente para volver a trabajar con ellos".

Y Stone añadió: "Hubo batallas de mercadotecnia, legales, de todo tipo. Aun con el poder de tener esa gran franquicia, que le ha dado a ganar a Viacom miles de millones de dólares, el estudio hizo todo lo que pudo para abatirnos y destrozar el espíritu de la película".

Si Parker y Stone parecen infantiles es porque son infantiles, en el mejor sentido de la palabra. Las habilidades sociales que permiten crear mediante la cooperación —y el comportamiento antisocial que puede resultar de que la creación sea excesivamente controlada— son cosas que todos tenemos de niños, pero de las que la educación nos despoja cuando crecemos. Desarrollamos nuestra aptitud para crear en grupos cuando desarrollamos nuestra capacidad para hablar, pero a menudo la perdemos durante nuestros años escolares y quizá la hemos perdido por completo al momento de nuestro primer empleo. Uno de los primeros en descubrir esto fue un bielorruso en los años veinte. Y una de las mejores formas de demostrarlo es con un malvavisco.

8 UN POCO MENOS DE CONVERSACIÓN

En 2006, el diseñador industrial Peter Skillman hizo una presentación de tres minutos en una conferencia en Monterey, California.[16] Habló inmediatamente después Al Gore, exvicepresidente y futuro premio Nobel, y justo antes del diseñador de naves espaciales Burt Rutan. Pese a la falta de tiempo y la difícil compañía, la charla de Skillman tuvo gran impacto. Describía lo que él llamó "el reto del malvavisco", una actividad de formación de equipos que desarrolló con Dennis Boyle, miembro fundador de la consultoría de diseño IDEO.[17] El reto es simple. A cada equipo se le da una bolsa de papel de estraza con veinte tiras de espagueti crudo, un metro de cuerda, un metro de cinta adhesiva y un malvavisco. La meta es levantar la estructura autoestable más alta posible, capaz de sostener el peso del malvavisco. Los miembros del equipo no pueden usar la bolsa ni meterse con el malvavisco —por ejemplo, no pueden volverlo más ligero comiéndose una parte—, pero pueden cortar los espaguetis, la cuerda y la cinta adhesiva. Tienen dieciocho minutos y no pueden sostener su estructura terminado ese lapso.

El hallazgo más sorprendente de Skillman: los mejores resultados los alcanzan niños de entre cinco y seis años. Dice Skillman: "En cada medida objetiva, los niños de kínder tienen el puntaje promedio más alto entre todos los grupos que he probado". El profesional creativo Tom Wujec lo confirma: dirigió talleres del reto del malvavisco más de setenta veces entre 2006

y 2010 y registró los resultados.[18] En promedio, las torres de los niños de
kínder fueron de sesenta y nueve centímetros de alto. Las de los directores
generales, apenas de cincuenta y tres centímetros; las de los abogados de
treinta y ocho, y el peor puntaje es para los estudiantes de administración,
con torres de veinticinco centímetros de altura, casi la tercera parte de las
hechas por los niños de kínder. Directores generales, abogados y estudiantes de administración pierden valiosos minutos en luchas de poder y planeación, disponen de tiempo apenas suficiente para erigir una sola torre y
no descubren el supuesto oculto que vuelve desafiante ese reto: los malva-
viscos son más pesados de lo que parecen. Cuando por fin deducen esto,
ya no tienen tiempo para remediarlo. Wujec refiere esos últimos momentos: "Varios equipos quieren sostener su estructura al final, por lo general
debido a que el malvavisco que colocaron sobre su estructura momentos
antes causa que ésta se pandee".[19]

Los niños ganan porque colaboran en forma espontánea. Hacen torres
pronto y a menudo en vez de perder tiempo peleando por el liderazgo y el
predominio, no se sientan a platicar —o "planear"— antes de actuar y descubren rápidamente el problema del peso del malvavisco, cuando todavía
tienen mucho tiempo para resolverlo.

¿Por qué los niños hacen esto? Esta pregunta la contesta el trabajo del
psicólogo bielorruso Lev Vygotsky. En la década de 1920, Vygotsky descubrió que el desarrollo del lenguaje y el de la capacidad creativa están tan
entrelazados que podrían ser lo mismo.

Lo primero que hacemos con el habla es organizar nuestro entorno.
Mencionamos a personas importantes, como "mamá" y "papá", y objetos ya sea naturales, como "perro" y "gato", o de factura humana, como
"auto" y taza". Lo segundo que hacemos con el habla es organizar nuestro comportamiento. Podemos fijarnos metas, como perseguir al perro o
agarrar la taza y comunicar necesidades, como llamar a mamá. Quizá ya
teníamos esas metas y necesidades antes de que aprendiéramos a hablar,
pero las palabras nos permiten volverlas más explícitas, tanto para nosotros como para los demás. Cuando conocemos la palabra para designar
al perro, tenemos más probabilidades de perseguir uno, porque somos
más capaces de *decidir* hacerlo. Por eso los niños que persiguen perros
pueden ser oídos a menudo diciendo "perro" una y otra vez. Las palabras
provocan deseos. Lo siguiente que hacemos con el habla es crear: cuando

podemos manipular una palabra, podemos manipular el mundo. O como dijo Vygotsky:

> Aunque el uso que los niños hacen de herramientas durante su periodo pre-verbal es comparable al de los simios, tan pronto como el habla y el uso de signos se incorporan a una acción, ésta se transforma y se organiza en formas completamente nuevas. El uso específicamente humano de herramientas se consigue de este modo, rebasando el limitado uso posible entre los animales superiores.[20]

Por ejemplo, cuando la compañera de investigación de Vygotsky, Roza Levina, pidió a Milya, una niña de cuatro años, que hiciera un dibujo para ilustrar la oración "La maestra está enojada", Milya fue incapaz de hacerlo. Levina reporta lo que dijo Milya:

> "La maestra está enojada. No puedo dibujar a la maestra. Se ve así." (Dibuja, apoyando con fuerza el lápiz.) "Se rompió. Está roto, el lápiz. Y Olya tiene un lápiz y una pluma." (La niña se remueve en su silla.)

La respuesta de Milya es propia de un niño en la primera etapa del uso del lenguaje: rotular su mundo. Su habla no es todavía un sistema de signos que la ayude a alcanzar sus metas; es una narración del aquí y ahora.

Anya, de tres años, siete meses, es menor que Milya, pero ya está en la siguiente etapa de desarrollo (otro de los descubrimientos de Vygotsky fue algo que ahora damos por sentado: la mente de los niños se desarrolla a velocidades diferentes). Vygotsky puso un dulce sobre un mueble, colgó un palo en la pared y pidió a Anya que tomara el dulce. Al principio hubo un largo silencio. Después, Anya se puso a hablar y a *trabajar sobre* el problema. Vygotsky reporta:

> "Está muy alto." (La niña sube al sillón y se estira para tomar el dulce.) "Está muy alto." (Se estira más.) "No lo alcanzo. Está muy alto." (Toma el palo y se apoya en él, pero no lo usa.) "No lo alcanzo. Está muy alto." (Sostiene el palo con una mano e intenta tomar el dulce con la otra.) "Ya se me cansó el brazo. No puedo alcanzarlo. El mueble es muy alto. Papá pone las cosas ahí y no puedo alcanzarlas." (Se estira.) "No lo puedo alcanzar con la mano. Todavía

soy pequeña." (Se sube a una silla.) "Aquí vamos. Puedo agarrarlo mejor desde la silla." (Se estira. Parada en la silla, agita el palo. Apunta al dulce.) "¡Ah, ah!" (Ríe y lanza el palo adelante. Mira el dulce, sonríe y lo toma con el palo.) "Lo tomé con el palo. Lo llevaré a casa y se lo daré a mi gato."

La diferencia entre Anya y Milya es de desarrollo, no de aptitud. Milya pronto será capaz de hacer lo que Anya hizo: usar el lenguaje no sólo para rotular el mundo, sino también para manipularlo en pos de una meta. Vygotsky no tuvo que pedir a Anya que pensara en voz alta mientras alcanzaba el dulce; en esa etapa, los niños lo hacen de cualquier forma. Los pensamientos de Anya se relacionan con sus acciones porque nosotros no manipulamos el mundo, a continuación describimos lo que hicimos después. Manipulamos el lenguaje para poder manipular el mundo.

Lenguaje y creación están tan interconectados que no se puede tener el uno sin el otro. En este sentido, el lenguaje constituye un sistema de símbolos y reglas que nos permite elaborar y manipular una representación mental del pasado, presente y posiblemente del futuro. Las personas que prefieren imágenes a palabras, por ejemplo, aún manipulan símbolos, algunos de los cuales resultan ser imágenes. Anya desarrolló esta aptitud relativamente pronto; los niños pasan normalmente de rotular con el lenguaje a manipular con el lenguaje entre los cuatro y cinco años de edad.

La conexión entre lenguaje y creación tiene una consecuencia importante: una vez que los niños pueden resolver problemas diciendo lo que hacen, poseen las habilidades básicas que necesitan para crear con los demás.

Lo sorprendente en el reto del malvavisco no es el desempeño de los niños, sino el de los adultos. Los estudiantes de administración, que hicieron una torre de veinticinco centímetros, habrían hecho una de sesenta y nueve en el kínder. ¿Qué fue de los cuarenta y cuatro centímetros extra? ¿Qué les sucedió a esos estudiantes en los años intermedios?

Como la mayoría de nosotros, los estudiantes de administración perdieron gran parte de su capacidad para cooperar. La concentración en logros individuales, en su educación y entorno, les enseñó que es más valioso realizar tareas individuales, en especial resolver problemas con respuestas específicas, que trabajar en equipo en cosas ambiguas. La aptitud natural de colaboración que desarrollaron cuando eran niños fue aplastada igual que sus torres de malvavisco.

Peor todavía, cuando los niños se vuelven adultos, ya han aprendido que hablar es una alternativa a hacer. En la escuela, la mayor parte de los deberes se hacen individualmente y en silencio, sobre todo los que se califican. Una de las reglas más comunes en el aula es "no hablar". El mensaje es claro: no puedes hacer y hablar al mismo tiempo.

Esta división entre palabras y acciones persiste en el centro de trabajo, donde los grupos resuelven problemas hablando —o "planeando"— hasta que coinciden en que lo que piensan es la mejor respuesta, tras lo cual actúan. Los niños no hacen reuniones en la escuela; las descubren de adultos, en el trabajo. Ven el reto del malvavisco como una oportunidad de colaborar; los adultos lo tratan como una reunión. En un equipo, todos los niños hacen y experimentan, comparan resultados, aprenden unos de otros y crean como una comunidad tan pronto como el reloj empieza a correr. No hablan de eso primero. Sencillamente ponen manos a la obra. En un equipo, los adultos no hacen nada durante los primeros minutos, porque, en lugar de ello, hablan; después la mayoría no hace más que observar —o "administrar"— a los demás haciendo una torre en el tiempo restante. De acuerdo con los datos de Tom Wujec, los niños de kínder intentan poner el malvavisco sobre la torre un promedio de cinco veces durante los dieciocho minutos. Su primer intento suele ocurrir entre los minutos cuatro y cinco. Los estudiantes de administración suelen poner el malvavisco en la torre sólo una vez, en el minuto dieciocho, el último.

La investigación de Vygotsky explica por qué los niños actúan mientras que los adultos planean. La relación entre expresión y acción es más intensa cuando somos jóvenes. Esto es particularmente obvio en experimentos que implican elección. Vygotsky pidió a niños de cuatro y cinco años que presionaran una de cinco teclas correspondientes a una imagen que se les mostraba. Los niños no pensaron con palabras, sino con acciones. Señala Vygotsky:

Tal vez el resultado más notable es que todo el proceso de selección de los niños es *externo* y se concentra en la esfera motora. El niño selecciona mientras realiza los movimientos que la elección requiere. Los adultos toman internamente una decisión preliminar y después ejecutan la decisión en forma de un solo movimiento que pone en práctica el plan. Los movimientos de los niños están repletos de difusas vacilaciones que se interrumpen y apoyan entre sí.

Basta echar un vistazo a la gráfica que sigue los movimientos de los niños para convencerse de la naturaleza motora básica del proceso.

Es decir, los adultos piensan antes de actuar; los niños piensan *actuando*.

Hablar mientras se actúa es útil, pero hablar *acerca* de actuar, *no*. Al menos no con frecuencia ni por mucho tiempo. Por eso decir "demuéstralo" es tan eficaz. Detiene la especulación e inicia la acción.

Otra cosa que los adultos adquieren y que los niños de kínder no tienen es el sentido de la jerarquía. Lo primero que hacen los adultos en un equipo es que algunos miembros miden fuerzas en pos del liderazgo. Los niños comienzan trabajando juntos.

Es raro que las sociedades creativas sean jerárquicas —no serían "sociedades" si lo fueran—, así que gastan poca o nula energía en rituales de dominio. Jim Henson era mayor que Frank Oz en todos los sentidos menos uno: cuando creaban juntos, eran iguales. No hay sociedad sin igualdad. Henson y Oz no perdían tiempo en luchas de poder; lo dedicaban todo a hacer, hablando en voz alta como los niños de la investigación de Vygotsky, resolviendo problemas y ayudándose a crecer. El nacimiento de Beto y Enrique es un perfecto ejemplo de ello. Henson y Oz no celebraron reuniones ni hicieron planes. Tomaron los títeres y pensaron en voz alta hasta que Enrique y Beto aparecieron.

9 DE QUÉ ESTÁN HECHAS LAS ORGANIZACIONES

En 1954 sucedió algo sin precedentes en seis juicios en el tribunal de Wichita, Kansas.[21] Se trataba de juicios típicos con casos, acusados, condenas y exoneraciones comunes. Lo único extraño eran los calefactores en la sala. Tenían micrófonos ocultos, instalados por investigadores de la University of Chicago, que los usaron para grabar las deliberaciones del jurado. El juez y los abogados estaban al tanto de los micrófonos, pero los miembros del jurado no.

Las grabaciones fueron selladas hasta que cada caso culminó con un juicio definitivo y todas las apelaciones fueron desechadas. Los investigadores analizaron entonces las interacciones para conocer la conducta de grupos en un tribunal. Cuando los hallazgos fueron publicados un año después, causaron un escándalo en toda la nación. En una de las primeras controversias sobre la privacidad, el Subcommittee on Internal Security del Senado citó a los investigadores y más de cien editoriales periodísticos los condenaron por amenazar los fundamentos de sistema legal estadunidense.

El escándalo se ha olvidado, pero el método no. Harold Garfinkel, uno de los investigadores que analizaron las cintas del tribunal, lo llamó "microsociología". Los científicos han realizado hasta la fecha miles de experimentos con el uso de micrófonos y cámaras de video para comprender las minucias de la conducta humana que componen la sociedad.

Una de las razones de que la sociología tradicional, o "macrosociología", considere a grupos grandes durante periodos prolongados es tecnológica. Cuando las ciencias sociales fueron concebidas —en gran parte por el francés Émile Durkheim en la década de 1890— no había formas prácticas de registrar y observar en detalle las interacciones diarias. La microsociología no fue posible hasta los años cincuenta, con la invención de la grabadora de cintas magnéticas, el transistor y los micrófonos eléctricos de producción en serie.

Igual que los sociólogos tradicionales, los autores de temas de negocios —a menudo, dicho sea de paso, exestudiantes de escuelas de administración— suelen examinar las organizaciones como si volaran sobre ellas. Ven el cuadro completo —fusiones, cambios en el precio de las acciones y lanzamientos de productos importantes, el equivalente de las autopistas, vecindarios y parques que vemos por la ventana de un avión en descenso—, pero, salvo para unos cuantos altos ejecutivos, los individuos son invisibles para ellos.

No es mucho lo que se puede aprender examinando una organización desde el cielo. Las organizaciones sólo existen en tierra. No están hechas de personas, como suele afirmarse. Las organizaciones están hechas de personas que *interactúan*. Lo que se organiza son las interacciones humanas diarias.

La microsociología nos muestra que esas interacciones no son triviales. Todo lo que sucede entre dos o más personas es rico en significado.

Antes de la microsociología, el supuesto dominante era que, en grupos, las personas tomaban decisiones haciendo uso del razonamiento, en una serie de pasos:

1. Delimitar la situación.
2. Definir la decisión por tomar.
3. Identificar los criterios importantes.
4. Considerar todas las soluciones posibles.
5. Calcular las consecuencias de esas soluciones versus los criterios.
6. Elegir la mejor opción.[22]

La microsociología mostró, de manera concluyente, que pocas veces pensamos así, en especial en grupos. En interacciones grupales, nuestras decisiones se basan más quizás en reglas no escritas y supuestos culturales que en la razón pura. El filósofo austrobritánico Ludwig Wittgenstein dijo que esas interacciones, que en la superficie parecen mera plática, son como un juego, porque constan de "jugadas" y "turnos". Llamó al juego *Sprachspiel*, o "el juego del lenguaje".

En un grupo, las palabras se oyen en un contexto que incluye emoción, poder y las relaciones existentes con otros miembros del grupo. Todos somos camaleones sociales, ajustamos nuestra piel para armonizar, o a veces para distinguirnos, sea cual fuere el colectivo en que nos encontremos.

El sociólogo Erving Goffman llamó "rituales de interacción" a las jugadas en el juego del lenguaje. Más tarde, su colega Randall Collins denominó "cadenas de rituales de interacción" a series de esas jugadas.[23] La cadena comienza con la situación, por ejemplo, una reunión de negocios. La manera en que cada individuo se comporta en la reunión dependerá de varias cosas: su nivel de autoridad, su estado de ánimo, su experiencia previa en reuniones similares y sus relaciones actuales con las demás personas de la sala. Todas estas cosas alteran su conducta. Los individuos no actuarían de ese modo en una situación diferente; por ejemplo, cuando están indispuestos y visitan al médico. En la reunión, el saludo "¿Cómo estás?" sólo representa una cortesía. Escribe Collins: "'¿Cómo estás?' no es una solicitud de información y sería una violación a su espíritu contestar como si el interlocutor quisiera conocer detalles de nuestra salud".

En el otro caso, cuando alguien visita al médico, la pregunta "¿Cómo está?", al principio de la entrevista, sí es una solicitud de información. Sería una violación no dar detalles de nuestra salud. La misma persona a la que se le hace la misma pregunta da una respuesta distinta porque participa en un ritual diferente.

Las organizaciones están hechas de rituales —millones de pequeñas y momentáneas transacciones entre individuos dentro de grupos— y son estos rituales los que determinan qué tan creativa es una organización.

10 RITUALES DE HACER

La lección más importante de la historia de Kelly Johnson y Skunk Works es que crear es hacer, no decir. Las organizaciones más creativas priorizan rituales de hacer; las menos creativas priorizan rituales de decir, el más común de los cuales es la reunión. "Reunión" es un eufemismo de "hablar"; así, las reuniones son una alternativa a trabajar. Pese a esto, el empleado de oficina promedio asiste a seis horas de reuniones a la semana, casi una jornada de trabajo entera.[24] Si una organización usa el Outlook de Microsoft para calendarizar automáticamente sus reuniones, sus empleados asisten a más reuniones todavía, nueve horas a la semana. En las reuniones no hay creatividad. Crear es actuar; conversar, no. Las organizaciones creativas tienen reuniones externas —con clientes, por ejemplo, como hacía Lockheed para obtener contratos para fabricar aviones en tiempo de guerra—, pero cuanto más creativa es una organización, menos reuniones *internas* suele tener y menos personas asisten a ellas.[25] El resultado es que más personas pasan más tiempo en el frente de la creación.

Gran parte de lo que sucede en las reuniones internas se llama "planear", pero la planeación es de valor limitado, porque nada marcha nunca conforme a lo planeado. Kelly Johnson hacía poco uso de los planes y no necesitaba saber los detalles de cómo iban a ocurrir las cosas antes de hacerlas. En ingeniería los planes son importantes para generar un producto, pero esos planes se hacen, no se dicen. Aun así, algunos planes de ingeniería se hacen después de que se generó el producto. Johnson describe su primer día en Lockheed:

Fui asignado a Bill Mylan, en el departamento de estampado, diseñando herramientas para el montaje del Electra. Mylan era un veterano y conocía su oficio. "Las voy a hacer, muchacho, y tú puedes dibujarlas después", me explicó.[26]

No puedes controlar el futuro. Ser demasiado rígido para que las cosas salgan como lo planeaste te impide reaccionar a los problemas que surgen y te hace perder oportunidades inesperadas. Debes tener altas expectativas sobre qué y pocas expectativas sobre cómo. Esto es lo opuesto a la forma en que opera la mayoría de las organizaciones. Muchos "ejecutivos" dedican la mitad de su semana a "planear" reuniones y la otra mitad a prepararse para ellas. No puedes hacer un plan que prediga tus reveses —como el experto en motores que fue arrestado al ser considerado espía, o la explosión de su motor la primera vez que se le encendió—, pero puedes generar una organización que lo ejecute de todas maneras.

Decir en lugar de hacer es peor que ser improductivo: es contraproducente. En 1966, Philip Jackson, uno de los psicólogos que descubrieron que a los maestros no les agradan los chicos creativos, introdujo un nuevo término para describir cómo transmiten valores las organizaciones y determinan la conducta: el "plan de estudios oculto".[27]

Jackson usó ese término para describir a las escuelas:

> La gente, el elogio y el poder que se combinan para dar un *goce* distintivo a la vida en el aula forman en conjunto un plan de estudios oculto, que cada alumno (y maestro) debe dominar si quiere pasar por la escuela de manera satisfactoria. Las demandas creadas por esos aspectos de la vida en el aula podrían contrastarse con las demandas académicas —el plan de estudios "oficial", por así decirlo—, a las que los educadores han prestado tradicionalmente más atención.[28]

Aprendemos el plan de estudios oculto desde niños, cuando nuestra mente está impaciente, ansiamos tener amigos y tememos la vergüenza. Lo aprendemos sin saberlo: el plan de estudios oculto es un conjunto de reglas no escritas, implícitas, a menudo contrarias a lo que se nos dice. Aprendemos lo opuesto al plan de estudios oficial: la originalidad produce exclusión, la imaginación aísla y el riesgo es ridiculizado. De niño enfrentaste una decisión que tal vez no recuerdes: ser tú mismo y estar solo, o ser como los demás y estar con ellos. La educación es homogeneización. Por eso los nerds son blanco de burlas y los amigos se mueven en manadas.

Vivimos esta lección a lo largo de la vida. La educación quizá se olvide, pero la experiencia se arraiga. Lo que dividimos en periodos aparte como "preparatoria", "universidad" y "trabajo" es de hecho un continuo. Así, el plan de estudios oculto opera en todas las organizaciones, desde corporaciones hasta naciones. Dice Jackson:

> Conforme los ámbitos institucionales se multipliquen y se conviertan, para cada vez más personas, en las áreas en que representan una porción significativa de su vida, tendremos que saber mucho más que ahora cómo alcanzar una síntesis razonable entre las fuerzas que impulsan a una persona a buscar su expresión individual y las que la impulsan a obedecer los deseos de otros.

Las organizaciones son una competencia entre docilidad y creación. Los líderes de nuestras organizaciones a veces podrían pedirnos crear, pero siempre nos exigen obedecer. En la mayoría de las organizaciones la docilidad es más importante que la creación, por más que pretendan lo contrario. Si obedeces pero no creas, es probable que te asciendan; si creas pero no obedeces, serás despedido. Cuando lo que se premia es la docilidad, no la contribución, hablamos de "política de oficina". Se nos pide no adecuarnos a lo que la organización dice, sino a lo que *hace*. Si un director general realiza una presentación anual en PowerPoint para toda la compañía sobre su aprecio por los innovadores y por quienes corren riesgos, y luego distribuye la mayor parte del dinero de su compañía entre los antiguos productos y da todos los ascensos a las personas que los administran, envía una clara señal a todos los que entienden el programa oculto: "Haz lo que el director hace, no lo que dice". *Habla* de innovar y correr riesgos, pero no lo *hagas*. Trabaja en los antiguos productos y concentra tus acciones en ellos. Deja los productos innovadores y riesgosos a las personas creativas, menos adeptas a la organización, que serán despedidas en cuanto fallen, y fallarán porque no se les asignarán recursos. Este enfoque del ascenso es impuesto por muchas organizaciones, pese a que no se den cuenta ni lo admitan. Escribe Jackson:

> Sin importar cuál sea la exigencia o los recursos personales de quien la enfrenta, hay al menos una estrategia a disposición de todos. Es la estrategia de la retirada psicológica, de reducir gradualmente el interés e involucramiento personal a un punto en el que ni la exigencia, ni el éxito o fracaso personal al afrontarla se siente demasiado punzante.

¿Alguien puede ser inventivo y seguir, al mismo tiempo, el programa oculto, que pone la docilidad y la lealtad por encima de la creación y el descubrimiento? Tal vez, pero esas dos cosas se oponen:

> Las cualidades personales implicadas en la maestría intelectual son muy distintas a las que caracterizan al "hombre de la compañía". La curiosidad, por ejemplo, es de escaso valor para responder a las demandas de la conformidad. La persona curiosa suele participar en una especie de sondeo, indagación y exploración casi antitética de la actitud del conformista pasivo. La maestría intelectual requiere formas sublimadas de agresividad, antes que sumisión ante limitantes.[29]

¿Para qué molestarse entonces? ¿Por qué gastar la energía e imaginación necesarias para mantener una identidad falsa —para ser un Clark Kent conformista y así mantener oculto tu superyó creativo— cuando puedes obtener resultados igualmente buenos si te conformas sin crear, o llevando tus aptitudes creativas a otra parte, donde serán apreciadas? Éste es el dilema que las personas creativas enfrentan en todos lados. Rara vez deciden resolverlo siendo creativas en secreto. La mayoría renuncia, o es obligada a hacerlo después de presentar una nueva idea a la consideración de su jefe. Proponer algo nuevo es una transacción de alto riesgo. A Kelly Johnson le funcionó en Lockheed en los años treinta. A Robert Galambos, en el Walter Reed Army Institute of Research, en los sesenta, tal como ocurre casi siempre en la mayoría de las organizaciones, no le resultó.

Formar una organización creativa es difícil, pero mantenerla creativa lo es mucho más. ¿Por qué? Porque todos los paradigmas cambian, y sólo los mejores creadores pueden cambiar junto con las consecuencias de sus creaciones.

En el verano de 1975, meses después de la caída de Saigón y el fin de la guerra de Vietnam, Ben Rich, ingeniero de Skunk Works, presentó una idea a Kelly Johnson. Era un diseño de un avión en forma de punta de flecha: plano, triangular y muy puntiagudo. Rich y su equipo lo llamaron "Hopeless Diamond". La reacción inicial de Johnson no fue positiva. Rich recordó: "Le echó un vistazo al boceto del Hopeless Diamond e irrumpió en mi oficina. Me dio un puntapié en el trasero, muy fuerte. Luego hizo una bola con la propuesta y la arrojó a mis pies. '¡Eres un idiota, Ben Rich!', estalló. '¿Acaso perdiste la cabeza?'".

La llegada de Kelly Johnson a Lockheed, en 1933, fue seguida por el inicio de la Segunda Guerra Mundial. Debido, en parte, al trabajo de Johnson, ésa fue la primera gran guerra aérea: los aviones mataron a 2.2 millones de personas, más de 90% de ellas (cerca de dos millones) fueron civiles, principalmente mujeres y niños.[30] Las armas usadas para la defensa anti-aérea eran toscas e ineficientes: en promedio, disparaban tres mil proyectiles por cada bombardero que destruían.[31] En consecuencia, casi todos los bombarderos alcanzaban sus blancos. En la época de la bomba nuclear, ésa era una estadística aterradora.

Inmediatamente después de la guerra, el nuevo y apremiante problema era cómo defenderse de la muerte llegada del cielo y la solución fueron los misiles tierra-aire, que usaban las nuevas tecnologías de computación y radar para localizar, perseguir y destruir los aviones atacantes. En Vietnam, el siguiente gran enfrentamiento aéreo tras la segunda guerra, los misiles tierra-aire destruyeron doscientos cinco aviones estadunidenses, uno por cada veintiocho misiles disparados, un desempeño más de diez veces mejor que las armas antiaéreas de la segunda guerra. Volar sobre territorio enemigo se había vuelto tan peligroso que era casi suicida.

Éste fue el contexto de la propuesta del Hopeless Diamond de Ben Rich. El paradigma para la comprensión de las naves aéreas había cambiado. El problema ahora no era cómo volar, o cómo hacerlo más rápido, sino cómo volar en secreto.

El Hopeless Diamond fue un intento de resolver ese problema.

Luego de irrumpir en la oficina de Ben Rich, patearlo y arrojar su propuesta al suelo, Kelly Johnson gritó: "¡Esa mierda nunca despegará!".

No todo gran innovador es un gran gerente de innovación. Los gritos y alaridos de Johnson podrían haber sido el fin de la propuesta de Rich, de no haber sido por una cosa: la regla "Demuéstralo".

Los ingenieros de Skunk Works habían desarrollado una tradición: cuando había una controversia técnica, apostaban un cuarto de dólar y hacían un experimento. Johnson y Rich habían hecho unas cuarenta apuestas como ésa durante sus años de trabajo en común. Johnson las había ganado todas. Él parecía ganar siempre en dos cosas: los duelos de vencidas —de joven fue cargador de ladrillos y había desarrollado brazos que semejaban gruesas cuerdas— y las apuestas técnicas de veinticinco centavos.

Rich dijo: "Kelly, este prototipo está entre diez mil y cien mil veces más abajo en el espectro del radar que cualquier otro avión del ejército estadunidense, o cualquier MiG ruso".

Johnson lo consideró. Lockheed tenía cierta experiencia fabricando aviones que evadían los radares. En los años sesenta había desarrollado un dron no tripulado, llamado D-21, que tomaba fotografías, lanzaba su cámara para ser recogida más tarde y explotaba. La tecnología funcionó, pero el programa fue un fracaso comercial. Johnson pensó en el dron que había fallado doce años antes y dijo: "Ben, te apuesto un cuarto de dólar a que nuestro viejo dron D-21 tiene un espectro menor que tu maldito Diamond". O sea, "Demuéstralo". Así, el 14 de septiembre de 1975, ambos se enfrentaron en el equivalente creativo de un duelo.

El equipo de Rich metió un modelo a escala del Hopeless Diamond en una cámara electromagnética y midió qué tan difícil era detectarlo en el radar, cualidad que los ingenieros de Lockheed llamaban precisamente "indetectabilidad".

Rich y Johnson recibieron los resultados y los estudiaron ansiosamente. El *Hopeless Diamond* era mil veces más indetectable que el D-21. Rich le había ganado su primera apuesta a Johnson. Éste le lanzó un cuarto de dólar y dijo: "No lo gastes hasta que veas volar esa maldita cosa".

El avión, con nombre en clave "Have Blue", voló. Fue la primera aeronave indetectable, patriarca de un largo linaje, que va del F-117 Nighthawk a los helicópteros MH-60 Black Hawk usados sobre las instalaciones de Osama bin Laden en Pakistán, en 2011, y al Lockheed SR-72, un avión casi invisible que vuela a más de 7,240 kilómetros por hora.[32] Todo esto fue producto de una organización que valoraba la acción sobre la conversación, dedicaba poco tiempo a planear y mucho a probar; esto resolvió controversias sobre ideas, no con duelos de vencidas, ni abusos de autoridad, sino con una simple palabra: "Demuéstralo".

CAPÍTULO 9

ADIÓS, GENIO

1 LA INVENCIÓN DEL GENIO

En la costa atlántica africana hay un desierto a más de 1,500 kilómetros de largo. Gran parte de él es un mar de arena, o *erg*, donde el viento forma dunas de treinta kilómetros de longitud y de trescientos metros de altura. Se llama Desierto de Namib y es sede del pueblo himba, cuyas mujeres se cubren la piel y el cabello con leche bronca, ceniza y ocre, tanto para embellecerse como para protegerse del sol. En 1850, los himbas vieron algo raro en las dunas: hombres de piel blanca, cubiertos con ropa, que se dirigían hacia ellos a través de la arena. Uno de esos hombres era delgado y nervioso. En su momento descubrieron que tenía la manía de contar y medir, y cada vez que se quitaba su sombrero estilo cuáquero "de ala muy ancha" veían que peinaba su cabello sobre una calva que emergía de su cabeza como la luna.[1] Se llamaba Francis Galton. Ese pueblo que había aprendido a vivir en uno de los lugares más desolados del mundo no lo impresionó. Más tarde escribió que eran "salvajes" que debían ser "controlados", cuyo alimento y posesiones podían ser "tomados" y que no "soportarían el trabajo constante que los anglosajones hemos sido educados a resistir".[2]

Galton fue uno de los primeros europeos en visitar el Namib. Llevó consigo sus prejuicios sobre los himbas y otros pueblos africanos que conoció de vuelta a Inglaterra. Después de que su primo segundo, Charles Darwin, publicó *The Origen of Species*, en 1859, Galton se obsesionó con él y se dedicó a medir y clasificar a la humanidad para promover la procreación selectiva, idea que finalmente llamó "eugenesia".

El libro de Galton, *Hereditary Genius*, publicado en 1869, proponía que la inteligencia humana se heredaba directamente y que era diluida por una reproducción "deficiente". Más tarde llegó a dudar de su uso de la palabra "genio" en el título, aunque no está del todo claro por qué:

> No tenía ni la menor intención de usar la palabra "genio" en sentido técnico, sino meramente de expresar una aptitud excepcionalmente elevada y, al mismo tiempo, innata. Una persona que es un genio se define como un hombre dotado de facultades superiores. El lector hallará una escrupulosa abstinencia a lo largo de la obra de hablar del genio como de una cualidad especial. El término se utiliza laxamente como equivalente a la aptitud natural. En el libro no hay ninguna confusión de ideas a este respecto, pero su título parece propenso a engañar y si pudiera alterarse ahora, debería aparecer como *Hereditary Ability*.

Entonces los genios no son una especie aparte, sino hombres (*siempre* hombres, por supuesto) con una "aptitud natural superior". Galton no especifica *para hacer qué* tienen los genios una aptitud natural superior, pero es muy claro en que hombres *como él* tienen muchas más probabilidades de estar dotados de esa aptitud superior, sea la que fuere, que cualquier otro: "La aptitud natural de la que trata principalmente este libro es tal que un europeo moderno posee una parte promedio mucho mayor que los hombres de las razas inferiores".

Esta aptitud, aunque natural y otorgada sobre todo a los "europeos modernos", podría mejorar mediante la reproducción selectiva: "No hay nada en la historia de los animales domésticos, ni en la de la evolución, que nos haga dudar de que puede formarse una raza de hombres que sea tan superior mental y moralmente al europeo moderno como lo es éste a las más bajas razas negras". O sea, podemos producir mejores personas de la misma manera que podemos criar vacas más grandes.

La comparación con las vacas no es descabellada. Así como a las vacas se les cataloga usando un sistema de clasificación (en Gran Bretaña, por ejemplo, una res "E3" es "excelente", ni muy esbelta, ni muy gorda, mientras que una "-P1" es "mala" y flaca),[3] Galton propuso un sistema de

organización, o "Clasificación de los hombres de acuerdo con sus dones
naturales", que iba de "A" o "de calidad inferior al promedio", a "X", para un
genio en un millón. Galton no creía que su sistema fuera una "hipótesis in-
cierta" sino "un hecho absoluto", lo que le permitió hacer lo que evidentemente consideraba comparaciones absolutas entre "razas":

> La raza negra ha producido en ocasiones, aunque muy raramente, hombres
> como Toussaint L'Ouverture [líder de la revolución haitiana de 1791], quien
> pertenece a nuestra clase F; es decir, su X, o clases totales superiores a G, pa-
> recen corresponder a nuestra F, lo que indica una diferencia de no menos que
> dos grados entre las razas negra y blanca, y tal vez mayor. En suma, las clases
> E y F de los negros podrían juzgarse equivalentes a nuestra C y D, resultado
> que apunta de nuevo a la conclusión de que la norma intelectual promedio de
> la raza negra está unos dos grados por debajo de la nuestra.[4]

Este pasaje de Galton carece de sentido y es representativo de su libro entero. Sin ofrecer ninguna prueba en absoluto, asegura que a lo más que un
negro puede aspirar es a ser una vaca "clase F", mientras que a lo más que
puede aspirar un blanco es a ser una vaca "clase X"; esto es dos grados más
alto y, por tanto, los blancos son dos grados mejores que los negros. El mejor argumento contra el de Galton, de que los blancos son más inteligentes
que los demás, bien podría ser su propia estupidez.

Pero se le tomó en serio. Galton dio a siglos de prejuicio una fachada
de razón y ciencia. Su obra proyecta una temible sombra sobre el siglo xx,
que llega a nuestros días. El uso por Galton de la palabra "genio" le otorgó
el significado que ahora tiene. Para nosotros, genio es lo que Galton dijo
que era: una rara aptitud concedida por la naturaleza a unos cuantos individuos especiales. Naciste con ella o, más probablemente, no. Pero, en el
mejor de los casos, ésta era una definición secundaria de genio en tiempos de Galton. Fue sólo a causa del surgimiento de la eugenesia, llevada al
extremo por la creencia nazi en la "limpieza racial", que la idea del genio
como una superioridad heredada se volvió común a fines del siglo xix y
era el único uso aceptado a fines del xx. Hay una línea recta del uso de "genio" por Galton al uso del genocidio por Hitler.

Una hipótesis no es falsa porque sea ofensiva o atroz. La definición de
genio de Galton como aptitud natural excepcional, casi exclusivamente

reservada a los varones blancos, quienes, por lo tanto, deben garantizar que sólo engendrarán hijos para el bien de la especie, no es errónea porque sea inmoral; es errónea porque carece de pruebas que la confirmen. La única evidencia de Galton es la autoevidencia. La obra de su vida fue una pormenorización de sus prejuicios, fundados, como suelen ser siempre todos los prejuicios, en su convicción de que él mismo era de una variedad especial.

Todas las pruebas confirman lo contrario: la aptitud natural está distribuida entre personas de todo tipo y no es el principal factor que determina nuestro éxito. De la labor de Edmond Albius, que cambió el mundo, a la de Kelly Johnson, que lo *salvó*, vemos que en todas partes la gente puede hacer diferencias grandes y pequeñas, y que es imposible adivinar qué será cada quien. Cuando Rosalind Franklin reveló el esquema humano básico del ADN demostró que no había dónde meter la hipotética aptitud excepcional racialmente determinada de Galton. El genio, como Galton lo definió, no tiene cabida en el siglo XXI, y no porque éste no sea necesario sino porque sabemos que no existe.

2 GENIO ORIGINAL

Mucho antes de Galton y la eugenesia, todos tenían genio. La primera definición de "genio" se remonta a la antigua Roma, donde ese término significaba "espíritu" o "alma". Ésta es la verdadera definición del genio creativo. Crear es para los seres humanos como volar para las aves. Es nuestra naturaleza, nuestro espíritu. Nuestro propósito como grupo y como individuos es dejar un legado de arte, ciencia y tecnología nuevos y mejorados a las generaciones futuras, así como las dos mil generaciones de nuestros antepasados lo hicieron antes que nosotros.

Cada uno de nosotros es una pieza de algo completo e interrelacionado, algo con una presencia tan constante que resulta invisible: la red de amor e imaginación que es la verdadera trama de la humanidad. Ésta no es una visión de moda entre quienes dicen pensar. Existe una falsa tradición intelectual de quejumbre que pinta la maravilla como un craso error, que confunde los resoplidos con pensamientos y que señala a los seres humanos como si fueran esencialmente vergonzosos: "Pero el hambre", "pero la guerra", "pero Hitler", "pero el cambio climático": es más fácil buscar pelos en la sopa que trabajar en la cocina. Pero todos estamos unidos, y *somos* creativos. Nadie hace nada solo. Incluso los más grandes inventores se basan en el trabajo de miles. Creación es contribución.

No podemos conocer por adelantado el peso de nuestra contribución. Debemos crear por el gusto de crear, confiar en que nuestras creaciones tendrán un impacto que no podemos prever y saber que, a menudo, las mayores contribuciones son aquéllas con las más inconcebibles consecuencias.

3 POR QUÉ NECESITAMOS LO NUEVO

La consecuencia más importante de nuestra creación somos nosotros. La población humana se duplicó entre 1970 y 2010. En 1970, la persona promedio vivía cincuenta y dos años; en 2010, setenta.[5] No sólo el doble de personas vive, cada una, un tercio más, sino que también el consumo de recursos naturales por cada individuo ha aumentado. La ingesta de alimentos era de ochocientas mil calorías por persona al año, en 1970, y más de un millón de calorías al año, en 2010. La cantidad de agua que consume cada persona es más del doble: de 605,665 litros al año, en 1970, a cerca de 1,250,000 en 2010. Pese al ascenso de internet y las computadoras, y el declive de los periódicos y libros impresos, nuestro consumo de papel creció de 25 kilos por persona al año, en 1970, a 55 en 2010. Tenemos más tecnología con un uso eficiente de energía de la que teníamos en 1970, pero también tenemos más tecnología y una mayor parte del mundo tiene acceso a la electricidad, así que mientras usábamos 1,200 kilowatts-hora por persona al año, en 1970, en 2010 usábamos 2,900.

Esos cambios son buenos para los individuos en este momento: significan que más de nosotros vivimos más y con mejor salud, con lo suficiente para comer y beber, y mucha mayor posibilidad de evitar enfermedades y lesiones o sobrevivir a ellas. Es probable que pueda decirse lo mismo de nuestros hijos. Pero el incremento en el consumo producirá una crisis para nuestra especie en el futuro próximo. No sólo nuestro número y la cantidad de lo que consumimos están incrementándose; la *tasa de crecimiento* de esas cifras también está aumentando. Vamos más rápido y no dejamos de acelerar. Nuestros recursos naturales no pueden crecer tan rápido como nuestras necesidades. Si nada cambia, llegará un día en que nuestra especie pedirá más de lo que nuestro planeta puede dar; lo único que no sabemos es cuándo.

Estas preocupaciones no son nuevas. En 1798 se publicó en Gran Bretaña el libro *An Essay on the Principle of Population*. El autor, que firmó con seudónimo, prevenía contra un posible desastre:

> El poder de la población es indefinidamente mayor que el de la tierra para producir subsistencia para el hombre. La población, cuando no se le controla, aumenta en una proporción geométrica. La subsistencia aumenta sólo en una proporción aritmética. Un leve conocimiento de números mostrará la inmensidad del primer poder en comparación con el segundo. Por esa ley de nuestra naturaleza que vuelve necesario el alimento para la vida del hombre, los efectos de esos dos poderes desiguales deben mantenerse iguales. Esto implica un firme y constante control de la población frente a la dificultad de la subsistencia. Esta dificultad deberá abatirse sobre algún sitio y necesariamente será sentida en forma aguda por una gran porción de la humanidad.[6]

Es decir, producimos más personas que alimentos, así que la mayoría pronto pasará hambre.

El autor fue Thomas Malthus, vicario rural del poblado de Wotton, a cincuenta kilómetros al sur de Londres. El padre de Malthus, inspirado por el filósofo francés Jean-Jacques Rousseau, pensaba que la humanidad marchaba hacia la perfección gracias a la ciencia y la tecnología. El joven Malthus discrepaba. Su ensayo era un paisaje sombrío, pintado para demostrar que su padre estaba en un error.

Malthus fue ampliamente leído y su influencia perduró mucho después de su muerte. Darwin y Keynes lo mencionaron de modo favorable, Engels y Marx lo atacaron y Dickens lo ridiculizó en *A Christmas Carol*, cuando Ebenezer Scrooge explica a dos caballeros por qué no hace donativos a los pobres: "Sería mejor que murieran, para reducir el exceso de la población".

O como señaló Malthus:

> El poder de la población es tan superior al de la tierra para producir subsistencia para el hombre que la muerte prematura habrá de visitar a la raza humana de una forma u otra. Los vicios de la humanidad son ministros activos y

capaces de despoblación. Pero si fracasaran en esta guerra de exterminio, las temporadas de enfermedades, epidemias, pestes y plagas avanzarán en terrible formación y arrasarán con miles y decenas de miles. Y si el éxito de éstas fuese incompleto, un hambre gigantesca e inevitable acecha en la retaguardia y de un solo y poderoso golpe emparejará a la población con los alimentos del mundo.

Pero aquí seguimos.

Malthus estaba en lo cierto sobre el crecimiento de la población; de hecho, lo subestimó en gran medida. Pero se equivocó sobre sus consecuencias.

A fines del siglo xviii, cuando Malthus escribió su ensayo, había en el mundo casi mil millones de personas, habiéndose duplicado la población en tres siglos. Esto le habría parecido una alarmante tasa de crecimiento. Pero en el siglo xx, la población del mundo se duplicó dos veces más, llegando a dos mil millones en 1925 y cuatro mil millones en 1975. De acuerdo con la teoría de Malthus, esto habría resultado en una gran hambruna. Lo cierto es que el hambre se redujo al incrementarse la población.[7] En el siglo xx murieron 70 millones de personas por falta de alimentos, pero en su mayoría perecieron en las primeras décadas. Entre 1950 y 2000, el hambre se erradicó en todas partes, salvo África; desde los años setenta se ha concentrado en dos países: Sudán y Etiopía. Menos personas mueren de hambre, pese a que hay muchas más personas en el planeta.

La única forma en que esa hambruna pudo haberse evitado, de acuerdo con Malthus, era que "los vicios de la humanidad" mataran antes a suficientes personas. En la primera mitad del siglo xx, eso habría podido parecer cierto: la primera y segunda guerras mundiales se combinaron para provocar las décadas más mortíferas desde la peste negra, matando a una de cada cuatrocientas personas al año en la década de la década de 1940.[8] Pero después de eso, las muertes por motivos bélicos disminuyeron. De 1400 a 1900, una de cada diez mil personas murió en la guerra cada año, con picos alrededor de 1600 y 1800, durante las guerras religiosas y napoleónicas. Después de 1950, esa cifra se acercó a cero. Contra las expectativas de Malthus, las muertes prematuras se desplomaron cuando la población se elevó.

La razón de ello es la creación o, más específicamente, los creadores. Cuando la población aumenta, nuestra aptitud para crear se incrementa más rápido aún. Más personas crean, así que hay más con quienes vincularse. Más personas crean, así que hay más elementos en la cadena de herramientas. Más personas crean, así que hay más tiempo, espacio, salud, educación e información para crear. Población es producción. Por eso ha habido una evidente aceleración de la innovación en las últimas décadas. No somos innatamente más creativos. Sencillamente somos más.

Y por eso necesitamos lo nuevo. El consumo está en crisis por motivos matemáticos; no es todavía una catástrofe debida a la creación. Superamos el cambio con el cambio.

La cadena de la creación tiene muchos eslabones y cada uno de ellos —cada persona creadora— es esencial. Todas las historias de creadores dicen las mismas verdades: que crear es extraordinario, pero los creadores son humanos; que todo lo bueno en nosotros puede remediar todo lo malo en nosotros y que el progreso no es una consecuencia inevitable, sino una decisión individual. La necesidad no es la madre de la invención. Eres tú.

AGRADECIMIENTOS

T engo una enorme deuda de gratitud con Robert W. Weisberg por sus libros *Creativity: Understanding Innovation in Problem Solving, Science, Invention, and the Arts* (2006); *Creativity: Beyond the Myth of Genius* (1993) y *Creativity: Genius and Other Myths* (1986); con Google; con los wikipedistas de todas partes; con el Internet Archive; con Christian Grunenberg, Alan Edwards y Nathan Douglas por su base de datos determinada por la inteligencia artificial, DevonThink; y con Keith Blount y Ioa Petra'ka de Literature and Latte for Scrivener, un software para autores.

La mayoría de los detalles de la historia de Edmond Albius en el capítulo 1 proviene del libro de Tim Ecott *Vanilla: Travels in Search of the Ice Cream Orchid*. Ecott hizo una importante investigación primaria sobre Reunión para descubrir la verdadera historia de Edmond Albius.

El capítulo 2 se basa, en gran medida, en la traducción que hizo Lynne Lees de *On Problem-Solving*, de Karl Duncker. La descripción de la charla de Steve Jobs procede de "The 'Lost' Steve Jobs Speech from 1983" de Marcel Brown, publicado en su blog, *Life, Liberty and Technology*; un casete de John Celuch; una transcripción de Andy Fastow; y fotografías de Arthur Boden, proporcionadas por Ivan Boden.

El material del capítulo 3 sobre Judah Folkman procede principalmente de *Dr. Folkman's War*, la biografía hecha por Robert Cooke y publicada en 2001, y del documental de PBS *Cancer Warrior*. El testimonio de Stephen King en *On Writing* y el artículo "A Better Mousetrap" de Jack Hope, publicado en la revista *American Heritage* en 1996, también fueron fuentes

esenciales para este capítulo. El libro mencionado en la sección "Desconocidos con caramelos" es *Creativity: Flow and the Psychology of Discovery
and Invention*, de Mihaly Csikszentmihalyi.

El discurso de aceptación del premio Nobel que Robin Warren pronunció en 2005, "Helicobacter: The Ease and Difficulty of a New Discovery",
inspiró el capítulo 4. Jeremy Wolfe, de Brigham and Women's Hospital de
Boston, me proporcionó, aún en pruebas, un artículo del que fue coautor,
"The Invisible Gorilla Strikes Again: Sustained Inattentional Blindness in
Expert Observers", así como guía extra sobre el tema de la ceguera inatencional. El libro de Robert Burton *On Being Certain* me condujo hacia muchas fuentes, como "Phantom Flashbulbs: False Recollections of Hearing
the News About Challenger", un artículo de 1992 de Ulric Neisser y Nicole Harsch. La historia completa de Dorothy Martin aparece en el libro de
Festinger, Schachter y Riecken *When Prophecy Fails*. Hay más detalles técnicos en el libro de Festinger, *A Theory of Cognitive Dissonance*.

Del capítulo 5: *Rosalind Franklin: The Dark Lady of DNA*, de Brenda
Maddox, es una maravillosa biografía; *On the Shoulders of Giants*, de Robert Merton, es agudo y divertido.

La descripción en el capítulo 6 de la batalla en la fábrica de hilados y
tejidos de William Cartwright se basa en el blog del Luddite Bicentenary,
en ludditebicentenary.blogspot.co.uk; David Griffiths, de la Huddersfield
Local History Society en Inglaterra, me ayudó en todo lo relativo a los
luditas, en especial enviándome el libro de Alan Brooke y de la ya desa-
parecida Lesley Kipling *Liberty or Death*, así como muchos folletos. El libro *The Amish*, de Donald Kraybill, Karen Johnson-Weiner y Steven Nolt,
también fue una fuente invaluable.

Todo el trabajo sobre motivación y creación de Teresa Amabile, de la
Harvard Business School, analizado en el capítulo 7, es maravilloso, especialmente su libro de 1996, *Creativity in Context*. Las descripciones y citas
de Woody Allen provienen principalmente del trabajo de Robert Weide,
Woody Allen: A Documentary, y de la biografía escrita por Eric Lax, *Conversations with Woody Allen*. La cafetería de Annie Miler es Clementine,
ubicada en 1751 Ensley Avenue en Los Ángeles, California. Recomiendo el
queso gratinado. Buena suerte para estacionarse.

Hay muchos libros sobre Skunk Works, de Lockheed, descrito en el
capítulo 8. La autobiografía de Kelly Johnson, *Kelly: More Than My Share*

of It All, y la de Ben Rich, *Skunk Works: A Personal Memoir of My Years at Lockheed*, tienen el beneficio de ser fuentes primarias. La biografía de Jim Henson por Brian Jones, y *Street Gang*, de Michael Davis, son excelentes libros sobre Henson y Oz. *Mind in Society*, de Lev Vygotsky, sigue siendo fascinante en la actualidad. Tom Wujec tiene una página en internet sobre el reto del malvavisco, en marshmallowchallenge.com; supe de este reto por mi maravillosa amiga Diane Levitt, quien a su vez se enteró de él por nuestro mutuo colega Nate Kraft.

Los datos sobre la hambruna en el capítulo 9 provienen de *Famine in the Twentieth Century*, de Stephen Devereux, y los relativos a la guerra de *The Better Angels of Our Nature*, de Steven Pinker. "Todo lo bueno en nosotros puede remediar todo lo malo en nosotros" es una paráfrasis del discurso de toma de posesión de Bill Clinton, de 1993, el cual fue escrito principalmente por Michael Waldman.

Versiones preliminares de las secciones "Hechos obvios", "El coro de la humanidad", "Una lata de gusanos" y "Desconocidos con caramelos" aparecieron en *Medium*.

Otras referencias y fuentes se enlistan en las notas y la bibliografía, más adelante. Para información adicional, véase www.howtoflyahorse. com, un complemento interactivo de este libro.

Muchas de las citas incluidas en este volumen fueron modificadas, sin ningún cambio de significado, para insertarlas en el texto sin la distracción de puntos suspensivos y corchetes; siempre que fue posible, las versiones completas de esas citas aparecen en las notas. Algunos detalles descriptivos en el texto, como expresiones faciales, son imaginarios o supuestos; la mayoría, como el clima, no. Casi todos los links en las notas se valen del servicio de abreviación de URL Bitly —bitly.com— y han sido simplificados para facilitar su introducción en un navegador web. Los links se extenderán una vez introducidos y te llevarán al sitio anfitrión adecuado.

GRACIAS

Jason Arthur
Arlo Ashton
Sasha Ashton
Theo Ashton
Sydney Ashton
Elle B. Bach
Emma Banton
Julie Barer
Emily Barr
Larry Begley
Lizz Blaise
Aaron Blank
Lyndsey Blessing
Kristin Brief
Dick Cantwell
Katell Carruth
Amanda Carter
Henry Chen
Mark Ciccone
Paolo De Cesare
John Diermanjian
Larry Downes
Benjamin Dreyer
Mike Duke
Esther Dyson
Pete Fij
Stona Fitch
John Fontana
Andrew Garden
Audrey Gato
Tal Goretsky
Sarah Greene
Esther Ha
Alan Haberman

Mich Hansen
Adam Hayes
Nick Hayes
Chloe Healy
Rebecca Ikin
Durk Jager
Anita James
Gemma Jones
Levi Jones
Al Jourgensen
Mitra Kalita
Steve King
Pei Loi Koay
AJ Lafley
Cecilia Lee
Kate Lee
Bill Leigh
Diane Levitt
Maddy Levitt
Roxy Levitt
Gideon Lichfield
Angelina Fae Lukacin
John Maeder
Doireann Maguire
Yael Maguire
Sarah Mannheimer
Sylvia Massy
Sanaz Memarzadeh
Bob Metcalfe
Dan Meyer
Lisa Montebello
Alyssa Mozdzen
Jason Munn
Jun Murai

Eric Myers

Wesley Neff

Nicholas Negroponte

Christoph Niemann

Karen O'Donnell

Maureen Ogle

Ben Oliver

Sasha Orr

Sun Young Park

Shwetak Patel

Arno Penzias

John Pepper

Andrea Perry

Elizabeth Perry

Nancy Pine

Richard Pine

John Pitts

Elizabeth Price

Jamie Price

Kris Puopolo

Sin Quirin

David Rapkin

Nora Reichard

Matt Reynolds

Laura Rigby

Rhonda Rigby

Mark Roberti

Aaron Rossi

Kyle Roth

Eliza Rothstein

Paige Russell

Paul Saffo

Sanjay Sarma

Carsten Schack

Richard Schultz

Toni Scott

Arshia Shirzadi

Elizabeth Shrev

Tim Smucker

Bill Thomas

Bonnie Thompson

Adrian Tuck

Joe Volman

Pete Weiss

Marie Wells

Daniel Wenger

Ev Williams

Yukiko Yumoto

NOTAS

Prefacio: el mito

1. Esta carta fue publicada en el *Allgemeine Musikalische Zeitung*, en 1815, vol. 17, pp. 561-566. Para descripciones completas de esta misiva apócrifa de Mozart y sus consecuencias, véase Cornell University Library, Division of Rare & Manuscript Collections, "How Did Mozart Compose?", 2002; Neal Zaslaw, "Mozart as a Working Stiff", en "A propos Mozart", 1994, y Neal Zaslaw, "Recent Mozart Research and Der neue Köchel", en *Musicology and Sister Disciplines: Past, Present, Future*, Oxford University Press, 2000.

2. El proceso composicional de Mozart es descrito por Konrad en Cliff Eisen y Simon P. Keefe, *The Cambridge Mozart Encyclopedia*, Cambridge University Press, 2007; por Zaslaw en James M. Morris, *On Mozart*, Woodrow Wilson Center Press y Cambridge University Press, 1994, y en Otto Jahn, *Life of Mozart*, Cambridge University Press, 2013.

3. Muchos especialistas han concluido que Whitehead inventó la palabra "creatividad" en *Religion in the Making* (Lowell Lectures, 1926), en la siguiente frase: "La razón del carácter temporal del mundo real puede darse ahora en referencia a la creatividad y las criaturas". Steven J. Meyer, "Introduction: Whitehead Now" (en *Configurations*, núm. 13, 2005, pp. 1-33), contiene un excelente resumen de esta cuestión.

Capítulo 1. Crear es algo ordinario

1. Hay una fotografía de la estatua de Edmond Albius en http://bit.ly/albiusstatue.

2. Las descripciones de la vainilla y la historia de Edmond Albius se basan en

Tim Ecott, *Vanilla: Travels in Search of the Ice Cream Orchid*, Grove Press, 2005, y en Ken Cameron, *Vanilla Orchids: Natural History and Cultivation*, Timber Press, 2011.

3. La primera patente emitida por la entonces U.S. Patent Office fue otorgada a Samuel Hopkins, inventor residente en Pittsford, Vermont, por una forma mejorada de hacer carbonato de potasio —en esos días llamado "potasa"— a partir de árboles, principalmente para su uso en jabón, vidrio, productos para hornear y pólvora. Véase Henry M. Paynter, "The First Patent" (versión corregida), http://bit. ly/firstpatent. La patente ocho millones le fue otorgada a Robert Greenberg, Kelly McClure y Arup Roy, de Los Ángeles, por un ojo ortopédico que estimula eléctricamente la retina de un ciego. Véase "Millions of Patents", USPTO, http://bit.ly/pa tentmillion. En realidad, es probable que ésa haya sido la patente 8'000,500, ya que la Patent Office no empezó a numerar en serie las patentes hasta 1836.

4. Véase "The Mobility of Inventors and the Productivity of Research", presentación de Manuel Trajtenberg, Tel Aviv University, julio de 2006, http://bit.ly/patentdata. Usando un análisis multietapas de nombres, direcciones, coinventores y menciones de los inventores, Trajtenberg determinó que las 2,139,313 patentes estadunidenses emitidas al momento del análisis se habían destinado a 1,565,780 inventores. Cada patente tenía una media de 2.01 inventores. El análisis de Trajtenberg indica que el número promedio de patentes por inventor es de 2.7. Tomando la cifra 8,069,662 de 2011, multiplicándola por 2.01 para obtener el total de inventores y dividiéndola después entre 2.7 para considerar el número promedio de patentes por inventor, yo calculé que para fines de 2011 se habían concedido patentes a 6,007,415 inventores.

5. Este análisis supone que las cifras de Trajtenberg son constantes, así que el número de "inventores" aumenta exactamente igual que el de patentes, como publicó la USPTO en una referencia anteriormente citada.

6. Esto es resultado de mi análisis, con base en los ya citados datos de la USPTO, datos de la U.S. Census y las cifras de Trajtenberg usadas como constantes. La USPTO comenzó a registrar patentes otorgadas a residentes en el extranjero en 1837. La cifra de 1,800 equivale a seis de cada millón, correspondiente a su vez a uno de cada 166,666, pero redondeé para mantener ambas estadísticas como "uno de cada cierta cantidad."

7. Véase el *Annual Report of the Librarian of Congress*, 1886, http://bit.ly/copyrights1866.

8. Véase el *49th Annual Report of the Register of Copyrights*, 30 de junio de 1946, http://bit.ly/copyrights1946.

9. La historia de los registros se tomó del *Annual Report of the Register of Copyrights*, 30 de septiembre de 2009, http://bit.ly/copyrights2009. El análisis es mío, con base en datos de la U.S. Census. En 1870 había tres registros por cada 20,000 personas, lo que redondeé a uno por cada 7,000 para igualar con el formato de la siguiente cifra, uno por cada 400.

10. Los datos sobre el *Science Citation Index* proceden de Eugene Garfield,

"Charting the Growth of Science", ponencia presentada en la Chemical Heritage Foundation, 17 de mayo de 2007, http://bit.ly/garfieldeugene. El análisis es mío, con base en datos de la U.S. Census.

11. La asistencia promedio a carreras de la NASCAR fue en 2011 de 98,818 personas, con base en datos de ESPN/Jayksi LLC, en http://bit.ly/nascardata. El número de residentes en Estados Unidos que recibió primeras patentes en 2011 fue de 79,805, con base en datos de la USPTO y en las constantes de Trajtenberg.

12. Véase Carlos A. Driscoll *et al.*, "The Near Eastern Origin of Cat Domestication", *Science*, vol. 317, núm. 5837, 2007, pp. 519-523.

13. Michael Krützen *et al.*, "Cultural Transmission of Tool Use in Bottlenose Dolphins", *Proceedings of the National Academy of Sciences of the United States of America*, vol. 102, núm. 25, 2005, pp. 8939-8943.

14. Steven Mithen, *The Prehistory of the Mind: The Cognitive Origins of Art, Religion and Science*, Thames & Hudson, 1996, y Kuhn y Stiner en Steven Mithen (ed.), *Creativity in Human Evolution and Prehistory*, Routledge, 2014.

15. R. J. Caselli, "Creativity: An Organizational Schema", *Cognitive and Behavioral Neurology*, vol. 22, núm. 3, 2009, pp. 143-154.

16. Ross Ashby, *Design for a Brain*, John Wiley, 1952.

17. Véase Allen Newell, "Desires and Diversions", ponencia presentada en Carnegie Mellon, 4 de diciembre de 1991; el video está disponible en http://bit.ly/newelldesires, cortesía de Scott Armstrong.

18. Allen Newell *et al.*, *The Processes of Creative Thinking*, Rand Corporation, 1959. Disponible en http://bit.ly/newellprocesses.

19. El currículum de Robert Weisberg está disponible en http://bit.ly/weisbergresume.

20. Robert W. Weisberg, *Creativity: Understanding Innovation in Problem Solving, Science, Invention, and the Arts*, Wiley, 2006.

21. Bernhard Zepernick *et al.*, "Christian Konrad Sprengel's Life in Relation to His Family and His Time: On the Occasion of His 250th Birthday", *Willdenowia-Annals of the Botanic Garden and Botanical Museum Berlin-Dahlem*, vol. 31, núm. 1, 2001, pp. 141-152.

22. Títulos hallados en Amazon.com.

23. De acuerdo con Amazon.com, donde sólo se dispone como "nueva" de una edición para Kindle del más reciente, y académico, título de Robert W. Weisberg, *op. cit.*

24. Ken Robinson, TED Talk, 27 de junio de 2006. Transcripción en http://bit.ly/robinsonken.

25. Hugh MacLeod, *Ignore Everybody: And 39 Other Keys to Creativity*, Portfolio Hardcover, 2009.

26. Véase la obra de Terman, especialmente Lewis Terman *et al.*, *The Gifted Group at Mid-Life*, Stanford University Press, 1959. Joel N. Shurkin, *Terman's Kids: The Groundbreaking Study of How the Gifted Grow Up*, Little Brown, 1992, ofrece una excelente revisión del trabajo de Terman.

27. Ellis Paul Torrance, *Norms Technical Manual: Torrance Tests of Creative Thinking*, Ginn, 1974, citado en Bonnie Cramond, "The Torrance Tests of Creative Thinking: From Design Through Establishment of Predictive Validity", en Rena Faye Subotnik *et al.* (eds.), *Beyond Terman: Contemporary Longitudinal Studies of Giftedness and Talent*, Greenwood Publishing Group, 1994.

28. Versiones de este comentario se han atribuido a varios autores. Según Garson O'Toole, la original es: "Sólo si te abres las venas y sangras un poco sobre la página estableces contacto con el lector", de "Confessions of a Story Writer", de Paul Gallico, 1946, http://bit.ly/openavein.

29. J. K. Rowling; véase http://bit.ly/rowlingbio.

30. "Cuatro años antes lavaba sábanas en una lavandería industrial por 1.60 dólares la hora y escribía *Carrie* en la caldera de un tráiler", Stephen King, *Danse Macabre*, Gallery Books, 2010. Véase *también* Carol Lawson, *Behind the Best Sellers: Stephen King*, Westview Press, 1979.

31. Thomas Paine, *The Age of Reason*, 1794.

32. Se trata de Albert Einstein.

Capítulo 2. Pensar es como caminar

1. Thomas Mann, *Deutsche Ansprache: Ein Appell an die Vernunft*, S. Fischer, 1930.

2. Hoy Universidad Humboldt de Berlín (en alemán, Humboldt-Universität zu Berlin), fundada en 1810 como Universidad de Berlín (Universität zu Berlin). En tiempos de Duncker se le conocía como Universidad Federico Guillermo (Friedrich-Wilhelms-Universität), y después (extraoficialmente) como Universität Unter den Linden.

3. Éste y otros detalles biográficos de Duncker proceden de Simone Schnall, *Life as the Problem: Karl Duncker's Context*, Psychology Today Tapes, 1999, publicado en Jaan Valsiner (ed.), *Thinking in Psychological Science: Ideas and Their Makers*, Transaction Publishers, 2007; véase también Herbert A. Simon, *Karl Duncker and Cognitive Science*, Springer, 1999, en Jaan Valsiner (ed.), *op. cit.*

4. Karl Duncker, *On Problem-Solving*, trad. de Karl Duncker y Lynne S. Lees, Psychological Monographs, núm. 58, 1945 (ed. original en alemán, 1935), pp. i-113.

5. Cita editada, por motivos de espacio y claridad, de Christopher Isherwood, *Adiós a Berlín*, Seix Barral, Barcelona, 1967. El pasaje completo es: "Hoy brilla el sol y el día es tibio y suave. Sin abrigo ni sombrero, salgo a dar por última vez mi paseo matinal. Brilla el sol y Hitler es el amo de esta ciudad. Brilla el sol y docenas de amigos míos —mis alumnos del Liceo de Trabajadores, los hombres y las mujeres con quienes me encontraba en la I.A.H.— están presos, si es que no están muertos. Pero no es en ellos en quienes voy pensando —ellos, los de ideas claras, los decididos, los heroicos, que conocían y aceptaban el riesgo. Voy pensando en el pobre Rudi y en su absurda blusa cosaca. Sus imaginaciones, sus fantasías

de libro de cuentos se han convertido en un juego mortalmente serio que los nazis están perfectamente dispuestos a jugar. Los nazis no se reirán de él: le tomarán exactamente por lo que pretende ser. Quizás en este mismo momento le están atormentando a muerte. Capto el reflejo de mi cara en la luna de un escaparate y me horroriza ver que estoy sonriendo. Imposible dejar de sonreír, con un tiempo tan hermoso... Los tranvías pasan, Kleiststrasse arriba, como siempre. Y lo mismo los transeúntes que la cúpula en forma de tetera de la estación de la Nollendorfplatz guardan un aire curiosamente familiar, un vivo parecido con algo recordado, habitual y placentero, como en una buena fotografía".

6. Detalle tomado de Gregory A. Kimble *et al.*, *Portraits of Pioneers in Psychology*, vol. 3, American Psychological Association, 1998, donde Sventijánskas es trasliterado como "Swiencianke". Krechevsky se llamaba originalmente Yitzhok-Eizik Krechevsky, y comenzó a usar el nombre de Isadore cuando asistió a la escuela en Estados Unidos.

7. Karl Duncker *et al.*, "On Solution-Achievement", *Psychological Review*, vol. 46, núm. 2, 1939, p. 176.

8. Karl Duncker, "The Influence of Past Experience upon Perceptual Properties", *The American Journal of Psychology*, 1939, pp. 255-265.

9. Karl Duncker, "Ethical Relativity? (An Enquiry into the Psychology of Ethics)", *Mind*, 1939, pp. 39-57.

10. "College Aide Ends Life", *New York Times*, 24 de febrero de 1940.

11. Boyce Rensberger, "David Krech, 68, Dies; Psychology Pioneer", *New York Times*, 16 de julio de 1977.

12. La traducción es mía; Lees usa en la suya "estructuración" en vez de "estructura".

13. *On Problem-Solving* de Duncker ha merecido hasta ahora 2,200 menciones, de acuerdo con Google Scholar, http://bit.ly/dunckercitations.

14. Robert W. Weisberg, *Creativity: Genius and Other Myths*, W. H. Freeman, 1986.

15. Descrito en Janet Metcalfe *et al.*, "Intuition in Insight and Noninsight Problem Solving", *Memory & Cognition*, vol. 15, núm. 3, 1987, pp. 238-246, citado en Evangelia G. Chrysikou, *When a Shoe Becomes a Hammer: Problem Solving as Goal-Derived, Ad Hoc Categorization*, tesis de doctorado, Temple University, 2006, y Robert W. Weisberg, *Creativity: Understanding Innovation in Problem Solving, Science, Invention, and the Arts*, Wiley, 2006.

16. Véase http://bit.ly/outsideofbox. Otro posible origen es la historia de un contrabandista de bicicletas que distraía a los guardias fronterizos balanceando una caja de arena en el manubrio.

17. Arthur Conan Doyle, "The Adventure of the Speckled Band", en *Complete Works Collection*, 2011.

18. Doyle puede haber cometido un error en este relato. Cuando escribió "The Adventure of the Speckled Band", en 1892, se creía que las serpientes eran sordas. Esto llevó a muchas especulaciones entre los seguidores de Holmes acerca

de qué tipo de serpiente había tenido en mente Doyle, o si en realidad se trataba de un lagarto. Investigaciones posteriores, iniciadas en 1923 y concluidas apenas en 2008, demostraron que las serpientes oyen, vía sus mandíbulas, pese a no tener orejas.

19. Véase Robert W. Weisberg, *Creativity: Genius...*, y Evangelia G. Chrysikou, *op. cit.*, para ejemplos de cómo se estableció esto.

20. Robert W. Weisberg *et al.*, "An Information-Processing Model of Duncker's Candle Problem", *Cognitive Psychology*, vol. 4, núm. 2, 1973, pp. 255-276.

21. *Ibid.* Weisberg describe en este artículo seis experimentos afines, uno de los cuales consistió en evaluar soluciones al problema en lugar de resolverlo; 376 es el número de sujetos que participaron en los otros cinco experimentos.

22. Las compañías Harpo de Winfrey son dueñas de dos marcas registradas "vivas" que usan la frase "momento ajá", números de registro 3805726 y 3728350.

23. Marco Vitruvio Polión, *The Ten Books on Architecture*, Architecture Classics, 2013.

24. David Biello, "Fact or Fiction?: "Archimedes Coined the Term 'Eureka!' in the Bath", *Scientific American*, 8 de diciembre de 2006.

25. Galileo Galilei, "La Bilancetta", en Laura Fermi *et al.*, *Galileo and the Scientific Revolution*, Dover, 2003, pp. 133-143.

26. Chris Rorres explica espléndidamente esto en http://bit.ly/rorres.

27. Marco Vitruvio Polión, *op. cit.*

28. Cita editada de Samuel Taylor Coleridge, *Kubla Khan*, trad. de Nelly Keoseyán, Fondo de Cultura Económica, México, 2005. La versión completa es: "En el verano del año 1797, el Autor, afectado de salud, se había retirado a una granja solitaria entre Porlock y Linton, en el confín de Exmoor con Somerset y Devonshire. A causa de un ligero malestar, le fue prescrito un anodino, de cuyos efectos cayó dormido leyendo un pasaje de *El peregrinaje* de Purchas: 'Aquí el Kahn Kubla mandó erigir un palacio con un suntuoso jardín interior. Diez millas de tierra fértil fueron cercadas por una muralla'. El Autor cayó en un sueño profundo unas tres horas, al menos de los sentidos externos, durante el cual está seguro de que escribió una composición no menor de 200 o 300 versos, si a eso puede llamársele composición, en la cual las imágenes se le presentaron como objetos, con una producción paralela de expresiones correspondientes, sin sensación alguna o conciencia de esfuerzo. Al despertar le pareció tener una memoria diáfana del todo, y al instante tomó pluma, tinta y papel, y con vehemencia escribió las líneas que aquí se preservan. En ese momento, para desgracia suya, una persona llegó de Porlock con un negocio, y lo distrajo por más de una hora, y al regresar a su cuarto descubrió, no sin asombro y mortificación, que aunque retenía una semblanza vaga y difusa de la sustancia de la visión en su totalidad, salvo unas cuantas líneas dispersas, el poema se había desvanecido como las imágenes en la superficie de un lago donde se tira una piedra, pero ¡ay, sin la restauración paulatina de la última!"

29. Véase Samuel Taylor Coleridge, *Biographia Literaria*, 2 vols., Oxford University Press, 1907, donde una carta de un "amigo" interrumpe el capítulo 13.

Brian R. Bates describe a ese "amigo" como "una graciosa falsificación gótica" en "Coleridge's Letter from a 'Friend' in Chapter 13 of the Biographia Literaria", 2012.

30. John Spencer Hill, *A Coleridge Companion: An Introduction to the Major Poems and the "Biographia Literaria"*, Prentice Hall, 1984.

31. O. Theodore Benfey, "August Kekule and the Birth of the Structural Theory of Organic Chemistry in 1858", *Journal of Chemical Education*, núm. 35, 1958, p. 21.

32. Basado en Robert W. Weisberg, *Creativity: Genius...*, y Albert Rothenberg, "Creative Cognitive Processes in Kekule's Discovery of the Structure of the Benzene Molecule", *American Journal of Psychology*, 1995, pp. 419-438.

33. Albert Einstein, "How I Created the Theory of Relativity", *Physics Today*, vol. 35, núm. 8, 1982, pp. 45-47.

34. Alexander Moszkowski, *Conversations with Einstein*, Horizon Press, 1973, p. 96. La cita completa es: "Pero la forma repentina con que usted supone que se me ocurrió eso debe ser negada. En realidad, llegué a eso por pasos derivados de las leyes individuales".

35. Sebastien Hélie *et al.*, "Implicit Cognition in Problem Solving", en Sebastien Hélie (ed.), *The Psychology of Problem Solving: An Interdisciplinary Approach*, Nova Science Publishing, 2012, incluye referencias a muchos de estos experimentos. Los defensores de la hipótesis de la "incubación" usan ahora el término "cognición implícita".

36. J. Don Read *et al.*, "Longitudinal Tracking of Difficult Memory Retrievals", *Cognitive Psychology*, vol. 14, núm. 2, 1982, pp. 280-300. "Esta investigación comenzó mientras ambos autores estaban de año sabático en la University of Colorado." Citado y analizado en Robert W. Weisberg, *Creativity: Genius....*

37. Por ejemplo, Richard E. Nisbett *et al.*, "Telling More Than We Can Know: Verbal Reports on Mental Processes", *Psychological Review*, vol. 84, núm. 3, 1977, p. 231.

38. Robert M. Olton *et al.*, "Mechanisms of Incubation in Creative Problem Solving", *American Journal of Psychology*, 1976, pp. 617-630.

39. Robert M. Olton, "Experimental Studies of Incubation: Searching for the Elusive", *Journal of Creative Behavior*, vol. 13, núm. 1, 1979, pp. 9-22, citado en Robert W. Weisberg, *Creativity: Beyond the Myth of Genius*, W. H. Freeman, 1993.

40. La frase "psicología popular" se usa en Edward Vul *et al.*, "Incubation Benefits Only After People Have Been Misdirected", *Memory & Cognition*, vol. 35, núm. 4, 2007, pp. 701-710. Véase también Jennifer Dorfman *et al.*, "Intuition, Incubation, and Insight: Implicit Cognition in Problem Solving", en *Implicit Cognition*, 1996, pp. 257-296; Robert W. Weisberg, *Creativity: Understanding...*, que contiene una revisión completa de estudios sobre la incubación; Arne Dietrich *et al.*, "A Review of Eeg, Erp, and Neuroimaging Studies of Creativity and Insight", *Psychological Bulletin*, vol. 136, núm. 5, 2010, p. 822, y Robert W. Weisberg, "On the 'Demystification' of Insight: A Critique of Neuroimaging Studies of Insight", *Creativity Research Journal*, vol. 25, núm. 1, 2013, pp. 1-14, que critica intentos de

estudiar el discernimiento usando la imagenología neural, y analiza la populariza-
ción de la incubación por el periodista Jonah Lehrer. Sin embargo, ésta no está del
todo desacreditada; algunos psicólogos la han reactivado bajo el nombre de "cognición implícita". Robert W. Weisberg, "Toward an Integrated Theory of Insight in
Problem Solving", *Thinking & Reasoning*, 24 de febrero de 2014, intenta incorporar
teorías de la incubación en teorías del pensamiento ordinario.

41. Karl Duncker, *On Problem-Solving*. Ajusté la traducción; Lees usa en la
suya "alterar" en lugar de "cambiar".

42. Charla de Steve Jobs en MacWorld San Francisco, 9 de enero de 2007;
video en http://bit.ly/keyjobs; transcripción de Todd Bishop y Bernhard Kast:
http://bit.ly/kastbernhard.

43. Datos tomados de los informes anuales de Apple Inc. resumidos en http://
bit.ly/salesiphone, ajustados para convertir años fiscales en años calendario y re-
dondeados al millón más cercano.

44. El micrófono del iPhone original tenía una respuesta de frecuencia reducida, de entre 50 Hz y 4 kHz, en comparación, por ejemplo, con el posterior iPhone 3G, que iba de menos de 5 Hz a 20 kHz; análisis de Benjamin Faber en http://
bit.ly/micriphone.

45. Esta frase fue popularizada por Bert Lance, director de la Office of Management and Budget en el gobierno de Carter, quien la usó en 1977; véase Nations
Business, mayo de 1977, p. 27, en http://bit.ly/dontfix.

46. El LG Prada, o LG KE850, se anunció en diciembre de 2006 y fue lanzado a
la venta en mayo de 2007. Apple anunció el iPhone en enero de 2007 y lo puso en
venta en junio de ese mismo año. El LG Prada fue el primer teléfono celular con
pantalla táctil capacitiva; véase http://bit.ly/ke850.

47. Se trata de la International Design Conference Aspen (IDCA) de 1983, hoy
parte de la Aspen Design Summit organizada por el American Institute of Gra-
phic Arts; más información en http://bit.ly/aspendesign.

48. Marcel Brown, "The 'Lost' Steve Jobs Speech from 1983; Foreshadowing
Wireless Networking, the iPad, and the App Store", *Life, Liberty, and Technology*, 2 de octubre de 2012, basado en un casete de John Celuch, de Inland Design,
y la transcripción de Andy Fastow en http://bit.ly/jobs1983. Esta transcripción
fue ligeramente editada con fines de claridad. La descripción de la apariencia de
Jobs se basa en fotos de Arthur Boden publicadas por Ivan Boden en http://bit.
ly/ivanboden.

49. Walt Mossberg, "The Steve Jobs I Knew", *AllThingsD*, 5 de octubre de
2012.

50. TV Tropes, en http://bit.ly/felixbulb. En internet se puede disponer de
muchas caricaturas del Gato Félix que muestran el uso de accesorios; véase, por
ejemplo, http://bit.ly/felixcartoon.

51. Graham Wallas, *The Art of Thought*, Harcourt, Brace, 1926.

52. Alex F. Osborn, *How to Think Up*, McGraw-Hill, 1942; véase también
http://bit.ly/alexosborn.

53. Extracto de James Manktelow, "Brainstorming Techniques: How to Get More Out of Brainstorming", http://bit.ly/mindtoolsvideo; transcripción en http://bit.ly/manktelow.

54. Marvin D. Dunnette *et al.*, "The Effect of Group Participation on Brainstorming Effectiveness for 2 Industrial Samples", *Journal of Applied Psychology*, vol. 47, núm. 1, 1963, p. 30, citado en Robert W. Weisberg, *Creativity: Genius....*

55. Bouchard, 1970, citado en Robert W. Weisberg, *Creativity: Genius....*

56. Edith Weisskopf-Joelson *at al.*, "An Experimental Study of the Effectiveness of Brainstorming", *Journal of Applied Psychology*, vol. 45, núm. 1, 1961, p. 45, citado en Robert W. Weisberg, *Creativity: Genius...*

57. Véase, por ejemplo, Brilhart, 1964, como señala Robert W. Weisberg, *Creativity: Genius....*

58. Steve Wozniak *et al.*, *iWoz: Computer Geek to Cult Icon; How I Invented the Personal Computer, Co-Founded Apple, and Had Fun Doing It*, W. W. Norton, 2007, citado en Susan Cain, "The Rise of the New Groupthink", *New York Times*, 13 de enero de 2012.

59. Stephen King, *On Writing: A Memoir of the Craft*, Pocket Books, 2001.

60. William F. Ogburn *et al.*, "Are Inventions Inevitable? A Note on Social Evolution", *Political Science Quarterly*, vol. 37, núm. 1, marzo de 1922, pp. 83-98.

61. Los detalles de este eclipse, en http://bit.ly/rhinoweclipse.

62. Los detalles de la muerte de Lilienthal proceden de Wikipedia, en http://bit.ly/lilienthalotto.

63. Orville Wright *et al.*, *The Early History of the Airplane*, Dayton-Wright Airplane Company, 1922

64. T. A. Heppenheimer, *First Flight: The Wright Brothers and the Invention of the Airplane*, Wiley, 2003, citado en Robert W. Weisberg *et al.*, *Creativity: Understanding....*

65. Orville Wright *et al.*, *op. cit.*

66. *Ibid.*

67. Las matemáticas de los Wright eran correctas; hoy los aerodinamistas usan un coeficiente de Smeaton de 0.00327. Véase Smithsonian National Air and Space Museum, en http://bit.ly/smeatoncoeff.

68. Este asunto se ilustra elocuentemente en la presentación "Invention of the Airplane", del Glenn Research Center de la NASA, disponible en http://bit.ly/manywings; véase en especial la diapositiva 56.

69. Poco se sabe de Franz Kluxen, de Münster (también mencionado en catálogos como "de Boldixum", distrito de Wyk, ciudad de la isla alemana de Föhr, en el Mar del Norte). De acuerdo con John Richardson, *A Life of Picasso*, vol. 2: *1907-1917: The Painter of Modern Life*, Random House, 1996, Kluxen puede haber sido "uno de los primeros (comenzó en 1910) y más serios compradores de Picasso en la Alemania anterior a 1914 [...]. En 1920, todos los Picassos identificables como de Kluxen habían cambiado de manos. Es probable que éste haya sido víctima de la guerra, o de tiempos difíciles".

70. La greda natural es del periodo cretáceo, de hace unos 145.5 + 4 a 65.5 + 0.3 millones de años; incluye fragmentos de células antiguas sólo visibles en el microscopio. Steele *et al.*, en Elsa Smithgall (ed.), *Kandinsky and the Harmony of Silence: Painting with White Border*, Yale University Press, 2011.

71. *Cuadro con borde blanco* mide 140 cm x 200 cm = 2.8 metros cuadrados = 30.14 pies cuadrados.

72. Wassily Kandinsky, "Picture with the White Edge", en Kenneth C. Lindsay *et al.* (eds.), *Kandinsky: Complete Writings on Art*, Da Capo Press, 1994, citado en Elsa Smithgall (ed.), *op. cit.*

73. Véase, por ejemplo, *Cuadro con troica*, de Kandinsky, 1911. La troica simboliza la divinidad, pues evoca el carro de fuego que subió al cielo al profeta Elías.

74. Véase, por ejemplo, *Russische Schöne in Landschaft*, de alrededor de 1904.

75. Véase, por ejemplo, *Gedämpfter Elan*, 1944.

Capítulo 3. Espera la adversidad

1. Jennifer es real —he omitido su apellido para proteger su privacidad—, como lo son también todos los detalles importantes de su caso. Unos cuantos detalles narrativos —que tenía una cara bonita, que su padre firmó el formulario de consentimiento, que ella lloraba cuando le ponían sus inyecciones— son imaginarios o supuestos. Las fuentes de la historia de Judah Folkman son Robert Cooke, *Folkman's War: Angiogenesis and the Struggle to Defeat Cancer*, Random House, 2001; Nancy Linde, *Cancer Warrior*, transmitido por PBS, 2001; artículos académicos, y los obituarios de Folkman.

2. Nancy Linde, *op. cit.*

3. Hoy es común que los mejores médicos también hagan investigación básica; Judah Folkman es una de las razones de ello. Para datos sobre el ascenso de los médicos-científicos desde la década de 1970, véase Tamara R. Zemlo *et al.*, "The Physician-Scientist: Career Issues and Challenges at the Year 2000", *FASEB Journal*, vol. 14, núm. 2, 2000, pp. 221-230.

4. Una prometedora línea de investigación es si dosis regulares de aspirina y otros medicamentos modulan la angiogénesis y reducen el riesgo de, por ejemplo, cáncer de colon, cáncer de pulmón, cáncer de mama y cáncer ovárico. Véase Adriana Albini *et al.*, "Cancer Prevention by Targeting Angiogenesis", *Nature Reviews Clinical Oncology*, vol. 9, núm. 9, 2012, pp. 498-509; Chris E. Holmes *et al.*, "Initiation of Aspirin Therapy Modulates Angiogenic Protein Levels in Women with Breast Cancer Receiving Tamoxifen Therapy", *Clinical and Translational Science*, vol. 6, núm. 5, 2013, pp. 386-390; Daliah Tsoref *et al.*, "Aspirin in Prevention of Ovarian Cancer: Are We at the Tipping Point?", *Journal of the National Cancer Institute*, vol. 106, núm. 2, 2014, p. djt453, y Britton Trabert *et al.*, "Aspirin, Nonaspirin Nonsteroidal Anti-Inflammatory Drug, and Acetaminophen Use and Risk of Invasive Epithelial Ovarian Cancer: A Pooled Analysis in the Ovarian

Cancer Association Consortium", *Journal of the National Cancer Institute*, vol. 106, núm. 2, 2014, p. djt431.

5. La famosa frase "Un viaje de mil kilómetros comienza con un paso" procede del capítulo 64 de Lao Tsé, *Tao Te Ching*, Vintage Books, 1972

6. Stephen Wolfram, "The Personal Analytics of My Life", en blog de Stephen Wolfram, 8 de marzo de 2012. Esto equivale a año y medio de escribir y eliminar porque 7 eliminaciones por cada 100 teclazos es igual a 7 por ciento, aunque también se tiene 7 por ciento de teclazos posteriormente eliminados; esto significa que 14 por ciento de los teclazos no resultan en ningún texto extra; 14 por ciento de diez años equivale, en números redondos, a año y medio. Esto supone que, en promedio, tomar la decisión de eliminar algo consume tanto tiempo como decidir escribirlo.

7. Incluyen novelas, guiones cinematográficos, colecciones de cuentos y obras de no ficción; tomado de la bibliografía de Stephen King en Wikipedia, en http://bit.ly/kingbibliography.

8. Stephen King, *On Writing: A Memoir of the Craft*, Pocket Books, 2001. "Me gusta hacer diez páginas al día, lo que equivale a 2,000 palabras".

9. Mi conteo del número de palabras que Stephen King escribió entre 1980 y 1999 comienza con *Ojos de fuego* (1980) y termina con *The New Lieutenant's Rap* (1999); excluye la versión no editada de *The Stand*, que es, en esencia, una reimpresión de un libro anterior, y *Blood & Smoke*, que consiste en que King lee cuentos publicados en otras partes. Usé el conteo de páginas en la bibliografía en Wikipedia, en http://bit.ly/kingbibliography, correspondiente al formato de pasta dura de cada libro, y supuse trescientas palabras por página. Resté seis meses, porque King estuvo lesionado y apenas escribió después de junio de 1999. No empezó a escribir su columna "The Pop of King" en *Entertainment Weekly* hasta 2003, así que esto no cuenta en ese total.

10. Stephen King, *On Writing*...

11. *Ibid.* "Éste es el libro [...] que más parece gustar a mis más antiguos lectores".

12. Stephen King, *Danse Macabre*, Gallery Books, 2010.

13. Stephen King, *On Writing*...

14. Tomado de la página en internet de Dyson, en http://bit.ly/dysonideas.

15. Entrevista con Dyson en una Wired Business Conference, 2012, video en http://bit.ly/videodyson.

16. L. Frank Baum, *El mago de Oz*, Alfaguara, Madrid, 1987.

17. Dimensiones del polvo doméstico, tomadas de "Diameter of a Speck of Dust", en *The Physics Factbook*, editado por Glenn Elert y escrito por sus alumnos, en http://bit.ly/dustsize, con revisión técnica de Matt Reynolds, de la University of Washington.

18. Entrevista con Dyson... *op. cit.*

19. Editado de la página en internet de Dyson, en http://bit.ly/dysonstruggle. La cita completa es: "Casi no había día en que no quisiera renunciar. Pero una de las cosas que hacía de joven eran carreras de larga distancia, de 1.5 a 15

kilómetros. En la escuela no me dejaban correr más de 15; en aquellos tiempos se creía que caerías muerto o algo. Y yo era muy bueno para eso, no porque lo fuera físicamente, sino porque tenía más determinación. Eso me enseñó a tener determinación. Muchos renuncian cuando el mundo parece estar en su contra, pero es justo entonces cuando debes persistir un poco más. Yo uso la analogía de una carrera. Parece difícil continuar, pero si cruzas la barrera del dolor, verás el final y estarás bien. Es común que la solución esté justo a la vuelta de la esquina".

20. Los ingresos de Dyson Ltd. en 2013 fueron calculados en 6 mil millones de libras esterlinas por Wikipedia, en http://bit.ly/dysoncompany. El patrimonio de Dyson fue calculado en 3 mil millones de libras por el *Sunday Times* en 2013; véase http://bit.ly/dysonworth.

21. Linda Rubright, "D.Inc.tionary", *Medium*, 16 de febrero de 2013.

22. Samuel Beckett, *Worstward Ho*, John Calder, 1983.

23. Mihaly Csikszentmihalyi, *Creativity: Flow and the Psychology of Discovery and Invention*, Harper Perennial, 1996.

24. Carta de Charles Dickens a Maria Winter, escrita el 3 de abril de 1855 y publicada en Charles Dickens, *The Writings of Charles Dickens: Life, Letters, and Speeches*, vol. 30, Houghton, Mifflin, 1894. Aparece en Teresa M. Amabile, *Creativity and Innovation in Organizations*, Harvard Business School, 1996, citando a Walter Ernest Allen (ed.), *Writers on Writing*, Phoenix House, 1948. La cita completa es: "Mantengo mi capacidad inventiva en la firme condición en que debe dominar mi vida entera, y a menudo toma completa posesión de mí, me impone sus exigencias y en ocasiones, durante varios meses seguidos, aleja de mí todo lo demás. Si yo no hubiera sabido, desde hace mucho, que mi lugar no podía ser ocupado nunca, a menos que estuviese dispuesto en todo momento a consagrarme enteramente a él, lo habría abandonado muy pronto. Apenas si puedo esperar que usted comprenda todo esto, o la inquietud y rebeldía de la mente de un autor. No lo ha visto nunca antes, ni vivido con ello, ni tenido ocasión de pensar o interesarse en eso, y no puede tener la consideración necesaria por tal cosa. 'Es sólo media hora', 'Sólo una tarde', 'Sólo una noche', me dice la gente una y otra vez, pero no sabe que en ocasiones es imposible mandar en el propio ser para algo estipulado y disponer de cinco minutos, o que a veces la mera conciencia de un compromiso preocupará todo un día. Éstas son las sanciones que se pagan por escribir libros. Quien está siempre dedicado a un arte debe contentarse con entregarse por completo a él, y buscar en él su recompensa. Me apena si sospecha que no quiero verla, pero no lo puedo evitar; debo seguir mi camino, me guste o no".

25. Ignaz Semmelweis no fue el único médico en sospechar que los doctores transmitían a los pacientes la fiebre puerperal. Él no lo sabía, pero fue uno de varios médicos en llegar a la misma conclusión. Cincuenta años antes, en Escocia, el cirujano Alexander Gordon escribió sobre el tema; en 1842, Thomas Watson, profesor de la University of London, empezó a recomendar lavarse las manos y en 1843 el estadunidense Oliver Wendell Holmes publicó un artículo al respecto. Todos fueron ignorados o condenados.

26. Datos tomados de Ignaz Semmelweis, *The Etiology, Concept, and Prophylaxis of Childbed Fever*, 1859. Las cifras de Semmelweis no son del todo claras, y resulta imposible saber con exactitud cuántas mujeres habrían muerto en ausencia del lavado de manos. La tasa media de muertes de pacientes en la Primera Clínica en los 14 años anteriores a la implantación del lavado de manos fue de 8%, contra 3% en la Segunda Clínica en el mismo periodo. La de la Primera Clínica bajó a 3% en los años 1846 (cuando, en mayo, se instituyó el lavado de manos), 1847 y 1848 (cuando, en marzo, Semmelweis fue despedido). Si la tasa promedio de muerte en la Primera Clínica hubiera permanecido en 8% en esos tres años, habrían fallecido 548 mujeres más. Ésta es la base de la afirmación de que Semmelweis "salvó la vida de unas 500 mujeres". Esta cifra es indudablemente baja. No incluye el hecho de que la tasa promedio de muerte sólo volvió a sus niveles prelavado de manos varios años después del despido de Semmelweis ni, como ya se mencionó, a los bebés, pues el artículo de Semmelweis no contiene datos suficientes sobre recién nacidos para calcular cuántos bebés se salvaron. (Supuse que el empleo por Semmelweis del término "pacientes" en sus datos sobre muertes sólo alude a mujeres, sentido con que lo usa en otras partes de su artículo.)

27. La cita de David Hume procede de *An Enquiry Concerning Human Understanding*, Oxford University Press, 1748; la de Sagan, del principio del episodio 12 del programa de televisión *Cosmos*, de PBS, transmitido el 14 de diciembre de 1980, disponible en http://bit.ly/extraordinaryclaims; la de Marcello Truzzi de "On the Extraordinary: An Attempt at Clarification", *Zetetic Scholar*, vol. 1, núm. 11, 1978. La cita de Laplace tiene un linaje más complicado; la fuente original es Pierre-Simon Laplace, *Essai Philosophique sur les Probabilités*, Vve. Courcier, 1814, que dice "Estamos muy lejos de conocer todos los agentes de la naturaleza y sus diversos modos de acción, y no sería filosófico negar fenómenos, únicamente porque son inexplicables en el estado actual de nuestros conocimientos. Pero debemos examinarlos con una atención aún más escrupulosa, ya que parece más difícil admitirlos". Esto fue reescrito como "El peso de la evidencia debe ser proporcional a la extrañeza de los hechos" y llamado "principio de Laplace" por Théodore Flournoy en *From India to the Planet Mars: A Study of a Case of Somnambulism*, Harper & Bros., 1900, pero es más comúnmente repetido como "El peso de la evidencia de una afirmación extraordinaria debe ser proporcional a su rareza". Estas cuatro citas se dan en la entrada de Truzzi en Wikipedia, en http://bit.ly/marcellotruzzi; la historia de la cita de Laplace se cuenta en la entrada de Laplace en Wikipedia, en http://bit.ly/laplacepierre.

28. Ralph Waldo Emerson, *Journals of Ralph Waldo Emerson, with Annotations*, University of Michigan Library, 1909.

29. Sarah S. B. Yule, *Borrowings: A Collection of Helpful and Beautiful Thoughts*, Dodge Publishing, Nueva York, 1889, citado en Jack Hope, "A Better Mousetrap", *American Heritage*, octubre de 1996, pp. 90-97.

30. Gran parte de esta sección se basa en el brillante artículo de Jack Hope, *op. cit.*

31. En 1996, Hope calculó 4,400 patentes, lo que supone un aumento de 40 al año. Su proyección parece acertada; en mayo de 2014 había unas 5,190 patentes de ratoneras y las aplicaciones no dan señal alguna de bajar el ritmo; véase http://bit.ly/mousetraps.

32. Jack Hope, *op. cit*, citando a Joseph H. Bumsted, vicepresidente de la Woodstream Corporation, compañía fabricante de ratoneras: "Creen que esto se escribió para ellos, ¡y lo recitan como si fuera en sí mismo razón para que Woodstream compre sus ideas!".

33. Emerson murió en 1882; la primera patente de una ratonera se emitió en 1894.

34. La ratonera de Hooker tiene el número de patente 0528671; véase http://bit.ly/hookertrap.

35. Véase http://bit.ly/victortrap. En mayo de 2014 podían adquirirse 20 trampas por 15 dólares, con envío gratis.

36. Edward R. Ergenzinger, Jr., "The American Inventor's Protection Act: A Legislative History", *Wake Forest Intellectual Property Law Journal*, núm. 7, 2006, p. 145.

37. Al principio se ordenó pagar a Davison 26 milliones de dólares en compensación. La FTC y la compañía llegaron entonces a un arreglo, y Davison hizo un pago "no punitivo" de 10.7 millones de dólares, que yo redondeé en 11 millones para simplificar.

38. Véase, por ejemplo, el "Swingers Slotted Spoon", http://bit.ly/davisonspoon. Pese a ser enlistado en la sección "Samples of Client Products" de la página en internet de Davison, la información sobre el producto revela: "Este producto corporativo fue inventado y otorgado en licencia por Davison en su propio beneficio".

39. Esto se calculó con base en la cifra declarada de 11,325 personas que adquieren al año un "contrato de predesarrollo" al precio publicado de 795 dólares, así como en la cifra declarada de 3,306 personas que adquieren un "contrato de muestra de nuevo producto" a 11,500 dólares, el promedio del precio estimado publicado de 8,000-15,000. Esto asciende a ingresos anuales brutos por estos servicios de 47,022,375 dólares. Fuentes: http:// www.davison.com/legal/ads1.html y http://www.davison.com/legal/aipa.html, consultados y recuperados el 31 de diciembre de 2012. "Otra información pública" se refiere a Kerry A. Dolan, "Inside Inventionland", *Forbes*, vol. 178, núm. 11, 2006, pp. 70 y ss.: "El año pasado [presumiblemente 2005], dice él [George Davison], su negocio obtuvo ganancias netas de 2 millones de dólares sobre ingresos de 25 millones"; véase http://bit.ly/dolankerry.

40. La palabra en francés es *chiqué*, que también podría traducirse como "bluff" o "engaño". Reichelt: *Je veux tenter l'expérience moi-même et sans chiqué* [*sic*], *car je tiens à bien prouver la valeur de mon invention*, "L'Inventeur Reichelt S'est Tué Hier", *Le Petit Journal*, 5 de febrero de 1912, en http://bit.ly/petitjournal.

41. Se reunió con periodistas la noche anterior al salto; las secuencias noticiosas

de Pathé sobre éste, que nunca se transmitieron, pueden verse en http://bit.ly/rei cheltjump. La descripción de los preparativos, salto y subsecuente muerte de Reichelt se basan en esa cinta.

42. Cita editada y traducida del francés: *Je suis tellement convaincu que mon appareil, que j'ai déjà experimenté, doit bien fonctionner, que demain matin, après avoir obtenu l'autorisation de la préfecture de police, je tenterai l'expérience du haut de la première platforme de la Tour Eiffel*, "L'Inventeur Reichelt...".

43. Cálculos realizados a partir de Green Harbor Publications, "Speed, Distance, and Time of Fall for an Average-Sized Adult in Stable Free Fall Position", 2010, en http://bit.ly/fallspeed.

44. "Expérience tragique", *Le Matin*, núm. 10,205, 5 de febrero de 1912, en http://bit.ly/lematin: *"La surface de votre appareil est trop faible, lui disait-on; vous vous romprez cou".*

45. United States Presidential Commission on the Space Shuttle Challenger Accident, volumen 2, apéndice F, 1986, en http://bit.ly/feynmanfooled.

46. Se supone "preparatoria" con base en el grado y año de nacimiento de los chicos, mencionados en sus ensayos autobiográficos. Jacob W. Getzels *et al.*, *Creativity and Intelligence: Explorations with Gifted Students*, Wiley, 1962, pp. xvii, 293. Fueron 533 jóvenes en total.

47. Todos ellos eran, en principio, muchachos brillantes. El CI medio en la escuela era de 135. La diferencia en CI entre los "más" y "menos" creativos lo es en relación con sus compañeros.

48. Véase, por ejemplo, Bachtold, 1974; Arthur J. Cropley, *More Ways Than One: Fostering Creativity*, Ablex Publishing, 1992, y Peggy Dettmer, "Improving Teacher Attitudes Toward Characteristics of the Creatively Gifted", *Gifted Child Quarterly*, vol. 25, núm. 1, 1981, pp. 11-16.

49. John F. Feldhusen *et al.*, "Teachers' Attitudes and Practices in Teaching Creativity and Problem-Solving to Economically Disadvantaged and Minority Children", *Psychological Reports*, vol. 37, núm. 3, 1975, pp. 1161-1162, citado en Erik L. Westby *et al.*, "Creativity: Asset or Burden in the Classroom?", *Creativity Research Journal*, vol. 8, núm. 1, 1995, pp. 1-10. Westby conjetura, asimismo, que los maestros favorecen a sus alumnos menos creativos sobre los más creativos debido, en parte, a que estos últimos tienden a ser más difíciles de controlar.

50. Barry M. Staw, "Why No One Really Wants Creativity", *Creative Action in Organizations*, 1995, pp. 161-166.

51. Eric F. Rietzschel *et al.*, "The Selection of Creative Ideas After Individual Idea Generation: Choosing Between Creativity and Impact", *British Journal of Psychology*, vol. 101, núm. 1, 2010, pp. 47-68, estudio 2.

52. *Ibid.*, estudio 1.

53. Laurence Gonzales, *Deep Survival: Who Lives, Who Dies, and Why*, W. W. Norton, 2004: "Normalmente, las células del hipocampo se activan sólo una vez por segundo en promedio; pero en el punto identificado, lo hacen cientos de veces más rápido".

54. Véase, por ejemplo, F. Heider, *The Psychology of Interpersonal Relations*, Psychology Press, 1958; Jennifer A. Whitson *et al.*, "Lacking Control Increases Illusory Pattern Perception", *Science*, vol. 322, núm. 5898, 2008, pp. 115-117.

55. Véase, por ejemplo, Jennifer S. Mueller *et al.*, "The Bias Against Creativity: Why People Desire but Reject Creative Ideas", *Psychological Science*, vol. 23, núm. 1, 2012, pp. 13-17.

56. Para las bases neurales de por qué esto es así, véase Naomi I. Eisenberger *et al.*, "Why Rejection Hurts: A Common Neural Alarm System for Physical and Social Pain", *Trends in Cognitive Sciences*, vol. 8, núm. 7, 2004, pp. 294-300; Naomi I. Eisenberger *et al.*, "Why It Hurts to Be Left Out: The Neurocognitive Overlap Between Physical and Social Pain", en Kipling D. Williams *et al.* (eds.), *In The Social Outcast: Ostracism, Social Exclusion, Rejection, and Bullying*, Routledge, 2005, pp. 109-130.

57. Por "inglés antiguo" se entiende el hablado entre mediados del siglo v y mediados del xii.

58. Aristóteles, *Nicomachean Ethics*, trad. de Robert C. Bartlett *et al.*, University of Chicago Press, 2011, VIII, 1155a5: "Sin amigos, nadie querría vivir, aun si poseyera todos los demás bienes"; citado en Naomi I. Eisenberger *et al.*, "Why Rejection Hurts..."

59. Francis J. Flynn *et al.*, "Strong Cultures and Innovation: Oxymoron or Opportunity", en Cary L. Cooper *et al.* (eds.), *International Handbook of Organizational Culture and Climate*, Wiley, 2001, pp. 263-287; Mark A. Runco, "Creativity Has No Dark Side", en David H. Cropley *et al.* (eds.), *The Dark Side of Creativity*, Cambridge University Press, 2010, citados ambos en Jennifer Mueller *et al.*, *op. cit.*

60. También está el término "neofobia", pero es poco común y normalmente sólo se usa en la bibliografía técnica. Véase, por ejemplo, Patricia Pliner *et al.*, "Development of a Scale to Measure the Trait of Food Neophobia in Humans", *Appetite*, vol. 19, núm. 2, octubre de 1992, pp. 105-120.

61. Thomas Pynchon, "Is It O.K. to Be a Luddite?", *New York Times*, 28 de octubre de 1984.

62. En 2012, U.S. News & World Report había clasificado a esta institución al principio o casi de su lista de honor durante más de veinte años; véase Avery Comarow, "Best Children's Hospitals 2013-14: The Honor Roll", *U.S. News & World Report*, 10 de junio de 2014.

63. Stephen Jay Gould, "Velikovsky in Collision", en *Ever Since Darwin*, W. W. Norton, 1977.

64. William Syrotuck *et al.*, *Analysis of Lost Person Behavior*, Barkleigh Productions, 2000, citado en Laurence Gonzales, *op. cit.*

Capítulo 4. Cómo vemos

1. Robin J. Warren, "Helicobacter: The Ease and Difficulty of a New Discovery", discurso de aceptación del premio Nobel, 8 de diciembre de 2005.

2. A la "úlcera duodenal" también se le conoce como "úlcera péptica". El "conducto ácido" es "el duodeno".

3. La *H. pylori* fue llamada durante varios años *Campylobacter pylori*, o "campylobacter pilórica"; *H. pylori* es su nombre actual y definitivo.

4. En el *Journal Citation Report: Science Edition* de 2011 (Thompson Reuters, 2012), al factor impacto de *Lancet* se le concedió el segundo lugar entre las revistas médicas generales, en 38.278, por debajo del *New England Journal of Medicine*, en 53.298; tomado de la entrada sobre *Lancet* en Wikipedia, en http://bit.ly/lancetwiki.

5. Barry J. Marshall *et al.*, "Unidentified Curved Bacilli in the Stomach of Patients with Gastritis and Peptic Ulceration", *Lancet*, vol. 323, núm. 8390, 1984, pp. 1311-1315.

6. Karen Freeman, "Dr. Ian A. H. Munro, 73, Editor of the Lancet Medical Journal", *New York Times*, 3 de febrero de 1997.

7. Ian Munro, "Spirals and Ulcers", *Lancet*, núm. 8390, 1984, pp. 1336-1337, citado en Martin B. Van Der Weyden *et al.*, "The 2005 Nobel Prize in Physiology or Medicine", *Medical Journal of Australia*, vol. 183, núms. 11-12, 2005, p. 612.

8. Véase, por ejemplo, Alexander Sheh *et al.*, "The Role of the Gastrointestinal Microbiome in *Helicobacter pylori* Pathogenesis", *Gut Microbes*, vol. 4, núm. 6, 2013, pp. 22-47.

9. Robin J. Warren, *op. cit.*

10. Barry Marshall (ed.), *Helicobacter Pioneers: Firsthand Accounts from the Scientists Who Discovered Helicobacters, 1892-1982*, Wiley-Blackwell, 2002, citado en Stephen Pincock, "Nobel Prize Winners Robin Warren and Barry Marshall", *Lancet*, vol. 366, núm. 9495, 2005, p. 1429.

11. E. J. Ramsey *et al.*, "Epidemic Gastritis with Hypochlorhydria", *Gastroenterology*, vol. 76, núm. 6, 1979, pp. 1449-1457. Seis científicos, de la University of Texas, la Harvard Medical School y la Stanford University, fueron autores de este artículo.

12. John S. Fordtran, el último autor en firmar el artículo. Detalles biográficos en C. Richard Boland *et al.*, "A Birthday Celebration for John S. Fordtran, MD", *Proceedings*, vol. 25, núm. 3, julio de 2012, pp. 250-253.

13. Tomado de Ian Munro, "Pyloric Campylobacter Finds a Volunteer", *Lancet*, núm. 8436, 1985, pp. 1021-1022: "Ese brote ocurrió en una serie de voluntarios que participan en un estudio compuesto por múltiples entubamientos gástricos, así que se supuso que la causa era viral. Sin embargo, muestras de biopsias se han examinado ahora retrospectivamente, encontrando en ellas campylobacters pilóricas".

14. W. I. Peterson, en un perfil en GastroHep.com: "¿Cuál es el error más grande que ha cometido? No haber descubierto *H. pylori* en 1976"; disponible en http://bit.ly/walterpeterson.

15. S. Ito, "Anatomic Structure of the Gastric Mucosa", *Handbook of Physiology*, núm. 2, 1967, pp. 705-741, citado en Barry Marshall (ed.), *op. cit.*

16. A. Stone Freedberg, *et al.*, "The Presence of Spirochetes in Human Gastric Mucosa", *American Journal of Digestive Diseases*, vol. 7, núm. 10, 1940, pp. 443-445, citado en Barry Marshall (ed.), *op. cit*: "El nuevo organismo en espiral no era una infección extraña en el oeste de Australia, sino la misma de las 'espiroquetas' varias veces descrita en la biligrafía en los cien años anteriores [...]. En 1940, Stone Freedberg, de Harvard Medical School, había visto espiroquetas en 40% de los pacientes sometidos a resección estomacal a causa de úlceras o cáncer. Unos diez años después, el principal gastroenterólogo estadunidense, Eddie Palmer, del Walter Reid [*sic*] Hospital, realizó biopsias de succión ciegas a más de 1,000 pacientes, pero no encontró bacterias. Su informe concluyó que éstas no existían más que como contaminantes post mortem". Véase también Lawrence K. Altman, "A Scientist, Gazing Toward Stockholm, Ponders 'What If?'", *New York Times*, 6 de diciembre de 2005.

17. Véase Mark Kidd *et al.*, "A Century of *Helicobacter pylori*", *Digestion*, vol. 59, núm. 1, 1998, pp. 1-15; Peter Unge, "*Helicobacter pylori* Treatment in the Past and in the 21st Century", en Barry Marshall (ed.), *op. cit.*, pp. 203-213.

18. Arien Mack *et al.*, Inattentional Blindness, A Bradford Book, 2000.

19. Douglas Adams, *Life, the Universe and Everything*, Random House, edición Kindle, 2008. La cita consta de dos elementos editados y combinados: "Un P.O.", dijo, "es algo que no podemos ver, o que no vemos, o que nuestro cerebro no nos permite ver, porque creemos que es problema de otro. Eso es lo que significa P.O.: problema de otro. El cerebro simplemente lo elimina; es como un punto ciego. Si lo examinas directamente, no lo verás si no sabes qué es. Tu única esperanza es tomarlo por sorpresa con el rabillo del ojo", y más adelante: "El campo del problema de otro es mucho más simple y eficaz y, más todavía, puede operar más de cien años con una pila para lámpara de mano. Esto se debe a que depende de la predisposición natural de la gente no ver lo que no quiere, no se esperaba o no puede explicar".

20. Descripción del circuito visual basada en Carol A. Seger, "How Do the Basal Ganglia Contribute to Categorization? Their Roles in Generalization, Response Selection, and Learning Via Feedback", *Neuroscience & Biobehavioral Reviews*, vol. 32, núm. 2, 2008, pp. 265-278.

21. La bibliografía sobre este asunto es inequívoca; véase, por ejemplo, Joanne L. Harbluk *et al.*, *The Impact of Cognitive Distraction on Driver Visual Behaviour and Vehicle Control*, Transport Canada, 2002; David L. Strayer *et al.*, "Cell Phone-Induced Failures of Visual Attention During Simulated Driving", *Journal of Experimental Psychology: Applied*, vol. 9, núm. 1, 2003, p. 23; Michael E. Rakauskas *et al.*, "Effects of Naturalistic Cell Phone Conversations on Driving Performance",

Journal of Safety Research, vol. 35, núm. 4, 2004, pp. 453-464; Frank A. Drews, "Profiles in Driver Distraction: Effects of Cell Phone Conversations on Younger and Older Drivers", *Human Factors: The Journal of the Human Factors and Ergonomics Society*, vol. 46, núm. 4, 2004, pp. 640-649; David L. Strayer *et al.*, "A Comparison of the Cell Phone Driver and the Drunk Driver", *Human Factors: The Journal of the Human Factors and Ergonomics Society*, vol. 48, núm. 2, 2006, pp. 381-391; David L. Strayer *et al.*, "Cell-Phone-Induced Driver Distraction", *Current Directions in Psychological Science*, vol. 16, núm. 3, 2007, pp. 128-131, y Kristie Young *et al.*, "Driver Distraction: A Review of the Literature", *Distracted Driving*, Australasian College of Road Safety, 2007, pp. 379-405.

22. Ira E. Hyman *et al.*, "Did You See the Unicycling Clown? Inattentional Blindness While Walking and Talking on a Cell Phone", *Applied Cognitive Psychology*, vol. 24, núm. 5, 2010, pp. 597-607.

23. Trafton Drew *et al.*, "The Invisible Gorilla Strikes Again: Sustained Inattentional Blindness in Expert Observers", *Psychological Science*, vol. 24, núm. 9, 2013, pp. 1848-1853.

24. Timothy E. Lum *et al.*, "Profiles in Patient Safety: Misplaced Femoral Line Guidewire and Multiple Failures to Detect the Foreign Body on Chest Radiography", *Academic Emergency Medicine*, vol. 12, núm. 7, 2005, pp. 658-662. El incidente tuvo lugar en el Strong Memorial Hospital en Rochester, Nueva York; citado en Trafton Drew *et al.*, *op. cit.*

25. Robin J. Warren, *op. cit.*, citando a Arthur Conan Doyle, "The Boscombe Valley Mystery" (1891), en *Complete Works Collection*, 2011.

26. Trafton Drew *et al.*, *op. cit.*

27. Adriaan De Groot, *Thought and Choice in Chess. Psychological Studies*, Mouton De Gruyter, 1978, citado en Robert Weisberg, *Creativity: Genius and Other Myths*, W. H. Freeman, 1986.

28. Los detalles biográficos de Shunryu Suzuki proceden de David Chadwick, *Crooked Cucumber: The Life and Zen Teaching of Shunryu Suzuki*, Harmony, 2000.

29. Estadunidenses de origen japonés residentes en San Francisco fueron recluidos en la Tanforan Racetrack, hoy un centro comercial en el 1150 de El Camino Real, San Bruno, California, donde se les alojó en caballerizas y barracas, antes de ser trasladados a otros campos tierra adentro; Associated Press, "Jap Reception Center Nears Completion", 4 de abril de 1942, en University of California Japanese American Relocation Digital Archive Photograph Collection, http://bit.ly/japreception; "S.F. Clear of All But 6 Sick Japs", *San Francisco Chronicle*, 21 de mayo de 1942.

30. David Chadwick, *op. cit.*: "El nombre que dio a la sinagoga abandonada tenía un significado simple: *Soko* significaba San Francisco y *ji* templo". El templo original estaba en el 1881 de Bush Street, 6.5 kilómetros al sureste de Fort Point y el extremo sur del Golden Gate. El edificio era originalmente la sinagoga Ohabai Shalome de la Jewish Congregation Ohabai Shalome; fue vendido al niponestadunidense Teruro Kasuga en 1934, luego de que esa comunidad experimentara

infortunios, como la pérdida de miembros a causa de reformas religiosas y el asesinato de su rabino durante lo que podría haber sido un encuentro homosexual.
Kasuga lo convirtió en *Sokoji*, también llamado "Soto Zen Center". La comunidad
se mudó a instalaciones más grandes en Page Street entre 1969 y 1972, debido, en
parte, al creciente interés en el budismo zen que Suzuki había contribuido a crear.
La historia de este edificio se describe bellamente en Kaleene Kenning, "Ohabai
Shalome Synagogue", Examiner.com, 2 de marzo de 2010.

31. Suzuki llegó el 23 de mayo de 1959; ese día amaneció alrededor de las 5:55
de la mañana (Véase http://bit.ly/sfsunrise); el vuelo 706 de Japan Air Lines arri-
bó a las 6:30 (http://bit.ly/jaltime). El avión era un DC-6B blanco y plateado, como
puede verse en http://bit.ly/jaldc6; véase también http://bit.ly/jaldc6b. La desig-
nación "Pacific Courier" procede de http://bit.ly/jaltime. El atuendo de Suzuki se
describe en David Chadwick *op. cit.*: "Vestía su túnica de viaje sacerdotal con un
rakusu al cuello, *zori* y calcetines *tabi* blancos".

32. David Chadwick, *op. cit.*

33. Tomado de Wikipedia, http://bit.ly/easia: "La subregión del este de Asia
para las Naciones Unidas y otras definiciones comunes del Asia oriental contiene la totalidad de la República Popular de China, Japón, Corea del Norte, Corea
del Sur, Mongolia y Taiwán". De acuerdo con George S. Everly *et al.*, *A Clinical
Guide to the Treatment of the Human Stress Response*, Springer, 2002, la meditación se ha practicado desde el año 1500 antes de nuestra era. El escritor Alan W.
Watts contribuyó a su introducción en Estados Unidos en 1959, como conductor
de la serie *Eastern Wisdom and Modern Life*, transmitida por la televisión pública (KQED) de San Francisco. Su episodido sobre la meditación, "The Silent Mind,"
puede verse en http://bit.ly/wattsmind.

34. David Chadwick, *op. cit.*; fotografía, en http://bit.ly/shunryu.

35. El nombre de esta vara suele transliterarse como *keisaku*, pero se le llama
kyosaku en la escuela Soto, de la que Suzuki era miembro; fotografía en http://bit.
ly/kyosaku.

36. Shunryu Suzuki, *Zen Mind, Beginner's Mind*, 1970. Rick Fields, *How the
Swans Came to the Lake*, Shambhala, 1992: "Era, de hecho, una voz budista estadunidense, diferente a todas las oídas antes, pero al mismo tiempo sumamente
familiar. Cuando Suzuki Roshi hablaba, era como si los budistas estadunidenses
pudieran oírse a sí mismos, quizá por vez primera"; citado en la edición de 2011
de Shunryu Suzuki, *op. cit.*

37. Nyogen Senzaki, *101 Zen Stories*, Kessinger Publishing, 1919.

38. David Foster Wallace, *This Is Water: Some Thoughts, Delivered on a Significant Occasion, About Living a Compassionate Life*, Little, Brown, 2009.

39. Los detalles biográficos de Thomas Kuhn proceden de Thomas Nickles, *Thomas Kuhn, Contemporary Philosophy in Focus*, Cambridge University Press, 2002.

40. Thomas Kuhn, *The Essential Tension: Selected Studies in Scientific Tradition
and Change*, University of Chicago Press, 1977: "Un memorable (y muy caluroso)
día de verano, esas perplejidades se desvanecieron de pronto". Thomas Nickles,

op. cit., citando a Kenneth L. Caneva, "Possible Kuhns in the History of Science: Anomalies of Incommensurable Paradigms", *Studies in History and Philosophy of Science*, vol. 31, núm. 1, 2000, pp. 87-124, reproduce un fragmento en el que Kuhn describe ese hecho como ocurrido una "tarde" en que asistió a una ceremonia en la Universidad de Padua, Italia, en 1992. Steven Weinberg, "The Revolution That Didn't Happen", *New York Review of Books*, vol. 25, núm. 3, 1998, pp. 250-253, también describe una conversación con Kuhn en ese evento, sobre su interpretación de Aristóteles.

41. Véase, por ejemplo, Martin Heidegger, *The Principle of Reason*, Indiana University Press, 1956: "La 'física' aristotélica [...] determina la trama de todo el pensamiento occidental, aun en aquellos lugares en que, como el pensamiento moderno, parece contradecir al pensamiento antiguo. Pero la oposición consta invariablemente de una decisiva, y a menudo hasta peligrosa, dependencia. Sin la física de Aristóteles, Galileo no habría existido"; citado en la entrada de Wikipedia sobre la Física de Aristóteles, en http://bit.ly/aristotlephysics.

42. Cita editada de Aristóteles, 2012. El pasaje completo es: "Todo lo que está en locomoción es movido por sí mismo o por otra cosa. En cuanto a las cosas movidas por sí mismas, es evidente que lo movido y el movimiento están juntos: porque contienen en sí mismos su primer movimiento, de tal modo que en medio no hay nada. El movimiento de las cosas movidas por otra debe proceder en una de cuatro formas, porque hay cuatro tipos de locomoción causada por algo distinto a lo que está en movimiento, a saber: tirar, empujar, transportar o girar. Todas las formas de locomoción se reducen a éstas".

43. Otro ejemplo, analizado en detalle en Thomas Kuhn, *The Structure of Scientific Revolutions*, University of Chicago Press, 1996: en 1667, el alemán Johann Joachim Becher publicó *Educación física*, libro en el que describió por primera vez su teoría de cómo y por qué las cosas se quemaban. Becher identificó un nuevo elemento, llamado *terra pinguis*, el cual formaba parte de todo lo que ardía. La combustión lanzaba *terra pinguis* al aire, hasta que éste se llenaba tanto de ella que ya no podía recibir más, momento en que la combustión terminaba. Las cosas que no se quemaban no contenían *terra pinguis*. En el siglo XVIII, Georg Ernst Stahl cambió el nombre de *terra pinguis* por "flogisto", y la teoría respectiva dominó la física durante casi cien años. El flogisto, o *terra pinguis*, no tiene equivalente moderno; de acuerdo con la ciencia actual, no existe.

44. Eugene Garfield, "A Different Sort of Great-Books List —the 50 20th-Century Works Most Cited in the Arts and Humanities Citation Index, 1976-1983", *Current Contents*, núm. 16, 1987, pp. 3-7: "Los 10 libros más citados, en orden descendente, son *Structure of Scientific Revolutions*, de Thomas S. Kuhn [...]". En mayo de 2014, Google Scholar enlistó más de 70,000 menciones de este libro (http://bit.ly/kuhncitations). En 2012, en el 50 aniversario de su publicación, la University of Chicago Press dijo: "Jamás creímos tener en nuestras manos un libro del que se venderían más de 1.4 millones de ejemplares"; comunicado de prensa en http://bit.ly/1pt4million.

45. James Gleick, "The Paradigm Shifts", *New York Times Magazine*, 29 de diciembre de 1996. Este libro inició un debate en la filosofía que continúa hasta la fecha. Críticos han acusado a Kuhn de haber usado "paradigma" en múltiples sentidos (véase, por ejemplo, Margaret Masterman, "The Nature of a Paradigm", en Imre Lakatos *et al.* [eds.], *Criticism and the Growth of Knowledge*, Cambridge University Press, 1970; Douglas Lee Eckberg *et al.*, "The Paradigm Concept and Sociology: A Critical Review", *American Sociological Review*, 1979, pp. 925-937; Steve Fuller, *Thomas Kuhn: A Philosophical History for Our Times*, University of Chicago Press, 2001), pero todos se reducen a lo mismo: a que un paradigma es una manera de ver el mundo. El término "paradigma" se volvió tan famoso que apareció, asimismo, en varias caricaturas del *New Yorker*, en una de las cuales un médico le dice a un paciente: "Me temo que tiene un cambio de paradigma" (J. C. Duffy, 17 de diciembre de 2001, en http://bit.ly/paradigmcartoon1), mientras que en otra un tipo atribulado le dice a otro: "¡Una buena noticia! Me enteré de que el paradigma está cambiando" (Charles Barsotti, 19 de enero de 2009, en http://bit.ly/paradigmcartoon2).

46. Thomas Kuhn, *The Structure of...* La súbita aparición de *H. pylori* no es un fenómeno nuevo. Un ejemplo tomado de Kuhn: en 1690, el astrónomo real británico John Flamsteed vio una estrella y la llamó "34 Tauri." En 1781, William Herschel la examinó a través de un telescopio, pero vio un cometa, no una estrella; tras señalárselo a Nevil Maskelyne, éste vio un cometa que podía ser un planeta. El alemán Johann Elert Bode también vio un planeta, lo que pronto condujo a un consenso: el objeto era un planeta, finalmente llamado Urano. Una vez descubierto un nuevo planeta, el paradigma cambió: era posible encontrar planetas nuevos. Los astrónomos, usando los mismos instrumentos que antes para contemplar el mismo cielo, descubrieron de repente veinte planetas menores y asteroides más, como Neptuno, que, al igual que Urano, había parecido una estrella desde el siglo XVII. Algo similar ocurrió cuando Copérnico afirmó que la Tierra giraba alrededor del sol: el cielo, antes inmutable, se llenó de pronto de cometas vueltos visibles no por nuevos instrumentos, sino por un nuevo paradigma. Entre tanto, los astrónomos chinos, que nunca concibieron el cielo como inmutable, habían visto cometas durante siglos.

47. Neil deGrasse Tyson, "The Perimeter of Ignorance", *Natural History*, vol. 114, núm. 9, 2005; video en http://bit.ly/NdGTSalk; cita editada de la transcripción en http://bit.ly/NdGTsenses. El pasaje completo es: "Se elogia mucho al ojo humano, pero quien haya visto la vasta amplitud del espectro electromagnético reconocerá qué ciegos somos, y parte de esa ceguera significa que no podemos ver, no podemos detectar, campos magnéticos, la radiación de la ionización ni radones. Somos presa fácil de la radiación de la ionización. Tenemos que comer constantemente, porque nuestra sangre es caliente; el cocodrilo come un pollo al mes, y con eso tiene. Pero nosotros siempre estamos buscando alimento. Los gases de abajo [en referencia a una diapositiva con los términos CO (monóxido de carbono), CH_4 (metano) y CO_2 (bióxido de carbono)] no los podemos oler, porque si los probamos u olemos, morimos".

48. Cita muy editada, por motivos de espacio, de David Foster Wallace, *op. cit.*

49. En chino simplificado: 阴阳; en chino tradicional: 陰陽. Estos caracteres significan "lado soleado, lado sombreado"; no hay "y".

50. Los comentarios de Lowell pertenecen a una cita editada procedente de William Sheehan, *The Planet Mars: A History of Observation and Discovery*, University of Arizona Press, 1996, donde también se cita a David Strauss, "Percival Lowell, W. H. Pickering and the Founding of the Lowell Observatory", *Annals of Science*, vol. 51, núm. 1, 1994, pp. 37-58. La cita original de Sheehan es: "Lo que Percival Lowell esperaba lograr mediante ese 'proyecto especulativo, tan peculiar como sensacional' está ampliamente documentado en el discurso que pronunció en la Boston Scientific Society el 22 de mayo de 1894, publicado en el *Boston Commonwealth*. Su principal objetivo, dijo, era estudiar el sistema solar: 'En términos populares, ésta podría formularse como una investigación sobre la condición de la vida en otros mundos, incluida, en último aunque no menos importante lugar, su habitabilidad por seres parecidos [o] diferentes al hombre. Ésta no es la búsqueda quimérica que algunos podrían suponer. Al contrario, hay firmes razones para creer que nos hallamos en vísperas de un maravilloso y definitivo descubrimiento en la materia'. Para Lowell, las implicaciones de las líneas que el astrónomo italiano Giovanni Schiaparelli llamó *canali*, en sentido figurado, eran evidentes: 'Se ha especulado en forma singularmente fructífera qué pueden significar esas marcas en nuestro casi más cercano vecino en el espacio. Cada astrónomo tiene una teoría sobre el tema, y desprecia las de los demás. No obstante, la explicación más evidente de esas marcas es quizá la verdadera: a saber, que en ellas contemplamos el resultado del esfuerzo de una especie de seres inteligentes [...]. La increíble red azul en Marte sugiere que otro planeta, además del nuestro, está habitado en la actualidad'". Esta obra de Sheehan puede conseguirse en la University of Arizona, en http://bit.ly/sheehanmars.

51. El término "marciano" es anterior a Lowell; apareció en 1883 en un relato casi sin duda inspirado por Schiaparelli (Wladyslaw Somerville Lach-Szyrma, *Aleriel; or, A Voyage to Other Worlds. A Tale, Etc.*, 1883), pero no cobró fama *hasta* 1898, después de los anuncios de Lowell, cuando H. G. Wells publicó *The War of the Worlds*. La obra de Burroughs, *Under the Moons of Mars*, fue una serie de cuentos publicada en 1912 bajo el seudónimo Norman Bean y rebautizada como *A Princess of Mars* cuando se publicó como libro en 1917. La cita completa es: "Las orillas de los mares antiguos estaban salpicadas de tales ciudades, y las menores, en número decreciente, se veían converger hacia el centro de los océanos, pues la gente se vio precisada a seguir las aguas en repliegue hasta que la necesidad la forzó a su salvación última, los así llamados canales marcianos".

52. Wallace ya había concluido que "la Tierra es el único planeta habitable en el sistema solar" cuando Lowell comenzó a publicar (Alfred Russel Wallace, *Man's Place in the Universe*, Chapman and Hall, 1904).

53. Cita editada de Alfred Russel Wallace, *Is Mars Habitable?*, Macmillan, 1907.

54. Bill Momsen, "Mariner IV: First Flyby of Mars: Some Personal Experiences", http://bit.ly/billmomsen, 2006. La cita completa es: "Luego llegó la verdadera maravilla: ¡una fotografía tras otra que mostraban que la superficie estaba salpicada de cráteres! Misteriosamente, se parecía a la de nuestra Luna, llena de cráteres, e inmutable en el tiempo. Sin agua, sin canales, sin vida". Momsen fue descrito como "el ingeniero de procesamiento de imágenes del JPL [Jet Propulsion Laboratory] de la serie de misiones del Mariner" por John B. Dobbins el 12 de diciembre de 2005, en un mensaje al NASA Spaceflight Forum, en http://bit.ly/nasaforum.

55. William Sheehan *et al.*, "The Spokes of Venus: An Illusion Explained", *Journal for the History of Astronomy*, núm. 34, 2003, pp. 53-63. Lowell describe las "rasgaduras" que vio en Saturno en Percival Lowell, "Tores of Saturn", *Lowell Observatory Bulletin*, núm. 1, 1907, pp. 186-190.

56. Véase William Sheehan *et al.*, *op. cit.*; también A. E. Douglass, "The Illusions of Vision and the Canals of Mars", 1907.

57. Robin J. Warren, *op. cit.*

58. Robert Burton, *On Being Certain: Believing You Are Right Even When You're Not*, St. Martin's Griffin, 2009. La fenciclidina también se conoce como PCP o polvo de ángel. La metanfetamina, como "meta"; sus derivados MDMA, o éxtasis, y sal de hidroclorato de metanfetamina, o "meta cristal", también pueden producir una sensación de certidumbre. Para más información sobre los efectos de la estimulación de la corteza entorrinal, véase F. Bartolomei *et al.*, "Cortical Stimulation Study of the Role of Rhinal Cortex in Deja Vu and Reminiscence of Memories", *Neurology*, vol. 63, núm. 5, 2004, pp. 858-864.

59. Ulric Neisser *et al.*, "Phantom Flashbulbs: False Recollections of Hearing the News About Challenger", en Eugene Winograd *et al.* (eds.), *Affect and Accuracy in Recall: Studies of "Flashbulb" Memories*, Cambridge University Press, 1992, pp. 9-31, citado en Robert Burton, *op. cit.*

60. En realidad fueron 33 de 44. Este estudio tenía tres partes. En la primera, 106 alumnos respondieron un cuestionario un día después de la explosión del *Challenger*. En la segunda, administrada dos y medio años después, 44 de esos alumnos aceptaron responder un cuestionario complementario. En la tercera, 40 de estos estudiantes participaron en una entrevista en la que se compararon los dos cuestionarios. La tercera parte, la de la entrevista, tuvo lugar seis meses después de la segunda, la del segundo cuestionario. Cuatro alumnos desertaron entre la segunda y tercera partes de la prueba, y por eso el tamaño base de la prueba es 40.

61. Leon Festinger *et al.*, *When Prophecy Fails*, Harper Torchbooks, 1956, donde se da a Martin el seudónimo de "señora Marian Keech" para proteger su identidad.

62. Cita editada de *ibid.* El pasaje completo es: "Como sea, en la hora y media siguiente el grupo comenzó a aceptar el hecho de que nadie había llegado a medianoche para llevarlo al platillo. En adelante, el problema fue darse seguridades y encontrar una manera adecuada y satisfactoria de conciliar ese mentís con sus

creencias. El grupo empezó a reexaminar el mensaje original que afirmaba que a la medianoche se le subiría en autos estacionados y se le llevaría al platillo. En respuesta a las insinuaciones de algunos de los observadores acerca de ese mensaje durante la pausa para el café, el Creador dijo que quien quisiera podía ir a buscar ese mensaje. Se le había guardado entre muchos otros en un sobre grande, pero ninguno de los creyentes parecía dispuesto a ir por él, así que uno de los observadores se ofreció a hacerlo. Lo encontró y lo leyó en voz alta ante el grupo. El primer intento de reinterpretación llegó pronto. Daisy Armstrong señaló que, desde luego, el mensaje seguramente era simbólico, porque decía que se les subiría en autos estacionados, cuando los autos estacionados no se mueven, y de ahí que no pudieran llevar al grupo a ningún lado. El Creador anunció después que, en efecto, el mensaje era simbólico, pero que los 'autos estacionados' aludían al cuerpo físico de los miembros, que obviamente había estado ahí a medianoche. El 'porche' (platillo volador), continuó, simbolizaba en el mensaje la fuerza interior, el conocimiento interior y la luz interior de cada miembro del grupo. Éstos estaban tan ansiosos de una explicación de cualquier clase que muchos aceptaron ésa".

63. Cita editada de *ibid*. El pasaje completo es: "Y poderosa es la palabra de Dios, por la cual habéis sido salvados vosotros, porque habéis sido librados de las fauces de la muerte, y jamás se había soltado tanta fuerza sobre la Tierra. Desde el comienzo de los tiempos, nunca hubo en esta Tierra tanta fuerza del Bien y tanta luz como las que inundan ahora este cuarto, y lo que se ha liberado en este cuarto inunda ya la Tierra entera".

64. El término usado en *When Prophecy Fails* es "disonancia." Más tarde, en Leon Festinger, *A Theory of Cognitive Dissonance*, 1957, se convirtió en "disonancia cognitiva."

65. Leon Festinger, "Cognitive Dissonance", *Scientific American*, vol. 207, núm. 4, 1962, pp. 92-102.

66. Leon Festinger, *A Theory of... op.cit.*

67. Tras los sucesos descritos en este libro, Martin se mudó a la península de Yucatán, México; se involucró con la "Fraternidad de los Siete Rayos", grupo del que también era miembro otro supuesto "contactado por ovnis", George Hunt Williamson, y en algún momento pasó a ser conocida como "hermana Thedra". De acuerdo con otro espiritista, el "doctor Robert Ghost Wolf", estando en México, Martin "tuvo una experiencia que la cambió en un instante en que, según ella misma, Jesucristo se le apareció físicamente y curó en forma espontánea su cáncer. Se presentó ante ella con su verdadero [sic] nombre, 'Sananda Kumara', revelando así su afiliación a los fundadores venusinos de las Grandes Fraternidades Solares. Por orden suya, la hermana Thedra marchó a Perú, de donde salió una vez que sintió que su experiencia ahí había terminado. Viajó entonces al monte Shasta, en California y fundó la Association of Sananda and Sanat Kumara". Dorothy Martin murió en mayo de 1992. Hizo su última práctica de "escritura automática" el 3 de mayo de 1992: "Sori Sori: Mis amados, os hablo por el bien de todos. Ha llegado la hora de que salgáis de donde se encontráis. ¡Gritaréis de alegría!

Aceptadlo, ¡porque muchos os recibirán con exclamaciones de júbilo! Así que no sufráis más... Amén... Sananda" (puntos suspensivos del original). Tras la muerte de Martin, la Association of Sananda and Sanat Kumara cambió su dirección a un local junto a la pizzería Apizza Heaven, en Sedona, Arizona. Véase http://bit.ly/thedra y http://bit.ly/sananda. La historia de Martin también se menciona (en forma más bien inexacta) en Michael Largo, *God's Lunatics*, William Morrow, 2010.

68. Tomado de "Extraordinary Intelligence", página en internet de una mujer que usa el seudónimo de "Natalina", o "Natalina EI", y que vive en Tulsa, Oklahoma; http://bit.ly /whenfaithistested.

Capítulo 5. Honor a quien honor merece

1. Los detalles biográficos de Rosalind Franklin proceden de Brenda Maddox, *Rosalind Franklin: The Dark Lady of DNA*, Harper Perennial, 2003, y Jenifer Glynn, *My Sister Rosalind Franklin: A Family Memoir*, Oxford University Press, 2012.

2. En estas conferencias, pronunciadas en el Dublin Institute for Advanced Studies del Trinity College en 1943 (y publicadas como libro en 1944), Schrödinger previó el descubrimiento del ADN diciendo que "la parte esencial de una célula viva, la fibra de cromosomas, podría ser adecuadamente llamada un cristal aperiódico"; véase Erwin Schrödinger, *What Is Life?*, Cambridge University Press, 1944.

3. Darwin, muerto en 1882, propuso una "hipótesis provisional" muy distinta a la de Mendel, que llamó "pangénesis", en *The Variation of Animals and Plants Under Domestication*, John Murray, 1868. La "teoría de los cromosomas" también se conoce como "teoría de los cromosomas de Boveri-Sutton", "teoría cromosómica de la herencia" y "teoría Sutton-Boveri".

4. No fue hasta la década de 1930 que los ácidos fueron considerados por primera vez candidatos a portadores de información por el científico canadestadunidense Oswald Avery Jr. (Brenda Maddox, *op. cit.*).

5. Un cristal también puede constar de una repetitiva matriz tridimensional de iones; excluí ese aspecto para mayor claridad.

6. Rosalind Franklin publicó regularmente sobre el mosaico del tabaco entre 1955 y 1958 (véanse sus trabajos, individuales o colectivos, en la bibliografía), y su labor culminó en dos artículos publicados en 1958: "The Radial Density Distribution in Some Strains of Tobacco Mosaic Virus" (en *Virology*, vol. 6, núm. 2, pp. 328-336), en colaboración con Kenneth Holmes y publicado antes de su muerte, y "The Structure of Viruses as Determined by X-ray Diffraction" (en *Plant Pathology, Problems and Progress*, pp. 447-461), publicado póstumamente.

7. Carta de Charles Eliot a Marie Meloney, 18 de diciembre de 1920, parte del archivo Marie Mattingly Meloney, 1891-1943, Columbia University Library, http://bit.ly/meloney; citada en Denise Ham, *Marie Sklodowska Curie: The Woman Who Opened the Nuclear Age*, 21st Century Science Associates, 2002.

8. Véase Marie Curie, "Radium and the New Concepts in Chemistry", discurso de aceptación del premio Nobel, 1911; esta cita también aparece en Shelley Emling, *Marie Curie and Her Daughters*, Palgrave Macmillan, 2013.

9. "Ciencias" significa premios en "química", "física" o "fisiología o medicina". Las 15 mujeres (a 2014) son Maria Goeppert Mayer (física, 1963), Marie Curie (física, 1903, y química, 1911), Ada E. Yonath (química, 2009), Dorothy Hodgkin (química, 1964), Irène Joliot-Curie (química, 1935), Elizabeth H. Blackburn (fisiología o medicina, 2009), Carol W. Greider (fisiología o medicina, 2009), Françoise Barré-Sinoussi (fisiología o medicina, 2008), Linda B. Buck (fisiología o medicina, 2004), Christiane Nüsslein-Volhard (fisiología o medicina, 1995), Gertrude B. Elion (fisiología o medicina, 1998), Rita Levi-Montalcini (fisiología o medicina, 1986), Barbara McClintock (fisiología o medicina, 1983), Rosalyn Yalow (fisiología o medicina, 1977) y Gerty Theresa Cori (fisiología o medicina, 1947). Véase http://bit.ly/womenlaureates.

10. Fotografías de la cámara de Franklin pueden verse en http://bit.ly/dnacamera.

11. Los ejemplos dados aquí son una selección de Nina Byers *et al.*, *Out of the Shadows: Contributions of Twentieth-Century Women to Physics*, Cambridge University Press, 2010.

12. Harriet Anne Zuckerman, *Nobel Laureates in the United States: A Sociological Study of Scientific Collaboration*, tesis de doctorado, Columbia University, 1965.

13. Estas citas provienen de Robert K. Merton, "The Matthew Effect in Science Penguin Books", *Science*, vol. 159, núm. 3810, 1968, pp. 56-63.

14. Véase, por ejemplo, Vilfredo Pareto *et al.*, *A Treatise on General Sociology*, General Publishing Company, 1935, analizado en Harriet Zuckerman, *Scientific Elite: Nobel Laureates in the United States*, Transaction Publishers, 1977.

15. Versión popular de Sociedades Bíblicas Unidas. Otras traducciones y comentarios, en http://bit.ly/matthew2529.

16. Merton y Zuckerman se casaron en 1993. Él se separó de su primera esposa, Suzanne Carhart, en 1968, poco después de que Zuckerman terminara su doctorado (Jason Hollander, "Renowned Columbia Sociologist and National Medal of Science Winner Robert K. Merton Dies at 92", *Columbia News*, 5 de febrero de 2003; Craig Calhoun, "Robert K. Merton Remembered", *Footnotes*, vol. 31, núm. 33, 2003, y entrada en Wikipedia de Robert K. Merton, en http://bit.ly/mertonrk).

17. Véase la página en internet de la U.S. Patent and Trademark Office, en http://bit.ly/inventorship.

18. Véase David V. Radack, "Getting Inventorship Right the First Time", *JOM*, vol. 46, núm. 6, 1994, p. 62, para un análisis de asignación de inventos a no inventores.

19. Véase el análisis sobre Trajtenberg en el capítulo 1 de este libro.

20. Merton usó la palabra "paradigma" veinticinco años antes que Kuhn, aunque,

como él mismo dice, con un significado "más limitado", menos preciso. Véase video "Robert K. Merton Interviewed by Albert K. Cohen, May 15, 1997", dado a conocer por la American Society of Criminology en http://bit.ly/mertoncohen.

21. Carta de Isaac Newton a Robert Hooke, fechada en "Cambridge, 5 de febrero de 1675-6", publicada en David Brewster, *Memoirs of the Life, Writings, and Discoveries of Sir Isaac Newton*, vol. 2, Edmonston and Douglas, 1860.

22. Véase Robert K. Merton, *On the Shoulders of Giants*, University of Chicago Press, 1993. Hay un excelente resumen de la vida de esta cita elaborado por Joseph Yoon, antes miembro de la NASA, en Aerospace Web, en http://bit.ly/josephyoon (aunque la fecha atribuida a la cita de Didacus Stella es incorrecta). Bernard de Chartres pudo haber encontrado la idea en obras de talmudistas (aparece en la de Isaiah di Trani, quien vivió después de Bernard pero quien quizá la heredó de talmudistas anteriores en vez de tomarla de aquél); también podría haberse inspirado en el antiguo mito griego de Cedalión, quien se monta en hombros del gigante Orión.

23. Existen análisis previos de los copos de nieve, como los de Han Ying (韓嬰, 150 antes de nuestra era), Alberto Magno (1250) y Olaus Magnus (1555). Comienzo por el de Kepler porque él fue el primero en intentar explicarlos asociándolos con cristales —"Que los químicos nos digan entonces si hay sal en la nieve, y de qué clase, y qué forma adopta"—, y los cristales, no los copos de nieve, son el tema en estudio.

24. George Defrees Shepardson, *Electrical Catechism: An Introductory Treatise on Electricity and Its Uses*, McGraw-Hill, 1908.

25. Howard Markel, "'I Have Seen My Death': How the World Discovered the X-Ray", *PBS NewsHour: The Rundown*, 20 de diciembre de 2012.

26. Esta pregunta sobre los rayos X se hizo antes de que Einstein propusiera la dualidad onda-partícula.

27. John William Jenkin *et al.*, *Father and Son: The Most Extraordinary Collaboration in Science*, Oxford University Press, 2008, y André Authier, *Early Days of X-Ray Crystallography*, Oxford University Press, 2013.

28. Polly no era su verdadero nombre; se llamaba Mary Winearls Porter, pero siempre se le llamó Polly.

29. El resultado fue un libro: Mary Winearls Porter, *What Rome Was Built With*, University of Michigan Library, 1907.

30. Monica T. Price, "The Corsi Collection in Oxford", *Corsi Collection of Decorative Stones*, 2012, página en internet del Oxford University Museum, http://www.oum.ox.ac.uk/corsi/about/oxford.

31. Carta fechada el 14 de enero de 1914, editada a partir de Lois B. Arnold, "The Bascom-Goldschmidt-Porter Correspondence: 1907 to 1922", *Earth Sciences History*, vol. 12, núm. 2, 1993, pp. 196-223. El pasaje completo, tal como aparece en esa fuente, es: "Estimado profesor Goldschmidt: Desde hace mucho tiempo tenía el propósito de escribirle para interesarlo en la señorita Porter, quien este año está trabajando en mi laboratorio y a quien espero que usted reciba en el suyo el

año próximo. Ella ha puesto su corazón en el estudio de la cristalografía, y espero que permanezca con usted más de un año. Sus ingresos no bastan para que viva en Bryn Mawr College sin ganar dinero. Eso es lo que la señorita Porter hace ahora, pero su trabajo quita mucho tiempo a sus estudios y, aparte, ella debería ir a la fuente misma de inspiración [...]. La señorita Porter cree que en Alemania podrá vivir con sus ingresos. Su vida ha sido poco común, porque sus padres (su padre es editor corresponsal del *London Times*) viajan casi sin cesar y ella jamás ha asistido a una escuela o universidad salvo por breves periodos. Así, hay grandes lagunas en su educación, particularmente en química y matemáticas, pero para compensar esto creo que usted descubrirá que ella tiene una inusual aptitud para la medición de cristales, etcétera, y ciertamente un intenso amor por el tema de usted. Me gustaría verla tener las oportunidades que se le han negado desde hace tanto; ella tiene alrededor de veintiséis años, es muy tímida y modesta, pero posee al mismo tiempo callada iniciativa. Espero que a usted le interese tenerla como alumna, y supongo que ella lo recompensará por todo lo que haga en su favor. A la larga debe valerse por sí misma, y confío en que será apta para el puesto de curadora y cristalógrafa de alguna colección de minerales. Está pasando este año conmigo, y si marcha con usted, me temo que resultará obvio que apenas se encuentra en sus inicios. Sin embargo, tengo puestas muchas ambiciones en ella, así como fe en su éxito definitivo".

32. Catharine M. C. Haines, *International Women in Science*, ABC-CLIO, 2001.

33. El título de las conferencias de Bragg fue "Sobre la naturaleza de las cosas"; William Bragg, *Concerning the Nature of Things*, 1925.

34. Los detalles biográficos de Dorothy Hodgkin proceden de Georgina Ferry, *Dorothy Hodgkin: A Life*, Cold Spring Harbor Laboratory Press, 2000.

35. Ukichiro Nakaya, *Snow Crystals: Natural and Artificial*, Harvard University Press, 1954, sintetizado en términos no técnicos en Kenneth G. Libbrecht, "Morphogenesis on Ice: The Physics of Snow Crystals", *Engineering and Science*, vol. 64, núm. 1, 2001, pp. 10-19.

36. Para más información; véase R. E. Lee, Jr., *et al.*, *Biological Ice Nucleation and Its Applications*, American Phytopathological Society, 1995. Brent C. Christner *et al.*, "Ubiquity of Biological Ice Nucleators in Snowfall", *Science*, vol. 319, núm. 5867, 2008, p. 1214, "examinó los IN [nucleadores de hielo, partículas que actúan como núcleo de cristales de hielo que se forman en la atmósfera] en la nieve de sitios de latitud media y alta y descubrió que los más activos eran de origen biológico. De los IN mayores de 0.2 micrómetros activos en temperaturas superiores a los -7 °C, 69 a 100% eran biológicos, y una fracción sustancial bacterias".

37. Michael P. Callahan *et al.*, "Carbonaceous Meteorites Contain a Wide Range of Extraterrestrial Nucleobases", *Proceedings of the National Academy of Sciences*, vol. 108, núm. 34, 2011, pp. 13995-13998.

38. Jes K. Jørgensen *et al.*, "Detection of the Simplest Sugar, Glycolaldehyde, in a Solar-Type Protostar with Alma", *Astrophysical Journal Letters*, vol. 757, núm. 1, 2012, p. L4.

39. Efrat Gabai-Kapara *et al.*, "Population-Based Screening for Breast and Ovarian Cancer Risk Due to BRCA1 and BRCA2", *Proceedings of the National Academy of Sciences*, 5 de septiembre de 2014, sugiere que sólo 2% de los judíos askenazíes portan una mutación BRCA, equitativamente dividida entre la mutación BRCA1 y la BRCA2. (Sólo alrededor de 3 de cada 10,000 askenazíes tienen mutaciones en esos dos genes.) No todas las mujeres con mutaciones BRCA desarrollan cáncer ovárico, y no todos los cánceres ováricos entre las judías askenazíes son causados por mutaciones BRCA; únicamente 40% de las judías askenazíes que desarrollan cáncer ovárico tienen mutaciones BRCA2. Es la muerte de Franklin por cáncer ovárico a edad tan joven combinada con su ascendencia judía askenazí lo que indica que es probable que haya sido portadora de un gen BRCA mutado.

40. Anthony Antoniou *et al.*, "Average Risks of Breast and Ovarian Cancer Associated with BRCA1 or BRCA2 Mutations Detected in Case Series Unselected for Family History", *The American Journal of Human Genetics*, vol. 72, núm. 5, 2003, pp. 1117-1130. Mientra que 1.4% de las mujeres desarrollan cáncer ovárico, 39% de aquéllas con la mutación BRCA1 y 11 a 17% con la mutación BRCA2 lo desarrollan. Las mutaciones BRCA también incrementan el riesgo de cáncer de mama: aunque 12% de las mujeres desarrollan este cáncer, 55 a 65% de aquéllas con la mutación BRCA1 y 45% con la mutación BRCA2 lo desarrollan. Véase National Cancer Institute, en http://bit.ly/ncibrca, para más información sobre el impacto de las mutaciones BRCA en ambas enfermedades.

41. De acuerdo con un análisis genético de Shai Carmi *et al.*, "Sequencing an Ashkenazi Reference Panel Supports Population-Targeted Personal Genomics and Illuminates Jewish and European Origins", *Nature Communications*, vol. 5, núm. 4,835, 9 de septiembre de 2014, todos los judíos askenazíes descienden de una población de unas 350 personas que vivieron hace 700 años, en 1300. Si suponemos que, en promedio, una generación cubre 25 años, y que esos fundadores se relacionaron entre sí, esto sugiere que todos los askenazíes vivos son primos en trigésimo grado o menos.

Capítulo 6. Cadenas de consecuencias

1. Detalles del ataque a la fábrica de Cartwright, tomados de la página en internet de "Luddite Bicentenary", http://bit.ly/rawfolds.

2. Detalles sobre "el gran Enoch" pueden conseguirse en el blog Radical History Network, en http://bit.ly/greatenoch.

3. Thomas Paine, *Writings of Thomas Paine (1779-1792), The Rights of Man, vol. 2*, 1791.

4. La patente de Lebon es de 1801, pero Ehrenburg lo describe desarrollando el motor en 1798 (Ilyá Ehrenburg, *Life of the Automobile*, Serpent's Tail, 1929).

5. El doctor King pronunció este sermón en la Ebenezer Baptist Church, donde era pastor asociado. En la Nochebuena de 1967, la Canadian Broadcasting

Corporation lo transmitió como parte de las séptimas Massey Lectures anuales. Disponible en http://bit.ly/drkingsermon.

6. Esta cita y otros detalles sobre los amish proceden de Donald B. Kraybill *et al.*, *Nolt, The Amish*, Johns Hopkins University Press, 2013.

7. Evgeny Morozov, *To Save Everything, Click Here: The Folly of Technological Solutionism*, PublicAffairs, 2013.

8. Análisis basado en A. Ertug Ercin *et al.*, "Corporate Water Footprint Accounting and Impact Assessment: The Case of the Water Footprint of a Sugar-Containing Carbonated Beverage", *Water Resources Management*, vol. 25, núm. 2, 2011, pp. 721-741.

9. Traducción de una canción tradicional escocesa, "Coisich, A Ruin" (Ven acá, amor mío), probablemente del siglo xiv. Hay una bella grabación por Catriona MacDonald en http://bit.ly/coisich. Craig Coburn resume la tradición de la canción escocesa en http://bit.ly/craigcoburn. El desplegado en Inglaterra se analiza en R. A. Pelham, "The Distribution of Early Fulling Mills in England and Wales", *Geography*, 1944, pp. 52-56; Reginald Lennard, "Early English Fulling Mills: Additional Examples", *Economic History Review*, vol. 3, núm. 3, 1951, pp. 342-343; John Munro, "The Symbiosis of Towns and Textiles: Urban Institutions and the Changing Fortunes of Cloth Manufacturing in the Low Countries and England, 1270-1570", *Journal of Early Modern History*, vol. 3, núm. 3, 1999, pp. 1-74, y Adam Lucas, *Wind, Water, Work: Ancient and Medieval Milling Technology*, Koninklijke Brill, Leiden, 2006.

10. Fecha tomada de Henry R. Towne, "Engineer as Economist", *Transactions of the American Society of Mechanical Engineers*, núm. 7, 1886, pp. 425 y ss.

11. Carlo M. Cipolla, *Literacy and Development in the West*, Penguin Books, 1969.

12. Estadísticas tomadas de Thomas D. Snyder, *120 Years of American Education*, National Center for Education Statistics, 1993, resumido en http://bit.ly/snydersummary; versión completa en http://bit.ly/snyderthomas.

13. Análisis basado en datos demográficos de InfoPlease, "Population Distribution by Age, Race, and Nativity, 1860-2010" (http://bit.ly/uspopulation); U.S. Census, en http://bit.ly/educationfacts; Thomas D. Snyder, op. cit. (http://bit.ly/snyderthomas), y la tabla de Joseph Kish "U.S. Population 1776 to Present" (http://bit.ly/kishjoseph).

Capítulo 7. La gasolina en tu tanque

1. Detalles biográficos de Woody Allen, tomados de su entrada en Wikipedia, en http://bit.ly/allenwoody. En 2002 ya había ganado tres premios de la Academia: dos por *Annie Hall* (mejor guion original y mejor director, 1978) y uno por *Hannah and Her Sisters* (mejor guion original, 1987). También había sido nominado otras 17 veces, por *Annie Hall* (mejor actor principal, 1978), *Interiors* (mejor guion original y mejor director, 1979), *Manhattan* (mejor guion original, 1980),

Broadway Danny Rose (mejor guion original y mejor director, 1985), *The Purple Rose of Cairo* (mejor guion original, 1986), *Hannah and Her Sisters* (mejor director, 1987), *Radio Days* (mejor guion original, 1988), *Crimes and Misdemeanors* (mejor guion original y mejor director, 1989), *Alice* (mejor guion original, 1990), *Husbands and Wives* (mejor guion original, 1993), *Bullets Over Broadway* (mejor guion original y mejor director, 1994), *Mighty Aphrodite* (mejor guion original, 1996) y *Deconstructing Harry* (mejor guion original, 1998). Para 2014, y tras aparecer en la ceremonia de los Oscar de 2002, había obtenido un cuarto premio, por *Midnight in Paris* (mejor guion original, 2011) y recibido otras tres nominaciones, por *Match Point* (mejor guion original, 2006), *Midnight in Paris* (mejor director, 2011) y *Blue Jasmine* (mejor guion original, 2014). Una lista completa de los premios de Allen puede encontrarse en la Internet Movie Database, http://bit.ly/allenawards. El discurso en el que dijo "Haría lo que fuera por Nueva York" puede verse en YouTube, en http://bit.ly/allenspeech.

2. De Melissa Block *et al.*, "Why Woody Allen Is Always MIA at Oscars", NPR, *All Things Considered*, 24 de febrero de 2012: "Audie Cornish, conductor: 'Woody Allen es el favorito para llevarse a casa al menos el Oscar por mejor guion original, pero no esperen que la cámara lo capte cuando se anuncien los nombres de los nominados'. Melisa Block, conductora: 'Con una excepción, Woody Allen nunca ha asistido a los premios de la Academia. Pese a sus 21 nominaciones previas y tres victorias, declina las invitaciones. Es famoso por eso, tanto que ya se cuentan mitos urbanos de por qué'. Cornish: 'No, no se debe a que tenga que tocar el clarinete en un bar de Nueva York. Así nos lo ha hecho saber Eric Lax, quien escribió *Conversations with Woody Allen*. Eric Lax: 'Ése era un pretexto cortés. Supongo que si él tiene que tocar esa noche, puede decir: Tuve que tocar esa noche. Tenía que estar ahí. Sucede lo mismo desde *Annie Hall*'". Allen, citado en Anna Hornaday, "Woody Allen on 'Rome', Playing Himself and Why He Skips the Oscars", *Washington Post*, 28 de junio de 2012: "Siempre lo hacen un lunes en la noche. Y, como cualquiera podría comprobarlo, siempre, siempre rivaliza con un buen partido de basquetbol. Yo soy fanático del basquetbol. Así que es un gran placer para mí llegar a casa, meterme a la cama y ver un partido de básquet. Eso es justo lo que hago entonces: ver el partido".

3. De Eric Lax, *Woody Allen: A Biography*, Da Capo Press, 2000: "'Hay dos cosas que me molestan [de la ceremonia de los Oscar]', dijo Allen en 1974, luego de que Vincent Canby escribió un artículo en el que preguntaba por qué *Sleeper* no había obtenido ninguna nominación. 'Son premios políticos, que se compran y se negocian —aunque muchas personas valiosas los han ganado merecidamente—, y el concepto mismo de los premios es absurdo. Yo no puedo atenerme al juicio de otros, porque si acepto cuando me dicen que merezco un premio, tengo que aceptar cuando me dicen que no'".

4. Tomado de Robert B. Weide, *Woody Allen: A Documentary*, PBS "American Masters", documental originalmente transmitido en televisión en 2011; videoclip en YouTube, en http://bit.ly/whatyougetinawards.

5. R. A. Ochse, *Before the Gates of Excellence*, Cambridge University Press, 1990.

6. Slyvia Plath, *Journals of Sylvia Plath*, Dial Press, 1982, citada en Teresa M. Amabile, *Creativity and Innovation in Organizations*, Harvard Business School Publishing, 1996.

7. Teresa M. Amabile, *op. cit.*

8. El bloguero australiano Teeritz da una descripción detallada de la SM2, con fotografías, en http://bit.ly/olympiasm2.

9. Las citas de Woody Allen reproducidas aquí proceden de Eric Lax, *op. cit.*, y Robert B. Weide, *op. cit.*; las descripciones (como la de la máquina de escribir) se basan en esta última fuente.

10. Eileen Simpson, *Poets in Their Youth: A Memoir*, Noonday Press, 1982, citado en Teresa M. Amabile, "The Social Psychology of Creativity: A Componential Conceptualization", *Journal of Personality and Social Psychology*, vol. 45, núm. 2, 1983, p. 357.

11. Cita editada de Thomas Stearns Eliot, "Banquet Speech: December 10, 1948", en Horst Frenz (ed.), *Nobel Lectures, Literature 1901-1967*, Elsevier Publishing, 1969; texto completo en http://bit.ly/eliotbanquet.

12. Albert Einstein, "Fundamental Ideas and Problems of the Theory of Relativity", en *Les Prix Nobel 1922 (1923)*, pp. 482-490.

13. Clima de Sausalito en febrero de 1976, tomado de Old Farmer's Almanac, en http://bit.ly/pointbonita.

14. Record Plant Studios, 2200 Bridgeway, Sausalito, California, 94965. Fotografías de la entrada, con los animales tallados, en http://bit.ly/recordplant.

15. Cameron Crowe, "The True Life Confessions of Fleetwood Mac", *Rolling Stone*, núm. 235, 1977. Cita completa: "'Trauma', gruñe Christine. 'Trau-ma. Las sesiones eran como un coctel cada noche: gente por todos lados'".

16. *Tusk* tiene ahora una fama diversa. Algunos críticos y algunos miembros de Fleetwood Mac lo consideran el mejor trabajo de esta banda.

17. Como en el caso de *Tusk*, algunos consideran ahora a *Don't Stand Me Down* una obra maestra incomprendida. Véase, por ejemplo, comentarios en la página en internet *The Guardian*, en http://bit.ly/dontstand, como: "*Don't Stand Me Down* es la declaración de un genio rebelde que sólo los conocedores entendieron".

18. Detalles sobre Dexys Midnight Runners y *Don't Stand Me Down* en Wikipedia, http://bit.ly/dexyswiki y http://bit.ly/dontstandwiki. Análisis general del "síndrome del segundo álbum" en Jack Seale, "The Joy of Difficult Second (or Third, or Twelfth) Albums", *Radio Times*, 17 de mayo de 2012.

19. Fiódor Dostoievski *et al.*, *Dostoyevsky: Letters and Reminiscences*, Books for Libraries Press, 1971, parcialmente citado en Teresa M. Amabile, "The Social Psychology of Creativity", citando a Walter Ernest Allen (ed.), *Writers on Writing*, Phoenix House, 1948.

20. Los detalles biográficos de Harry Harlow provienen de J. B. Sidowski *et al.*, "Harry Frederick Harlow: October 31, 1905-December 6, 1981", *Biographical*

Memoirs of the National Academy of Sciences, núm. 58, 1988, pp. 219-257, y de la entrada de Harry Harlow en Wikipedia, en http://bit.ly/harlowharry.

21. Véase Harry F. Harlow, "Learning and Satiation of Response in Intrinsically Motivated Complex Puzzle Performance by Monkeys", *Journal of Comparative and Physiological Psychology*, vol. 43, núm. 4, 1950, p. 289.

22. Harry F. Harlow *et al.*, "Learning Motivated by a Manipulation Drive", *Journal of Experimental Psychology*, vol. 40, núm. 2, 1950, p. 228.

23. Teresa M. Amabile *et al.*, 1994, citado en Teresa M. Amabile, *Creativity in Context: Update to "The Social Psychology of Creativity"*, Westview Press, 1996.

24. Sam Glucksberg, "The Influence of Strength of Drive on Functional Fixedness and Perceptual Recognition", *Journal of Experimental Psychology*, vol. 63, núm. 1, 1962, p. 36, citado en Teresa M. Amabile, "The Social Psychology of Creativity".

25. Por ejemplo, Kenneth O. McGraw *et al.*, "Evidence of a Detrimental Effect of Extrinsic Incentives on Breaking a Mental Set", *Journal of Experimental Social Psychology*, vol. 15, núm. 3, 1979, pp. 285-294.

26. Véase, por ejemplo, revisiones por Judy Cameron *et al.*, "Reinforcement, Reward, and Intrinsic Motivation: A Meta-Analysis", *Review of Educational Research*, vol. 64, núm. 3, 1994, pp. 363-423; Robert Eisenberger *at al.*, "Detrimental Effects of Reward: Reality or Myth?", *American Psychologist*, vol. 51, núm. 11, 1996, p. 1153, y Robert Eisenberger *et al.*, "Effects of Reward on Intrinsic Motivation —Negative, Neutral, and Positive", *Psychological Bulletin*, vol. 125, núm. 6, 1999, pp. 677-691.

27. Kenneth O. McGraw *et al.*, *op. cit.*, citado en Teresa M. Amabile, "The Social Psychology of Creativity".

28. Teresa M. Amabile *et al.*, "Social Influences on Creativity: The Effects of Contracted-for Reward", *Journal of Personality and Social Psychology*, vol. 50, núm. 1, 1986, p. 14, citado en Teresa M. Amabile, *Creativity in Context*, 1996.

29. Entre muchos otros libros excelentes sobre Robert Johnson están Gayle Dean Wardlow, *Chasin' That Devil Music: Searching for the Blues*, Backbeat Books, 1998; Barry Lee Pearson *et al.*, *Robert Johnson: Lost and Found*, University of Illinois Press, 2003, y Elijah Wald, *Escaping the Delta: Robert Johnson and the Invention of the Blues*, Amistad, 2004.

30. Alice Weaver Flaherty, *The Midnight Disease: The Drive to Write, Writer's Block, and the Creative Brain*, Mariner Books, 2005.

31. *Writer's Block* son dos obras de un acto. La descripción dada en muchos programas de mano es: "En Riverside Drive, un exguionista de cine esquizofrénico y paranoico acecha a un guionista exitoso pero inseguro, creyendo que le ha robado no sólo sus ideas, sino también su vida. Old Saybrooke, una combinación de anticuada farsa sexual e interesante análisis del proceso de un escritor, implica a un grupo de parejas de casados con causas para ponderar los retos del compromiso". Véase, por ejemplo, Theatre in LA, en http://bit.ly/theatreinla, y Goldstar, en http://bit.ly/goldstarhollywood.

32. Transcripción de *Deconstructing Harry*, corregida de Drew's Script-O-Rama, en http://bit.ly/harryblock.

33. Detalles sobre el proceso de Allen y citas de él, tomados de Eric Lax, *op. cit.*

34. Allen pensaba quizás en el siguiente comentario, reportado por el pianista Alexander Goldenveizer en un libro traducido por S. S. Koteliansky y Virginia Woolf como *Talks with Tolstoi*, publicado Hogarth Press in 1923: "Uno sólo debería escribir cuando deja en el tintero una parte de su cuerpo cada vez que sumerge la pluma en él". Este fragmento también aparece en Walter Ernest Allen (ed.), *op. cit.*

35. David Prescott Barrows, *The Ilongot or Ibilao of Luzon*, Science Press, 1910.

36. Boston Evening Transcript, "Anthropologist Loses Life", 31 de marzo de 1909.

37. Michelle Zimbalist Rosaldo, *Knowledge and Passion*, Cambridge University Press, 1980.

38. Baruch Spinoza, *Ethics: Ethica Ordine Geometrico Demonstrata*, 1677.

39. René Descartes, *The Passions of the Soul*, Hackett, 1989 [1649].

40. Historia y letras de Daquan Lawrence, tomadas de Amy Hansen, "Lyrics of Rap and Lines of Stage Help Mattapan Teen Turn to Better Life", *Boston Globe*, 5 de diciembre de 2012.

41. Esto remite, como se ha repetido en varias publicaciones del Trust y otras fuentes, a una producción de *Julio César* de Shakespeare en la Bullingdon Prison, en Oxfordshire, Inglaterra, en mayo de 1999. De acuerdo con el informe original de evaluación del Trust, "94% de los participantes no delinquieron durante el periodo en que participaron en el proyecto de *Julio César*", y "hubo una reducción de 58% en la tasa de delitos de los participantes en los seis meses posteriores al proyecto, en comparación con la de los seis meses previos a éste". El informe completo, titulado "Julius Caesar —H.M.P Bullingdon", sin fecha y sólo atribuido al "Irene Taylor Trust," puede bajarse de http://bit.ly/taylortrust.

42. La historia de George "Shotgun" Shuba proviene de Roger Kahn, *The Boys of Summer*, Harper Perennial Modern Classics, 1972, citado en William Glasser, "Positive Addiction", *Journal of Extension*, mayo-junio de 1977, pp. 488, donde Shuba es erróneamente llamado "Schuba".

43. William Glasser, *Positive Addiction*, Harper & Row, Nueva York, 1976.

44. Woody Allen en Robert B. Weide, *op. cit.*

45. Tomado de la película *Adaptation* (2002), dirigida por Spike Jonze. Estas líneas fueron escritas por Charlie Kaufman y dichas por el personaje "Charlie Kaufman", un guionista de cine en dificultades con un guion, interpretado por Nicholas Cage.

46. Las notas sobre Stravinski, incluida esta cita, proceden de Howard E. Gardner, *Creating Minds*, Basic Books, 2011.

47. Véase, por ejemplo, Brian P. Bailey *et al.*, "On the Need for Attention-Aware Systems: Measuring Effects of Interruption on Task Performance, Error Rate, and Affective State", *Computers in Human Behavior*, vol. 22, núm. 4, 2006,

pp. 685-708, que detalla resultados experimentales e incluye una buena revisión de la bibliografía sobre el tema.

48. Eric Lax, *op. cit.* La cita completa de Allen es: "¿Por qué optar por una vida sensual en vez de una vida de trabajo abrumador? Cuando llegues a la puerta del cielo, el tipo que se pasó la vida persiguiendo y atrapando mujeres y que tuvo una vida sibarita entrará al paraíso, y tú también. La única razón que se me ocurre de que eso no suceda es otra forma de negación de la muerte. Te engañas haciéndote creer que hay razón para llevar una vida significativa, productiva, de trabajo, lucha y perfección en tu profesión o tu arte. Pero la verdad es que podrías pasar todo ese tiempo consintiéndote —suponiendo que te lo puedas permitir—, porque tanto ese tipo como tú terminarán en el mismo lugar. Pero si no me gusta algo, no importa cuántos premios gane. Es importante conservar tus propios criterios y no ceder a las tendencias del mercado. Espero que en algún momento se entienda que no soy un amargado, o que mis ambiciones o pretensiones —que admito francamente— no son obtener poder. Sólo quiero hacer algo que entretenga a la gente, y me esfuerzo en lograrlo".

Capítulo 8. Crear organizaciones

1. Las descripciones de Skunk Works proceden principalmente de Clarence L. Johnson *et al.*, *Kelly: More Than My Share of It All*, Random House, 1990, y Ben R. Rich *et al.*, *Skunk Works: A Personal Memoir of My Years at Lockheed*, Little Brown, 1994.

2. Para ser precisos, los prototipos, o aviones "experimentales", de Lockheed llevaban en su nombre el prefijo "X", así que el nombre oficial completo de *Lulu Belle* era "xp-80." p-80 fue el nombre de los aviones producidos después con base en ese diseño.

3. La cita de Frank Filipetti procede de Howard Massey, *Behind the Glass: Top Record Producers Tell How They Craft the Hits*, Backbeat Books, 2000.

4. Detalles biográficos de Robert Galambos, tomados de Larry R. Squire, *The History of Neuroscience in Autobiography,* vol. 1, Academic Press, 1998.

5. Ben A. Barres, "The Mystery and Magic of Glia: A Perspective on Their Roles in Health and Disease", *Neuron*, vol. 60, núm. 3, 2008, pp. 430-440. Esta cita también aparece en Douglas Martin, "Robert Galambos, Neuroscientist Who Showed How Bats Navigate, Dies at 96", *New York Times*, 15 de julio de 2010. Para más información sobre la importancia de la glía, véase Ben A., Barres, *op. cit.*; Doris D. Wang *et al.*, "The Astrocyte Odyssey", *Progress in Neurobiology*, vol. 86, núm. 4, 2008, pp. 342-367; Nicola J. Allen *et al.*, "Neuroscience: Glia —More Than Just Brain Glue", *Nature*, vol. 457, núm. 7230, 2009, pp. 675-677; Robert Edwards, "What the Neuron Tells Glia", *Neuron*, vol. 61, núm. 6, 2009, pp. 811-812; Michael V. Sofroniew *et al.*, "Astrocytes: Biology and Pathology", *Acta Neuropathologica*, vol. 119, núm. 1, 2010, pp. 7-35; Christian Steinhäuser *et al.*, "Astrocyte

Dysfunction in Temporal Lobe Epilepsy", *Epilepsia*, vol. 51, núm. s5, 2010, p. 54, y Cagla Eroglu *et al.*, "Regulation of Synaptic Connectivity by Glia", *Nature*, vol. 468, núm. 7321, 2010, pp. 223-231.

6. Editado a partir de una versión previa de Larry Downes *et al.*, *Big Bang Disruption: Strategy in the Age of Devastating Innovation*, Portfolio, 2014. Downes y Nunes me entrevistaron para esta parte de su libro como un ejemplo de "sincero".

7. Hay una fotografía del programa del evento en el Jim Henson Archive, en http://bit.ly/puppetry1960.

8. Los detalles biográficos de Jim Henson y Frank Oz provienen principalmente de Brian Jay Jones, *Jim Henson: The Biography*, Ballantine Books, 2013; Michael Davis, *Street Gang: The Complete History of Sesame Street*, Penguin Books, 2009, y el Muppet Wiki, en http://bit.ly/muppetwiki.

9. Edward Douglas, "A Chat with Frank Oz", ComingSoon.net., 10 de agosto de 2007.

10. La historia de Beto y Enrique se tomó de su entrada en Wikipedia, en http://bit.ly/erniebert.

11. El primer episodio de *Sesame Street* puede verse en YouTube, en http://bit.ly/firstsesamestreet.

12. Varias fuentes, entre ellas el Muppet Wiki, atribuyen esta cita a un programa de radio de Chambers en 1994. Véase http://bit.ly/gayberternie.

13. *South Park*, la serie de televisión, que comenzó a transmitirse en 1997, se basa en dos cortometrajes animados que Parker y Stone crearon en 1992 y 1995.

14. *Six Days to Air: The Making of South Park* (2011), también conocido como *Six Days to South Park*, dirigido por Arthur Bradford.

15. Citas y detalles sobre la realización de la película *South Park*, tomados de Steve Pond, "Trey Parker and Matt Stone: The Playboy Interview", *Playboy*, vol. 457, núm. 7230, 2000, pp. 675-677.

16. TED (Technology, Entertainment, Design) 2006. Video en http://bit.ly/skillmanTED.

17. Skillman da detalles de la génesis del reto del malvavisco en la página en internet de TED, en http://bit.ly/skillmanbackground.

18. Diapositivas de Wujec y una charla que dio en la conferencia de TED de 2010, en http://bit.ly/wujecTED.

19. De las instrucciones de Wujec para el reto del malvavisco, en http://bit.ly/marshmallowinstructions.

20. Citas de Lev S. Vygotsky, *Mind in Society: The Development of Higher Psychological Processes*, Harvard University Press, 1980.

21. Erin York Cornwell, "Opening and Closing the Jury Room Door", *Justice System Journal*, vol. 31, núm. 1, 2010, pp. 49-73.

22. Modelo adaptado de la página en internet de David McDermott, Decision Making Confidence, en http://bit.ly/mcdermottdavid.

23. Randall Collins, *Interaction Ritual Chains*, Princeton University Press, 2004.

24. Datos de mi propia encuesta en línea entre 123 autodesignados "empleados de oficina", que trabajaban en diferentes niveles en su organización.

25. Véase Michael Mankins *et al.*, "Your Scarcest Resource", *Harvard Business Review*, vol. 92, núm. 5, 2014, pp. 74-80.

26. Clarence L. Johnson *et al.*, *op. cit.*

27. Philip W., Jackson, "The Student's World", *Elementary School Journal*, 1966, pp. 345-357. "El otro programa podría describirse como extraoficial, e incluso oculto, porque hasta la fecha ha recibido poca atención de los educadores. Este programa oculto también puede representarse con tres erres, aunque no las ya conocidas de lectura, escritura y aritmética [reading, 'riting, 'rithmetic]. Es, en cambio, el programa de las reglas, regulaciones y rutinas de cosas que los maestros y alumnos deben aprender para pasar con penas mínimas por la institución social llamada *la escuela*".

28. Las citas de Jackson de esta sección provienen de Philip W. Jackson, *Life in Classrooms*, Teachers College Press, 1968.

29. La cita completa de Jackson es: "Las cualidades personales implicadas en la maestría intelectual son muy distintas de las que caracterizan al 'hombre de la compañía'. La curiosidad, por ejemplo, es de escaso valor para responder a las demandas de la conformidad. La persona curiosa suele participar en una especie de sondeo, indagación y exploración casi antitética de la actitud del conformista pasivo. El estudioso debe desarrollar el hábito de desafiar a la autoridad y cuestionar el valor de la tradición. Debe insistir en explicaciones de cosas que no están claras. La erudición requiere disciplina, sin duda, pero esta disciplina sirve a las demandas de la erudición misma, no a los anhelos y deseos de otras personas. En suma, la maestría intelectual requiere formas sublimadas de agresividad, antes que sumisión a limitantes".

30. Las cifras de bajas de guerra son muy poco confiables, y siempre discutidas. Para citar al historiador estadísitico Matthew White (*Atrocities: The 100 Deadliest Episodes in Human History*, W. W. Norton, 2013): "Las cifras sobre las que la gente discute son las de bajas". Aquí, 2.2 millones es la suma de bajas y pérdidas enlistadas en la entrada de Wikipedia "Strategic Bombing During World War II" (http://bit.ly/WW2bombing), que refleja el consenso de los historiadores: 60,595 civiles británicos; 160,000 aviadores en Europa; más de 500,000 civiles soviéticos; 67,078 civiles franceses muertos por bombardeos estadunidenses-británicos; 260,000 civiles chinos; 305,000-600,000 civiles en Alemania, incluidos trabajadores extranjeros; 330,000-500,000 civiles japoneses; 50,000 italiano muertos por bombardeos aliados. Sumar estas cifras y tomar las más altas en intervalos arroja un total de 2,197,673. Las fuentes de estas cantidades (todas las cuales se enlistan en la entrada referida) son John Keegan, *The Second World War*, Random House, 1989; André Corvisier *et al.*, *A Dictionary of Military History and the Art of War,* Wiley-Blackwell, 1994, y Matthew White, *Historical Atlas of the Twentieth Century*, 2003.

31. Esta cifra se basa en la eficiencia de las armas alemanas 88 mm, o "las

ochenta y ocho", para destruir Boeing B-17 Flying Fortresses, la cual era de 2,805 proyectiles por bombardero destruido. Edward B. Westermann, *Flak: German Anti-Aircraft Defenses, 1914-1945*, University Press of Kansas, 2001, citado en Wikipedia, en http://bit.ly/surfacetoairmissiles.

32. Demostraciones del SR-72 podrían comenzar en 2018, con vuelos iniciales en 2023 y pleno servicio en 2030, de acuerdo con Brad Leland, gerente de cartera de Lockheed para tecnologías hipersónicas de respiración de aire, en Guy Norris, *Skunk Works Reveals SR-71 Successor Plan*, Springer-Verlag, Nueva York, 2013.

Capítulo 9. Adiós, genio

1. Galton recomienda el sombrero "de ala muy ancha" en su libro *The Art of Travel* (1872): "Observo que los antiguos viajeros en países tanto cálidos como templados adoptaron en general un 'muy abierto' moderado, así que supongo que él usó uno. Al muy abierto también se le conoce como 'sombrero cuáquero'". Imágenes en http://bit.ly/wideawakehat.

2. Comentarios tomados de Francis Galton, *op. cit.* Por ejemplo: "Toma de comida: al llegar a un campamento, los nativos comúnmente huyen atemorizados. Si uno tiene hambre, o está en seria necesidad de cualquier cosa que ellos tengan, irrumpe osadamente en sus chozas, toma lo que quiere y deja un pago más que adecuado. Es absurdo ser demasiado escrupuloso en estos casos".

3. Tomado de la tabla de clasificación EC, o EUROP, en "Beef Carcase Classification Scheme", de la U.K. Rural Payments Agency, disponible en http://bit.ly/carcase.

4. Francis Galton, *Hereditary Genius*, Macmillan, 1869.

5. De acuerdo con el estudio Global Burden of Disease 2010 (Haidong Wang *et al.*, "Age-Specific and Sex-Specific Mortality in 187 Countries, 1970-2010: A Systematic Analysis for the Global Burden of Disease Study 2010", *The Lancet*, vol. 380, núm. 9859, 2013, pp. 2071-2094), la esperanza de vida mundial promedio es de 67.5 para los hombres y 73.3 para las mujeres. El promedio no ponderado de estos dos valores es 70.4, que se redondea en 70.

6. Citas tomadas de Thomas Robert Malthus, *An Essay on the Principle of Population*, Dent, 1973 [1798].

7. Véase Stephen Devereux, *Famine in the Twentieth Century*, Institute of Development Studies, Brighton, 2000, para un estudio completo de la hambruna en el siglo XX.

8. Datos tomados de Steven Pinker, *The Better Angels of Our Nature: Why Violence Has Declined*, Viking, 2010, que se basa en P. Brecke, "The Conflict Dataset: 1400 a.d.-Present", *Georgia Institute of Technology*, 1999; William J. Long *et al.*, *War and Reconciliation: Reason and Emotion in Conflict Resolution*, MIT Press, 2003, y Colin McEvedy *et al.*, *Atlas of World Population History*, Penguin Books, Harmondsworth, 1978.

BIBLIOGRAFÍA

Adams, Douglas, *Life, the Universe and Everything (Hitchhiker's Guide to the Galaxy)*, Random House, edición Kindle, 2008.

Albini, Adriana, Francesca Tosetti, Vincent W. Li, Douglas M. Noonan y William W. Li, "Cancer Prevention by Targeting Angiogenesis", *Nature Reviews Clinical Oncology*, vol. 9, núm. 9, 2012, pp. 498-509.

Allen, Nicola J. y Ben A. Barres, "Neuroscience: Glia —More Than Just Brain Glue", *Nature*, vol. 457, núm. 7230, 2009, pp. 675-677.

Allen, Walter Ernest (ed.), *Writers on Writing*, Phoenix House, 1948.

Altman, Lawrence K., "A Scientist, Gazing Toward Stockholm, Ponders 'What If?'", *New York Times*, 6 de diciembre de 2005.

Amabile, Teresa M., *Creativity and Innovation in Organizations*, Harvard Business School Publishing, 1996.

——, *Creativity in Context: Update to "The Social Psychology of Creativity"*, Westview Press, 1996.

——, *How to Kill Creativity*, Harvard Business School Publishing, 1998.

——, "Motivating Creativity in Organizations: On Doing What You Love and Loving What You Do", *California Management Review*, vol. 40, núm. 1, 1997.

——, "Motivational Synergy: Toward New Conceptualizations of Intrinsic and Extrinsic Motivation in the Workplace", *Human Resource Management Review*, vol. 3, núm. 3, 1993, pp. 185-201.

——, "The Social Psychology of Creativity: A Componential Conceptualization", *Journal of Personality and Social Psychology*, vol. 45, núm. 2, 1983, p. 357.

Amabile, Teresa M., Sigal G. Barsade, Jennifer S. Mueller y Barry M. Staw, "Affect and Creativity at Work", *Administrative Science Quarterly*, vol. 50, núm. 3, 2005, pp. 367-403.

Amabile, Teresa M., Regina Conti, Heather Coon, Jeffrey Lazenby y Michael Herron, "Assessing the Work Environment for Creativity", *Academy of Management Journal*, vol. 39, núm. 5, 1996, pp. 1154-1184.

Amabile, Teresa M., Beth A. Hennessey y Barbara S. Grossman, "Social Influences on Creativity: The Effects of Contracted-for Reward", *Journal of Personality and Social Psychology*, vol. 50, núm. 1, 1986, p. 14.

Amabile, Teresa M., Karl G. Hill, Beth A. Hennessey y Elizabeth M. Tighe, "The Work Preference Inventory: Assessing Intrinsic and Extrinsic Motivational Orientations", *Journal of Personality and Social Psychology*, vol. 66, núm. 5, 1994, p. 950.

Antoniou, Anthony, P. D. P. Pharoah, Steven Narod, Harvey A. Risch, Jorunn E. Eyfjord, J. L. Hopper, Niklas Loman, Håkan Olsson, O. Johannsson y Åke Borg, "Average Risks of Breast and Ovarian Cancer Associated with BRCA1 or BRCA2 Mutations Detected in Case Series Unselected for Family History: A Combined Analysis of 22 Studies", *The American Journal of Human Genetics*, vol. 72, núm. 5, 2003, pp. 1117-1130.

Aristóteles, *Nicomachean Ethics*, trad. de Robert C. Bartlett y Susan D. Collins, University of Chicago Press, 2011.

Arnold, Lois B., "The Bascom-Goldschmidt-Porter Correspondence: 1907 to 1922", *Earth Sciences History*, vol. 12, núm. 2, 1993, pp. 196-223.

Ashby, Ross, *Design for a Brain*, John Wiley, 1952.

Associated Press, "Jap Reception Center Nears Completion", 4 de abril de 1942. University of California Japanese American Relocation Digital Archive Photograph Collection, http://bit.ly/japreception.

Authier, André, *Early Days of X-Ray Crystallography*, Oxford University Press, 2013.

Bailey, Brian P. y Joseph A. Konstan, "On the Need for Attention-Aware Systems: Measuring Effects of Interruption on Task Performance, Error Rate, and Affective State", *Computers in Human Behavior*, vol. 22, núm. 4, 2006, pp. 685-708.

Barres, Ben A., "The Mystery and Magic of Glia: A Perspective on Their Roles in Health and Disease", *Neuron*, vol. 60, núm. 3, 2008, pp. 430-440.

Barrows, David Prescott, *The Ilongot or Ibilao of Luzon*, Science Press, 1910.

Bartolomei, F., E. Barbeau, M. Gavaret, M. Guye, A. McGonigal, J. Regis y P. Chauvel, "Cortical Stimulation Study of the Role of Rhinal Cortex in Deja Vu and Reminiscence of Memories", *Neurology*, vol. 63, núm. 5, 2004, pp. 858-864.

Bates, Brian R., "Coleridge's Letter from a 'Friend' in Chapter 13 of the Biographia Literaria", ponencia presentada en la Rocky Mountain Modern Language Association (RMMLA) Conference, Boulder, 11-13 de octubre de 2012.

Baum, L. Frank, *The Wonderful Wizard of Oz*, Oxford University Press, 2008.

Beckett, Samuel, *Worstward Ho*, John Calder, 1983.

Benfey, O. Theodore, "August Kekule and the Birth of the Structural Theory of Organic Chemistry in 1858", *Journal of Chemical Education*, núm. 35, 1958, p. 21.

Biello, David, "Fact or Fiction?: Archimedes Coined the Term 'Eureka!' in the Bath", *Scientific American*, 8 de diciembre de 2006.

Block, Melissa y Audie Cornish, "Why Woody Allen Is Always MIA at Oscars", en NPR, *All Things Considered*, 24 de febrero de 2012.

Boland, C. Richard, Guenter Krejs, Michael Emmett y Charles Richardson, "A Birthday Celebration for John S. Fordtran, MD", *Proceedings* (Baylor University Medical Center), vol. 25, núm. 3, julio de 2012, pp. 250-253.

Boston Evening Transcript, "Anthropologist Loses Life", 31 de marzo de 1909.

Bragg, William, *Concerning the Nature of Things*, 1925 (reimpr., Courier Dover Publications, 2004).

Brecke, P., "The Conflict Dataset: 1400 a.d.-Present", *Georgia Institute of Technology*, 1999.

Brewster, David, *Memoirs of the Life, Writings, and Discoveries of Sir Isaac Newton*, vol. 2, Edmonston and Douglas, 1860.

Bronowski, Jacob, *The Ascent of Man*, BBC Books, 2013.

Brooke, Alan y Lesley Kipling, *Liberty or Death: Radicals, Republicans and Luddites c. 1793-1823*, Workers History Publications, 1993.

Brown, Jonathon D. y Frances M. Gallagher, "Coming to Terms with Failure: Private Self-Enhancement and Public Self-Effacement", *Journal of Experimental Social Psychology*, vol. 28, núm. 1, 1992, pp. 3-22.

Brown, Marcel, "The 'Lost' Steve Jobs Speech from 1983; Foreshadowing Wireless Networking, the iPad, and the App Store", *Life, Liberty, and Technology*, 2 de octubre de 2012; http://lifelibertytech.com/2012/10/02/the-lost-steve-jobs-speech-from-1983-foreshadowing-wireless-networking-the-ipad-and-the-app-store/#.

Burks, Barbara, Dortha Jensen y Lewis Terman, *The Promise of Youth: Follow-up Studies of a Thousand Gifted Children*, vol. 3 de *Genetic Studies of Genius Volume*, Stanford University Press, 1930.

Burroughs, Edgar Rice, *A Princess of Mars*, 1917 (reimpr., eStar Books, 2012).

Burton, Robert, *On Being Certain: Believing You Are Right Even When You're Not*, St. Martin's Griffin, 2009.

Byers, Nina y Gary Williams, *Out of the Shadows: Contributions of Twentieth-Century Women to Physics*, Cambridge University Press, 2010.

Cain, Susan, *Quiet: The Power of Introverts in a World That Can't Stop Talking*, Broadway Books, 2013.

——, "The Rise of the New Groupthink", *New York Times*, 13 de enero de 2012.

Calhoun, Craig, "Robert K. Merton Remembered", *Footnotes: Newsletter of the American Sociological Society*, vol. 31, núm. 33, 2003; http://www.asanet.org/footnotes/mar03/indextwo.html.

Callahan, Michael P., Karen E. Smith, H. James Cleaves, Josef Ruzicka, Jennifer C. Stern, Daniel P. Glavin, Christopher H. House y Jason P. Dworkin, "Carbonaceous Meteorites Contain a Wide Range of Extraterrestrial Nucleobases", *Proceedings of the National Academy of Sciences*, vol. 108, núm. 34, 2011, pp. 13995-13998.

Cameron, Judy y W. David Pierce, "Reinforcement, Reward, and Intrinsic Motivation:

A Meta-Analysis", *Review of Educational Research*, vol. 64, núm. 3, 1994, pp. 363-423.

Cameron, Ken, *Vanilla Orchids: Natural History and Cultivation*, Timber Press, 2011.

Caneva, Kenneth L., "Possible Kuhns in the History of Science: Anomalies of Incommensurable Paradigms", *Studies in History and Philosophy of Science*, vol. 31, núm. 1, 2000, pp. 87-124.

Carmi, Shai, Ken Y. Hui, Ethan Kochav, Xinmin Liu, James Xue, Fillan Grady, Saurav Guha, Kinnari Upadhyay, Dan Ben-Avraham, Semanti Mukherjee, B. Monica Bowen, Tinu Thomas, Joseph Vijai, Marc Cruts, Guy Froyen, Diether Lambrechts, Stéphane Plaisance, Christine Van Broeckhoven, Philip Van Damme, Herwig Van Marck, Nir Barzilai, Ariel Darvasi, Kenneth Offit, Susan Bressman, Laurie J. Ozelius, Inga Peter, Judy H. Cho, Harry Ostrer, Gil Atzmon, Lorraine N. Clark, Todd Lencz y Itsik Pe'er, "Sequencing an Ashkenazi Reference Panel Supports Population-Targeted Personal Genomics and Illuminates Jewish and European Origins", *Nature Communications*, vol. 5, núm. 4835, 9 de septiembre de 2014.

Carruthers, Peter, "The Cognitive Functions of Language", *Behavioral and Brain Sciences*, vol. 25, núm. 6, 2002, pp. 657-674.

——, "Creative Action in Mind", *Philosophical Psychology*, vol. 24, núm. 4, 2011, pp. 437-461.

——, "Human Creativity: Its Cognitive Basis, Its Evolution, and Its Connections with Childhood Pretence", *British Journal for the Philosophy of Science*, vol. 53, núm. 2, 2002, pp. 225-249.

Carruthers, Peter y Peter K Smith, *Theories of Theories of Mind*, Cambridge University Press, 1996.

Carus-Wilson, E. M., "The English Cloth Industry in the Late Twelfth and Early Thirteenth Centuries", *Economic History Review*, vol. 14, núm. 1, 1944, pp. 32-50.

——, "An Industrial Revolution of the Thirteenth Century", *Economic History Review*, vol. 11, núm. 1, 1941, pp. 39-60.

Caselli, R. J., "Creativity: An Organizational Schema", *Cognitive and Behavioral Neurology*, vol. 22, núm. 3, 2009, pp. 143-154.

Chadwick, David, *Crooked Cucumber: The Life and Zen Teaching of Shunryu Suzuki*, Harmony, 2000.

Christner, Brent C., Cindy E. Morris, Christine M. Foreman, Rongman Cai y David C. Sands, "Ubiquity of Biological Ice Nucleators in Snowfall", *Science*, vol. 319, núm. 5867, 2008, p. 1214.

Chrysikou, Evangelia G., *When a Shoe Becomes a Hammer: Problem Solving as Goal-Derived, Ad Hoc Categorization*, tesis de doctorado, Temple University, 2006.

Cipolla, Carlo M., *Literacy and Development in the West*, Penguin Books, 1969.

Coleridge, Samuel Taylor, *Biographia Literaria*, 2 vols., Oxford University Press, 1907.

——, *The Complete Poetical Works of Samuel Taylor Coleridge*, 2 vols., edición Kindle, 2011.

——, *The Complete Poetical Works of Samuel Taylor Coleridge*, vols. i y ii, edición Kindle, 2011, dominio público.

"College Aide Ends Life", *New York Times*, 24 de febrero de 1940.

Collins, Randall, *Interaction Ritual Chains*, Princeton University Press, 2004.

——, "Interaction Ritual Chains, Power and Property: The Micro-Macro Connection as an Empirically Based Theoretical Problem", *Micro-Macro Link*, 1987, pp. 193-206.

——, "On the Microfoundations of Macrosociology", *American Journal of Sociology*, 1981, pp. 984-1014.

Cooke, Robert, Dr., *Folkman's War: Angiogenesis and the Struggle to Defeat Cancer*, Random House, 2001.

Comarow, Avery, "Best Children's Hospitals 2013-14: The Honor Roll", *U.S. News & World Report*, 10 de junio de 2014.

Cornell University Library, Division of Rare & Manuscript Collections, "How Did Mozart Compose?", 2002, http://rmc.library.cornell.edu/mozart/compose.htm.

——, "The Mozart Myth: Tales of a Forgery", 2002, http://rmc.library.cornell.edu/mozart /myth.htm.

Cornwell, Erin York, "Opening and Closing the Jury Room Door: A Sociohistorical Consideration of the 1955 Chicago Jury Project Scandal", *Justice System Journal*, vol. 31, núm. 1, 2010, pp. 49-73.

Corvisier, André y John Childs, *A Dictionary of Military History and the Art of War*, Wiley-Blackwell, 1994.

Costa, Marta D., Joana B. Pereira, Maria Pala, Verónica Fernandes, Anna Olivieri, Alessandro Achilli, Ugo A Perego, Sergei Rychkov, Oksana Naumova y Jiri Hatina, "A Substantial Prehistoric European Ancestry Amongst Ashkenazi Maternal Lineages", *Nature Communications*, núm. 4, 2013.

Cox, Catherine Morris, *The Early Mental Traits of Three Hundred Geniuses*, Stanford University Press, 1926.

Cramond, Bonnie, "The Torrance Tests of Creative Thinking: From Design Through Establishment of Predictive Validity", en Rena Faye Subotnik y Karen D. Arnold (eds.), *Beyond Terman: Contemporary Longitudinal Studies of Giftedness and Talent*, Greenwood Publishing Group, 1994.

Cropley, Arthur J., *More Ways Than One: Fostering Creativity*, Ablex Publishing, 1992.

Crowe, Cameron, "The True Life Confessions of Fleetwood Mac", *Rolling Stone*, núm. 235, 1977.

Csikszentmihalyi, Mihaly, *Creativity: Flow and the Psychology of Discovery and Invention*, Harper Perennial, 1996.

——, *Finding Flow: The Psychology of Engagement with Everyday Life*, Masterminds Series, Basic Books, 1998.

———, *Flow: The Psychology of Optimal Experience*, HarperPerennial Modern Classics, 2008.

Curie, Marie, "Radium and the New Concepts in Chemistry", discurso de aceptación del premio Nobel, 1911, http://www.nobelprize.org/nobelprizes/chemistry/laureates/1911/marie-curie-lecture.html.

Darwin, Charles, *The Variation of Animals and Plants Under Domestication*, John Murray, 1868.

Davis, Michael, *Street Gang: The Complete History of Sesame Street*, Penguin Books, 2009.

Descartes, René, *The Passions of the Soul*, Hackett, 1989.

Dettmer, Peggy, "Improving Teacher Attitudes Toward Characteristics of the Creatively Gifted", *Gifted Child Quarterly*, vol. 25, núm. 1, 1981, pp. 11-16.

Devereux, Stephen, *Famine in the Twentieth Century*, Institute of Development Studies, Brighton, 2000.

Dickens, Charles, *A Christmas Carol*, Simon and Schuster, 1843.

Dickens, Charles y Gilbert Ashville Pierce, *The Writings of Charles Dickens: Life, Letters, and Speeches of Charles Dickens; with Biographical Sketches of the Principal Illustrators of Dicken's Works*, vol. 30, Houghton, Mifflin and Company, 1894.

Dietrich, Arne y Riam Kanso. "A Review of Eeg, Erp, and Neuroimaging Studies of Creativity and Insight", *Psychological Bulletin*, vol. 136, núm. 5, 2010, p. 822.

Dolan, Kerry A., "Inside Inventionland", *Forbes*, vol. 178, núm. 11, 2006, p. 70 ss.

Dorfman, Jennifer, Victor A. Shames y John F. Kihlstrom, "Intuition, Incubation, and Insight: Implicit Cognition in Problem Solving", *Implicit Cognition*, 1996, pp. 257-296.

Dostoievski, Fiódor y Anna Grigoryevna Dostoievskaya, *Dostoievsky: Letters and Reminiscences*, Books for Libraries Press, 1971.

Douglas, Edward, "A Chat with Frank Oz", ComingSoon.net., 10 de agosto de 2007, http://www.comingsoon.net/news/movienews.php?id=23056.

Douglass, A. E., "The Illusions of Vision and the Canals of Mars", 1907.

Downes, Larry y Paul Nunes, *Big Bang Disruption: Strategy in the Age of Devastating Innovation*, Portfolio, 2014.

Doyle, Arthur Conan, *The Complete Sherlock Holmes*, Conan Doyle Estate, 1877 (reimpr., Complete Works Collection, 2011).

Drew, Trafton, Karla Evans, Melissa L.-H. Võ, Francine L. Jacobson y Jeremy M. Wolfe, "Informatics in Radiology: What Can You See in a Single Glance and How Might This Guide Visual Search in Medical Images?", *Radiographics*, vol. 33, núm. 1, 2013, pp. 263-274.

Drew, Trafton, Melissa L.-H. Võ y Jeremy M. Wolfe, "The Invisible Gorilla Strikes Again: Sustained Inattentional Blindness in Expert Observers", *Psychological Science*, vol. 24, núm. 9, 2013, pp. 1848-1853.

Drews, Frank A., "Profiles in Driver Distraction: Effects of Cell Phone Conversations on Younger and Older Drivers", *Human Factors: The Journal of the Human Factors and Ergonomics Society*, vol. 46, núm. 4, 2004, pp. 640-649.

Driscoll, Carlos A., Marilyn Menotti-Raymond, Alfred L. Roca, Karsten Hupe, Warren E. Johnson, Eli Geffen, Eric H. Harley, Miguel Delibes, Dominique Pontier, Andrew C. Kitchener, Nobuyuki Yamaguchi, Stephen J. O'Brien y David W. Macdonald, "The Near Eastern Origin of Cat Domestication", *Science*, vol. 317, núm. 5837, 2007, pp. 519-523.

Duncker, Karl, *On Problem-Solving*, trad. de Lynne S. Lees, *Psychological Monographs*, núm. 58, 1945, pp. i-113.

——, "Ethical Relativity? (An Enquiry into the Psychology of Ethics)", *Mind*, 1939, pp. 39-57.

——, "The Influence of Past Experience upon Perceptual Properties", *The American Journal of Psychology*, 1939, pp. 255-265.

Duncker, Karl e Isadore Krechevsky, "On Solution-Achievement", *Psychological Review*, vol. 46, núm. 2, 1939, p. 176.

Dunnette, Marvin D., John Campbell y Kay Jaastad, "The Effect of Group Participation on Brainstorming Effectiveness for 2 Industrial Samples", *Journal of Applied Psychology*, vol. 47, núm. 1, 1963, p. 30.

Eckberg, Douglas Lee y Lester Hill Jr., "The Paradigm Concept and Sociology: A Critical Review", *American Sociological Review*, 1979, pp. 925-937.

Ecott, Tim, *Vanilla: Travels in Search of the Ice Cream Orchid*, Grove Press, 2005.

Edwards, Robert, "What the Neuron Tells Glia", *Neuron*, vol. 61, núm. 6, 2009, pp. 811-812.

Ehrenburg, Ilya, *Life of the Automobile*, Serpent's Tail, 1929.

Einstein, Albert, "Fundamental Ideas and Problems of the Theory of Relativity", *Les Prix Nobel 1922* (1923), pp. 482-490.

——, "How I Created the Theory of Relativity", discurso pronunciado en Kioto, 14 de diciembre de 1922, trad. de Yoshimasa A. Ono, *Physics Today*, vol. 35, núm. 8, 1982, pp. 45-47.

Eisen, Cliff y Simon P. Keefe, *The Cambridge Mozart Encyclopedia*, Cambridge University Press, 2007.

Eisenberger, Naomi I. y M. D. Lieberman, "Why Rejection Hurts: A Common Neural Alarm System for Physical and Social Pain", *Trends in Cognitive Sciences*, vol. 8, núm. 7, 2004, pp. 294-300.

Eisenberger, Naomi I. y Matthew D. Lieberman, "Why It Hurts to Be Left Out: The Neurocognitive Overlap Between Physical and Social Pain", en Kipling D. Williams, Joseph P. Forgas y William von Hippel (eds.), *In The Social Outcast: Ostracism, Social Exclusion, Rejection, and Bullying*, Routledge, 2005, pp. 109-130.

Eisenberger, Robert y Judy Cameron, "Detrimental Effects of Reward: Reality or Myth?", *American Psychologist*, vol. 51, núm. 11, 1996, p. 1153.

Eisenberger, Robert, W. David Pierce y Judy Cameron, "Effects of Reward on Intrinsic Motivation —Negative, Neutral, and Positive: Comment on Deci,

Koestner, and Ryan (1999)", *Psychological Bulletin*, vol. 125, núm. 6, 1999, pp. 677-691.

Elias, Scott, *Origins of Human Innovation and Creativity*, vol. 16, Developments in Quaternary Science, Elsevier, 2012.

Eliot, Thomas Stearns, "Banquet Speech: December 10, 1948", en Horst Frenz (ed.), *Nobel Lectures, Literature 1901-1967*, Elsevier Publishing, 1969.

Emerson, Ralph Waldo, *Journals of Ralph Waldo Emerson, with Annotations*, University of Michigan Library, 1909.

Emling, Shelley, *Marie Curie and Her Daughters: The Private Lives of Science's First Family*, Palgrave Macmillan, 2013.

Epstein, Stephan R., "Craft Guilds, Apprenticeship, and Technological Change in Preindustrial", *Journal of Economic History*, vol. 58, núm. 3, 1998, pp. 684-713.

Ercin, A. Ertug, Maite Martinez Aldaya y Arjen Y. Hoekstra, "Corporate Water Footprint Accounting and Impact Assessment: The Case of the Water Footprint of a Sugar-Containing Carbonated Beverage", *Water Resources Management*, vol. 25, núm. 2, 2011, pp. 721-741.

Ergenzinger, Edward R., Jr., "The American Inventor's Protection Act: A Legislative History", *Wake Forest Intellectual Property Law Journal*, núm. 7, 2006, p. 145.

Eroglu, Cagla y Ben A. Barres, "Regulation of Synaptic Connectivity by Glia", *Nature*, vol. 468, núm. 7321, 2010, pp. 223-231.

Everly, George S., Jr. y Jeffrey M. Lating, *A Clinical Guide to the Treatment of the Human Stress Response*, Springer Series on Stress and Coping, Springer, 2002.

Feist, Gregory J., *The Psychology of Science and the Origins of the Scientific Mind*, Yale University Press, 2008.

Feldhusen, John F. y Donald J. Treffinger, "Teachers' Attitudes and Practices in Teaching Creativity and Problem-Solving to Economically Disadvantaged and Minority Children", *Psychological Reports*, vol. 37, núm. 3f, 1975, pp. 1161-1162.

Fermi, Laura y Gilberto Bernardini, *Galileo and the Scientific Revolution*, Dover, 2003.

Ferry, Georgina, *Dorothy Hodgkin: A Life*, Cold Spring Harbor Laboratory Press, 2000.

Festinger, Leon, *Conflict, Decision, and Dissonance*, Stanford University Press, 1964.

——, *A Theory of Cognitive Dissonance*, 1957 (reimpr., Stanford University Press, 1962).

——, "Cognitive Dissonance", *Scientific American*, vol. 207, núm. 4, 1962, pp. 92-102.

Festinger, Leon, Kurt W. Back y Stanley Schachter, *Social Pressures in Informal Groups: A Study of Human Factors in Housing*, Stanford University Press, 1950.

Festinger, Leon y James M. Carlsmith, "Cognitive Consequences of Forced

Compliance", *Journal of Abnormal and Social Psychology*, vol. 58, núm. 2, 1959, p. 203.

Festinger, Leon, Henry W. Riecken y Stanley Schachter, *When Prophecy Fails: A Social and Psychological Study of a Modern Group That Predicted the Destruction of the World*, Harper Torchbooks, 1956.

Fields, Rick, *How the Swans Came to the Lake*, Shambhala, 1992.

Flaherty, Alice Weaver, *The Midnight Disease: The Drive to Write, Writer's Block, and the Creative Brain*, Mariner Books, 2005.

Flournoy, Théodore, *From India to the Planet Mars: A Study of a Case of Somnambulism*, Harper & Bros., 1900.

Flynn, Francis J. y Jennifer A. Chatman, "Strong Cultures and Innovation: Oxymoron or Opportunity", en Cary L. Cooper, Sue Cartwright y P. Christopher Earley (eds.), *International Handbook of Organizational Culture and Climate*, Wiley, 2001, pp. 263-287.

Franklin, Rosalind E., "Location of the Ribonucleic Acid in the Tobacco Mosaic Virus Particle", *Nature*, vol. 177, núm. 4516, 1956, pp. 929-930.

——, "Structural Resemblance Between Schramm's Repolymerised A-Protein and Tobacco Mosaic Virus", *Biochimica et Biophysica Acta*, núm. 18, 1955, pp. 313-314.

——, "Structure of Tobacco Mosaic Virus", *Nature*, vol. 175, núm. 4452, 1955, p. 379.

Franklin, Rosalind E., Donald L. D. Caspar y Aaron Klug, "The Structure of Viruses as Determined by X-Ray Diffraction", *Plant Pathology, Problems and Progress*, 1958, pp. 447-461.

Franklin, Rosalind E. y Barry Commoner, "Abnormal Protein Associated with Tobacco Mosaic Virus; X-Ray Diffraction by an Abnormal Protein (B8) Associated with Tobacco Mosaic Virus", *Nature*, núm. 4468, 1955, p. 1076.

Franklin, Rosalind E. y A. Klug. "The Nature of the Helical Groove on the Tobacco Mosaic Virus Particle X-Ray Diffraction Studies", *Biochimica et Biophysica Acta* 19, 1956, pp. 403-416.

——, "The Splitting of Layer Lines in X-Ray Fibre Diagrams of Helical Structures: Application to Tobacco Mosaic Virus", *Acta Crystallographica*, vol. 8, núm. 12, 1955, pp.777-780.

Freedberg, A. Stone y Louis E. Barron. "The Presence of Spirochetes in Human Gastric Mucosa", *American Journal of Digestive Diseases*, vol. 7, núm. 10, 1940, pp. 443-445.

Freeman, Karen, "Dr. Ian A. H. Munro, 73, Editor of the Lancet Medical Journal", *New York Times*, 3 de febrero de 1997.

Fuller, Steve, *Thomas Kuhn: A Philosophical History for Our Times*, University of Chicago Press, 2001.

Gabai-Kapara, Efrat, Amnon Lahad, Bella Kaufman, Eitan Friedman, Shlomo Segev, Paul Renbaum, Rachel Beeri, Moran Gal, Julia Grinshpun-Cohen, Karen Djemal, Jessica B. Mandell, Ming K. Lee, Uziel Beller, Raphael Catane, Mary-Claire King y Ephrat Levy-Lahad, "Population-Based Screening for Breast and Ovarian Cancer Risk Due to BRCA1 and BRCA2", *Proceedings of the National Academy of Sciences*, 5 de septiembre de 2014.

Galilei, Galileo, "La Bilancetta", en *Galileo and the Scientific Revolution*, 1961, pp. 133-143.

Galton, Francis, *The Art of Travel; or, Shifts and Contrivances Available in Wild Countries*, 1872, digitalizado el 29 de junio de 2006, Google Book.

——, *English Men of Science: Their Nature and Nurture*, D. Appleton, 1875.

——, *Hereditary Genius*, Macmillan, 1869.

——, *Inquiries into Human Faculty and Its Development*, Macmillan, 1883.

——, *Natural Inheritance*, Macmillan, 1889.

Gardner, Howard E., *Creating Minds: An Anatomy of Creativity Seen Through the Lives of Freud, Einstein, Picasso, Stravinsky, Eliot, Graham, and Gandhi*, Basic Books, 2011.

Garfield, Eugene, "A Different Sort of Great-Books List —the 50 20th-Century Works Most Cited in the Arts and Humanities Citation Index, 1976-1983", *Current Contents*, núm. 16, 1987, pp. 3-7.

Getzels, Jacob W. y Philip W. Jackson, *Creativity and Intelligence: Explorations with Gifted Students*, Wiley, 1962, pp. xvii, 293.

Glasser, William, *Positive Addiction*, Harper & Row, Nueva York, 1976.

——, "Positive Addiction", *Journal of Extension*, mayo-junio de 1977, pp. 4-8.

——, "Promoting Client Strength Through Positive Addiction", *Canadian Journal of Counselling and Psychotherapy/Revue Canadienne de Counseling et de Psychothérapie*, vol. 11, núm. 4, 2012.

Gleick, James, "The Paradigm Shifts", *New York Times Magazine*, 29 de diciembre de 1996.

Glucksberg, Sam, "The Influence of Strength of Drive on Functional Fixedness and Perceptual Recognition", *Journal of Experimental Psychology*, vol. 63, núm. 1, 1962, p. 36.

Glynn, Jenifer, *My Sister Rosalind Franklin: A Family Memoir*, Oxford University Press, 2012.

Gonzales, Laurence, *Deep Survival: Who Lives, Who Dies, and Why*, W. W. Norton, 2004.

Gould, Stephen Jay, *Ever Since Darwin*, W. W. Norton, 1977.

Groot, Adriaan de, *Thought and Choice in Chess. Psychological Studies*, Mouton De Gruyter, 1978.

Guralnick, Peter, *Searching for Robert Johnson*, Dutton Adult, 1989.

Hadamard, Jacques, *The Mathematician's Mind*, Princeton University Press, 1996.

Haines, Catharine M. C., *International Women in Science: A Biographical Dictionary to 1950*, ABC-CLIO, 2001.

Ham, Denise, *Marie Sklodowska Curie: The Woman Who Opened the Nuclear Age*, 21st Century Science Associates, 2002.

Hansen, Amy, "Lyrics of Rap and Lines of Stage Help Mattapan Teen Turn to Better Life", *Boston Globe*, 5 de diciembre de 2012.

Harbluk, Joanne L., Y. Ian Noy y Moshe Eizenman, *The Impact of Cognitive Distraction on Driver Visual Behaviour and Vehicle Control,* Transport Canada, 2002, http://www.tc.gc.ca/motorvehiclesafety/tp/tp13889/pdf/tp1389es.pdf.

Harlow, Harry F., "Learning and Satiation of Response in Intrinsically Motivated Complex Puzzle Performance by Monkeys", *Journal of Comparative and Physiological Psychology,* vol. 43, núm. 4, 1950, p. 289.

———, "The Nature of Love", *American Psychologist,* vol. 13, núm. 12, 1958, p. 673.

Harlow, Harry F., Margaret Kuenne Harlow y Donald R. Meyer, "Learning Motivated by a Manipulation Drive", *Journal of Experimental Psychology,* vol. 40, núm. 2, 1950, p. 228.

Hegel, Georg Wilhelm Friedrich, *The Philosophy of History,* trad. de J. Sibree, Courier Dover Publications, 2004.

Heidegger, Martin, *The Principle of Reason. Studies in Continental Thought,* Indiana University Press, 1956.

Heider, F., *The Psychology of Interpersonal Relations,* Psychology Press, 1958.

Heilman, Kenneth M., *Creativity and the Brain,* Psychology Press, 2005.

Hélie, Sebastien y Ron Sun, "Implicit Cognition in Problem Solving", en Sebastien Helie (ed.), *The Psychology of Problem Solving: An Interdisciplinary Approach,* Nova Science Publishing, 2012.

———, "Incubation, Insight, and Creative Problem Solving: A Unified Theory and a Connectionist Model", *Psychological Review,* vol. 117, núm. 3, 2010, p. 994.

Hennessey, B. A. y T. M. Amabile, "Creativity", *Annual Review of Psychology,* núm. 61, 2010, pp. 569-598.

Hennessey, Beth A. y Teresa M. Amabile, *Creativity and Learning (What Research Says to the Teacher),* National Education Association, 1987.

Heppenheimer, T. A., *First Flight: The Wright Brothers and the Invention of the Airplane,* Wiley, 2003.

Hill, John Spencer, *A Coleridge Companion: An Introduction to the Major Poems and the "Biographia Literaria",* Prentice Hall College Division, 1984.

Hollander, Jason, "Renowned Columbia Sociologist and National Medal of Science Winner Robert K. Merton Dies at 92", *Columbia News: The Public Affairs and Record Home Page,* 5 de febrero de 2003, http://www.columbia.edu/cu/news/03/02/robertKMerton.html.

Holmes, Chris E., Jagoda Jasielec, Jamie E. Levis, Joan Skelly y Hyman B. Muss, "Initiation of Aspirin Therapy Modulates Angiogenic Protein Levels in Women with Breast Cancer Receiving Tamoxifen Therapy", *Clinical and Translational Science,* vol. 6, núm. 5, 2013, pp. 386-390.

Holmes, K. C. y Rosalind E. Franklin, "The Radial Density Distribution in Some Strains of Tobacco Mosaic Virus", *Virology,* vol. 6, núm. 2, 1958, pp. 328-336.

Hope, Jack, "A Better Mousetrap", *American Heritage,* octubre de 1996, pp. 90-97.

Hornaday, Anna, "Woody Allen on 'Rome', Playing Himself and Why He Skips the Oscars", *Washington Post,* 28 de junio de 2012.

Hume, David, *An Enquiry Concerning Human Understanding*, Oxford Philosophical Texts, Oxford University Press, 1748.

Huxley, Aldous, *Texts and Pretexts: An Anthology with Commentaries*, 1932
(reimpr., Greenwood, 1976).

Hyman, Ira E., S. Matthew Boss, Breanne M. Wise, Kira E. McKenzie y Jenna M.
Caggiano, "Did You See the Unicycling Clown? Inattentional Blindness While
Walking and Talking on a Cell Phone", *Applied Cognitive Psychology*, vol. 24,
núm. 5, 2010, pp. 597-607.

Isherwood, Christopher, *Goodbye to Berlin*, HarperCollins, 1939.

Ito, S., "Anatomic Structure of the Gastric Mucosa", *Handbook of Physiology*, núm.
2, 1967, pp. 705-741.

Iyer, Pico, "The Joy of Quiet", *New York Times*, 29 de diciembre de 2011.

Jackson, Philip W., *Life in Classrooms*, Teachers College Press, 1968.

——, "The Student's World", *Elementary School Journal*, 1966, pp. 345-357.

Jahn, Otto, *Life of Mozart*, 3 vols., Cambridge Library Collection: Music, Cambridge University Press, 2013.

Jenkin, John, *William and Lawrence Bragg, Father and Son: The Most Extraordinary Collaboration in Science*, Oxford University Press, 2008.

Johnson, Clarence L., "Kelly" con Maggie Smith, *Kelly: More Than My Share of It
All*, Random House, 1990.

Jones, Brian Jay, *Jim Henson: The Biography*, Ballantine Books, 2013.

Jørgensen, Jes K., Cécile Favre, Suzanne E. Bisschop, Tyler L. Bourke, Ewine F. van
Dishoeck y Markus Schmalzl, "Detection of the Simplest Sugar, Glycolaldehyde, in a Solar-Type Protostar with Alma", *Astrophysical Journal Letters*, vol.
757, núm. 1, 2012, p. L4.

Kahn, Roger, *The Boys of Summer*, Harper Perennial Modern Classics, 1972.

Kahneman, Daniel, *Thinking, Fast and Slow*, Farrar, Straus and Giroux, 2013.

——, "Attention and Effort", Prentice-Hall, 1973.

——, "Don't Blink! The Hazards of Confidence", *New York Times*, 23 de octubre
de 2011.

Kahneman, Daniel y Gary Klein, "Conditions for Intuitive Expertise: A Failure to
Disagree", *American Psychologist*, vol. 64, núm. 6, 2009, p. 515.

Kahneman, Daniel y Amos Tversky, "Choices, Values, and Frames", *American
Psychologist*, vol. 39, núm. 4, 1984, p. 341.

——, "On the Psychology of Prediction", *Psychological Review*, vol. 80, núm. 4,
1973, p. 237.

——, "Subjective Probability: A Judgment of Representativeness", *Cognitive
Psychology*, vol. 3, núm. 3, 1972, pp. 430-454.

Kaufman, James C. y Robert J. Sternberg (eds.), *The Cambridge Handbook of Creativity Cambridge Handbooks in Psychology*, Cambridge University Press, 2010.

Keegan, John, *The Second World War*, Random House, 1989.

Kenning, Kaleene, "Ohabai Shalome Synagogue", Examiner.com, 2 de marzo de 2010.

Kepler, Johannes, *The Six-Cornered Snowflake*, Paul Dry Books, 1966.

Kidd, Mark e Irvin M. Modlin, "A Century of *Helicobacter pylori*", *Digestion*, vol. 59, núm. 1, 1998, pp. 1-15.

Kimble, Gregory A. y Michael Wertheimer, *Portraits of Pioneers in Psychology*, vol. 3, American Psychological Association, 1998.

King, Stephen, *Danse Macabre*, Gallery Books, 2010.

_____, *On Writing: A Memoir of the Craft*, Pocket Books, 2001.

Kleinmuntz, Benjamin, *Formal Representation of Human Judgment*, Carnegie Series on Cognition, John Wiley & Sons, 1968.

Kraybill, Donald B., Karen M. Johnson-Weiner y Steven M. Nolt, *The Amish*, Johns Hopkins University Press, 2013.

Kroger, S., B. Rutter, R. Stark, S. Windmann, C. Hermann y A. Abraham, "Using a Shoe as a Plant Pot: Neural Correlates of Passive Conceptual Expansion", *Brain Research*, núm. 1430, 2012, pp. 52-61.

Kruger, J. y D. Dunning, "Unskilled and Unaware of It: How Difficulties in Recognizing One's Own Incompetence Lead to Inflated Self-Assessments", *Journal of Personality and Social Psychology*, vol. 77, núm. 6, 1999, pp. 1121-1134.

Krützen, Michael, Janet Mann, Michael R. Heithaus, Richard C. Connor, Lars Bejder y William B. Sherwin, "Cultural Transmission of Tool Use in Bottlenose Dolphins", *Proceedings of the National Academy of Sciences of the United States of America*, vol. 102, núm. 25, 2005, pp. 8939-8943.

Kuhn, Thomas S., *Black-Body Theory and the Quantum Discontinuity, 1894-1912*, University of Chicago Press, 1987.

_____, *The Copernican Revolution: Planetary Astronomy in the Development of Western Thought*, Harvard University Press, 1992.

_____, *The Essential Tension: Selected Studies in Scientific Tradition and Change*, University of Chicago Press, 1977.

_____, *The Road Since Structure: Philosophical Essays, 1970-1993*, con una entrevista autobiográfica, University of Chicago Press, 2002.

_____, *The Structure of Scientific Revolutions*, 3a. ed., University of Chicago Press, 1996.

Lach-Szyrma, Wladyslaw Somerville, *Aleriel; or, A Voyage to Other Worlds. A Tale, Etc.*, 1883 (reimpr., British Library, Historical Print Editions, 2011).

Lakatos, Imre, Thomas S. Kuhn, W. N. Watkins, Stephen Toulmin, L. Pearce Williams, Margaret Masterman y P. K. Feyerabend, *Criticism and the Growth of Knowledge: Proceedings of the International Colloquium in the Philosophy of Science*, Londres, 1965, Cambridge University Press, 1970.

Langer, J. S., "Instabilities and Pattern Formation in Crystal Growth", *Reviews of Modern Physics*, vol. 52, núm. 1, 1980, p. 1.

Langton, Christopher G. y Katsunori Shimohara, *Artificial Life V: Proceedings of the Fifth International Workshop on the Synthesis and Simulation of Living Systems (Complex Adaptive Systems)*, A Bradford Book, 1997.

Laplace, Pierre-Simon, *Essai Philosophique sur les Probabilités*, Vve Courcier, 1814.

Largo, Michael, *God's Lunatics: Lost Souls, False Prophets, Martyred Saints, Murderous Cults, Demonic Nuns, and Other Victims of Man's Eternal Search for the Divine*, William Morrow Paperbacks, 2010.

Lawson, Carol, *Behind the Best Sellers: Stephen King*, Westview Press, 1979.

Lax, Eric, *Woody Allen: A Biography*, Da Capo Press, 2000.

——, *Conversations with Woody Allen*, Random House, 2009.

Lee, R. E., Jr., Gareth J. Warren y Lawrence V. Gusta, *Biological Ice Nucleation and Its Applications*, American Phytopathological Society, 1995.

Lehrer, Jonah, *Imagine: How Creativity Works*, Houghton Mifflin, 2012.

Lennard, Reginald, *Rural England, 1086-1135: A Study of Social and Agrarian Conditions*, Clarendon Press, Oxford, 1959.

——, "Early English Fulling Mills: Additional Examples", *Economic History Review*, vol. 3, núm. 3, 1951, pp. 342-343.

Libbrecht, Kenneth G., "Morphogenesis on Ice: The Physics of Snow Crystals", *Engineering and Science*, vol. 64, núm. 1, 2001, pp. 10-19.

Linde, Nancy, *Cancer Warrior*, transmitido el 27 de febrero de 2001, por PBS; escrito, producido y dirigido por Nancy Linde.

Lindsay, Kenneth C. y Peter Vergo (eds.), *Kandinsky: Complete Writings on Art*, Da Capo Press, 1994.

Long, William J. y Peter Brecke, *War and Reconciliation: Reason and Emotion in Conflict Resolution*, MIT Press, 2003.

Lowell, Percival, "Tores of Saturn", *Lowell Observatory Bulletin*, núm. 1, 1907, pp. 186-190.

Lucas, Adam, *Wind, Water, Work: Ancient and Medieval Milling Technology*, Koninklijke Brill, Leiden, 2006.

Lum, Timothy E., Rollin J. Fairbanks, Elliot C. Pennington y Frank L. Zwemer, "Profiles in Patient Safety: Misplaced Femoral Line Guidewire and Multiple Failures to Detect the Foreign Body on Chest Radiography", *Academic Emergency Medicine*, vol. 12, núm. 7, 2005, pp. 658-662.

Mack, Arien y Irvin Rock, *Inattentional Blindness*, A Bradford Book, 2000.

MacLeod, Hugh, *Ignore Everybody: And 39 Other Keys to Creativity*, Portfolio Hardcover, 2009.

Maddox, Brenda, *Rosalind Franklin: The Dark Lady of DNA*, Harper Perennial, 2003.

Malthus, Thomas Robert, *An Essay on the Principle of Population, as It Affects the Future Improvement of Society*, Dent, 1973.

Mankins, Michael, Chris Brahm y Gregory Caimi, "Your Scarcest Resource", *Harvard Business Review*, vol. 92, núm. 5, 2014, pp. 74-80.

Mann, Thomas, *Deutsche Ansprache: Ein Appell an die Vernunft (Llamado a la razón)*, S. Fischer, 1930.

Markel, Howard, "'I Have Seen My Death': How the World Discovered the X-Ray", *PBS NewsHour: The Rundown*, 20 de diciembre de 2012, http://www.pbs.org/news hour/rundown/i-have-seen-my-death-how-the-world-discovered-the-x-ray.

Marshall, Barry, *Helicobacter Pioneers: Firsthand Accounts from the Scientists Who Discovered Helicobacters, 1892-1982*, Wiley-Blackwell, 2002.

Marshall, Barry J. y J. Robin Warren, "Unidentified Curved Bacilli in the Stomach of Patients with Gastritis and Peptic Ulceration", *Lancet*, vol. 323, núm. 8390, 1984, pp. 1311-1315.

Martin, Douglas, "Robert Galambos, Neuroscientist Who Showed How Bats Navigate, Dies at 96", *New York Times*, 15 de julio de 2010.

Massey, Howard, *Behind the Glass: Top Record Producers Tell How They Craft the Hits*, Backbeat Books, 2000.

Masterman, Margaret, "The Nature of a Paradigm", en Imre Lakatos y Alan Musgrave (eds.), *Criticism and the Growth of Knowledge*, Cambridge University Press, 1970.

McEvedy, Colin y Richard Jones, *Atlas of World Population History*, Penguin Books, Harmondsworth, 1978.

McGraw, Kenneth O. y John C. McCullers, "Evidence of a Detrimental Effect of Extrinsic Incentives on Breaking a Mental Set", *Journal of Experimental Social Psychology*, vol. 15, núm. 3, 1979, pp. 285-294.

Merton, Robert K., *On the Shoulders of Giants: A Shandean Postscript*, University of Chicago Press, 1993.

——, "The Matthew Effect in Science", *Science*, vol. 159, núm. 3810, 1968, pp. 56-63.

——, "The Matthew Effect in Science, II: Cumulative Advantage and the Symbolism of Intellectual Property", *Isis*, 1988, pp. 606-623.

Metcalfe, Janet y David Wiebe, "Intuition in Insight and Noninsight Problem Solving", *Memory & Cognition*, vol. 15, núm. 3, 1987, pp. 238-246.

Meyer, Steven J., "Introduction: Whitehead Now", *Configurations*, núm. 13, 2005, pp. 1-33.

Mithen, Steven (ed.), *Creativity in Human Evolution and Prehistory*, Routledge, 2014.

——, *The Prehistory of the Mind: The Cognitive Origins of Art, Religion and Science*, Thames & Hudson, 1996.

Momsen, Bill, "Mariner IV: First Flyby of Mars: Some Personal Experiences", http://bit.ly/billmomsen, 2006.

Morozov, Evgeny, *To Save Everything, Click Here: The Folly of Technological Solutionism*, PublicAffairs, 2013.

Morris, James M., *On Mozart*, Woodrow Wilson Center Press/Cambridge University Press, 1994.

Mossberg, Walt, "The Steve Jobs I Knew", *AllThingsD*, 5 de octubre de 2012, http://allthingsd.com/20121005/the-steve-jobs-i-knew/.

Moszkowski, Alexander, *Conversations with Einstein*, Horizon Press, 1973.

Mueller, Jennifer S., Shimul Melwani y Jack A. Goncalo, "The Bias Against Creativity: Why People Desire but Reject Creative Ideas", *Psychological Science*, vol. 23, núm. 1, 2012, pp. 13-17.

Munro, Ian, "Pyloric Campylobacter Finds a Volunteer", *Lancet*, núm. 8436, 1985, pp. 1021-1022.

——, "Spirals and Ulcers", *Lancet*, núm. 8390, 1984, pp. 1336-1337.

Munro, John, "The Symbiosis of Towns and Textiles: Urban Institutions and the Changing Fortunes of Cloth Manufacturing in the Low Countries and England, 1270-1570", *Journal of Early Modern History*, vol. 3, núm. 3, 1999, pp. 1-74.

Munro, John H., "Industrial Energy from Water-Mills in the European Economy, 5th to 18th Centuries: The Limitations of Power", *University Library of Munich*, 2002.

Nakaya, Ukichiro, *Snow Crystals: Natural and Artificial*, Harvard University Press, 1954.

Neisser, Ulric y Nicole Harsch, "Phantom Flashbulbs: False Recollections of Hearing the News About Challenger", en Eugene Winograd y Ulric Neisser (eds.), *Affect and Accuracy in Recall: Studies of "Flashbulb" Memories*, Cambridge University Press, 1992, pp. 9-31.

Newell, Allen, J. Clifford Shaw y Herbert Alexander Simon, *The Processes of Creative Thinking*, Rand Corporation, 1959.

Newton, Isaac, I. Bernard Cohen y Marie Boas Hall, *Isaac Newton's Papers & Letters on Natural Philosophy and Related Documents*, Harvard University Press, 1978.

Nickles, Thomas, Thomas Kuhn, *Contemporary Philosophy in Focus*, Cambridge University Press, 2002.

Nisbett, Richard E. y Timothy D. Wilson, "Telling More Than We Can Know: Verbal Reports on Mental Processes", *Psychological Review*, vol. 84, núm. 3, 1977, p. 231.

Norris, Guy, *Skunk Works Reveals SR-71 Successor Plan*, Springer-Verlag, Nueva York, 2013.

Ochse, R. A., *Before the Gates of Excellence: The Determinants of Creative Genius*, Cambridge Greek and Latin Classics, Cambridge University Press, 1990.

Ogburn, William F. y Dorothy Thomas, "Are Inventions Inevitable? A Note on Social Evolution", *Political Science Quarterly*, vol. 37, núm. 1, marzo de 1922, pp. 83-98.

Olton, Robert M., "Experimental Studies of Incubation: Searching for the Elusive", *Journal of Creative Behavior*, vol. 13, núm. 1, 1979, pp. 9-22.

Olton, Robert M. y David M. Johnson, "Mechanisms of Incubation in Creative Problem Solving", *American Journal of Psychology*, 1976, pp. 617-630.

Osborn, Alex F., *Applied Imagination: Principles and Procedures of Creative Problem-Solving*, C. Scribner's Sons, 1957.

——, *How to Think Up*, McGraw-Hill, 1942.

Paine, Thomas, *The Age of Reason*, 1794 (reimpr., CreateSpace Independent Publishing Platform, 2008).

——, *Writings of Thomas Paine: (1779-1792), The Rights of Man*, vol. 2, 1791 (reimpr., 2013).

Pareto, Vilfredo, Arthur Livingston, Andrew Bongiorno y James Harvey Rogers, *A Treatise on General Sociology*, General Publishing Company, 1935.

Pearson, Barry Lee y Bill McCulloch, *Robert Johnson: Lost and Found. Music in American Life*, University of Illinois Press, 2003.

Pelham, R. A., "The Distribution of Early Fulling Mills in England and Wales", *Geography*, 1944, pp. 52-56.

Penn, D. C., K. J. Holyoak y D. J. Povinelli, "Darwin's Mistake: Explaining the Discontinuity Between Human and Nonhuman Minds", *Behavioral and Brain Sciences*, vol. 31, núm. 2, 2008, pp. 109-130.

Penrose, Roger y Martin Gardner, *Emperors New Mind: Concerning Computers, Minds, and the Laws of Physics*, Oxford University Press, 1989.

Pincock, Stephen, "Nobel Prize Winners Robin Warren and Barry Marshall", *Lancet*, vol. 366, núm. 9495, 2005, p. 1429.

Pinker, Steven, *The Better Angels of Our Nature: Why Violence Has Declined*, Viking, 2010.

Plath, Slyvia, *Journals of Sylvia Plath*, Dial Press, 1982.

Polión, Marco Vitruvio, *The Ten Books on Architecture*, Architecture Classics, 2013.

Pond, Steve, "Trey Parker and Matt Stone: The Playboy Interview", *Playboy*, vol. 457, núm. 7230, 2000, pp. 675-677.

Porter, Mary Winearls, *What Rome Was Built With: A Description of the Stones Employed in Ancient Times for Its Building and Decoration*, University of Michigan Library, 1907.

Price, Monica T., "The Corsi Collection in Oxford", *Corsi Collection of Decorative Stones*, página en internet del Oxford University Museum, http://www.oum.ox.ac.uk/corsi/about/oxford.

Pynchon, Thomas, "Is It O.K. to Be a Luddite?", *New York Times*, 28 de octubre de 1984.

Radack, David V., "Getting Inventorship Right the First Time", *JOM*, vol. 46, núm. 6, 1994, p. 62.

Rakauskas, Michael E., Leo J. Gugerty y Nicholas J. Ward, "Effects of Naturalistic Cell Phone Conversations on Driving Performance", *Journal of Safety Research*, vol. 35, núm. 4, 2004, pp. 453-464.

Ramsey, E. J., K. V. Carey, W. L. Peterson, J. J. Jackson, F. K. Murphy, N. W. Read, K. B. Taylor, J. S. Trier y J. S. Fordtran, "Epidemic Gastritis with Hypochlorhydria", *Gastroenterology*, vol. 76, núm. 6, 1979, pp. 1449-1457.

Read, J. Don y Darryl Bruce, "Longitudinal Tracking of Difficult Memory Retrievals", *Cognitive Psychology*, vol. 14, núm. 2, 1982, pp. 280-300.

Read, Leonard E., "I, Pencil", *Freeman*, diciembre de 1958, p. 32.

Renfrew, Colin y Iain Morley, *Becoming Human: Innovation in Prehistoric Material and Spiritual Culture*, Cambridge University Press, 2009.

Rensberger, Boyce, "David Krech, 68, Dies; Psychology Pioneer", *New York Times*, 16 de julio de 1977.

Rich, Ben R. y Leo Janos, *Skunk Works: A Personal Memoir of My Years at Lock-heed*, Little Brown, 1994.

Richardson, John, *A Life of Picasso*, vol. 2, *1907-1917: The Painter of Modern Life*, Random House, 1996.

Rietzschel, Eric F., Bernard A. Nijstad y Wolfgang Stroebe, "The Selection of Creative Ideas After Individual Idea Generation: Choosing Between Creativity and Impact", *British Journal of Psychology*, vol. 101, núm. 1, 2010, pp. 47-68.

Rosaldo, Michelle Zimbalist, *Knowledge and Passion*, Cambridge University Press, 1980.

Rothenberg, Albert, "Creative Cognitive Processes in Kekule's Discovery of the Structure of the Benzene Molecule", *American Journal of Psychology*, 1995, pp. 419-438.

Rubright, Linda, "D.Inc.tionary", *Medium*, 16 de febrero de 2013, https://medium.com/@deliciousday/d-inc-tionary-b8eed806fc6b.

Runco, Mark A., "Creativity Has No Dark Side", en David H. Cropley, Arthur J. Cropley, James C. Kaufman y Mark A. Runco (eds.), *The Dark Side of Creativity*, Cambridge University Press, 2010.

Rutter, B., S. Kroger, H. Hill, S. Windmann, C. Hermann y A. Abraham, "Can Clouds Dance? Part 2: An Erp Investigation of Passive Conceptual Expansion", *Brain and Cognition*, vol. 80, núm. 3, 2012, pp. 301-310.

"S.F. Clear of All But 6 Sick Japs", *San Francisco Chronicle*, 21 de mayo de 1942, http://www.sfmuseum.org/hist8/evac19.html.

Sawyer, R. Keith, *Explaining Creativity: The Science of Human Innovation*, Oxford University Press, 2012.

Schnall, Simone, *Life as the Problem: Karl Duncker's Context*, Psychology Today Tapes, 1999.

Schrödinger, Erwin, *What Is Life?: With Mind and Matter and Autobiographical Sketches*, Canto Classics, Cambridge University Press, 1944.

Seale, Jack, "The Joy of Difficult Second (or Third, or Twelfth) Albums", *Radio Times*, 17 de mayo de 2012.

Seger, Carol A., "How Do the Basal Ganglia Contribute to Categorization? Their Roles in Generalization, Response Selection, and Learning Via Feedback", *Neuroscience & Biobehavioral Reviews*, vol. 32, núm. 2, 2008, pp. 265-278.

Semmelweis, Ignaz, *The Etiology, Concept, and Prophylaxis of Childbed Fever*, 1859 (reimpr., University of Wisconsin Press, 1983).

Senzaki, Nyogen, *101 Zen Stories*, Kessinger Publishing, 1919.

Sheehan, William, *The Planet Mars: A History of Observation and Discovery*, University of Arizona Press, 1996.

Sheehan, William y Thomas Dobbins, "The Spokes of Venus: An Illusion Explained", *Journal for the History of Astronomy*, núm. 34, 2003, pp. 53-63.

Sheh, Alexander y James G Fox, "The Role of the Gastrointestinal Microbiome in *Helicobacter pylori* Pathogenesis", *Gut Microbes*, vol. 4, núm. 6, 2013, pp. 22-47.

Shepardson, George Defrees, *Electrical Catechism: An Introductory Treatise on Electricity and Its Uses*, McGraw-Hill, 1908.

Shurkin, Joel N., *Terman's Kids: The Groundbreaking Study of How the Gifted Grow Up*, Little Brown, 1992.

Sidowski, J. B. y D. B. Lindsley, "Harry Frederick Harlow: October 31, 1905-December 6, 1981", *Biographical Memoirs of the National Academy of Sciences*, núm. 58, 1988, pp. 219-257.

Simon, Herbert A., *Karl Duncker and Cognitive Science*, Springer, 1999.

Simon, Herbert A., Allen Newell y J. C. Shaw, "The Processes of Creative Thinking", Rand Corporation, 1959.

Simonton, Dean Keith, *Greatness: Who Makes History and Why*, Guilford Press, 1994.

———, *Origins of Genius: Darwinian Perspectives on Creativity*, Oxford University Press, 1999.

Simpson, Eileen, *Poets in Their Youth: A Memoir*, Noonday Press, 1982.

Smithgall, Elsa (ed.), *Kandinsky and the Harmony of Silence: Painting with White Border*, Phillips Collection, Yale University Press, 2011.

Snyder, Thomas D., *120 Years of American Education: A Statistical Portrait*, National Center for Education Statistics, 1993.

Sofroniew, Michael V. y Harry V. Vinters, "Astrocytes: Biology and Pathology", *Acta Neuropathologica*, vol. 119, núm. 1, 2010, pp. 7-35.

Spinoza, Benedictus de, *Ethics: Ethica Ordine Geometrico Demonstrata*, 1677 (reimpr., Floating Press, 2009).

Squire, Larry R., *The History of Neuroscience in Autobiography*, vol. 1, Academic Press, 1998.

Staw, Barry M., "Why No One Really Wants Creativity", *Creative Action in Organizations*, 1995, pp. 161-166.

Steinhäuser, Christian y Gerald Seifert, "Astrocyte Dysfunction in Temporal Lobe Epilepsy", *Epilepsia*, vol. 51, núm. s5, 2010, p. 54.

Strauss, David, "Percival Lowell, W. H. Pickering and the Founding of the Lowell Observatory", *Annals of Science*, vol. 51, núm. 1, 1994, pp. 37-58.

Strayer, David L. y Frank A. Drews, "Cell-Phone-Induced Driver Distraction", *Current Directions in Psychological Science*, vol. 16, núm. 3, 2007, pp. 128-131.

Strayer, David L., Frank A. Drews y Dennis J. Crouch, "A Comparison of the Cell Phone Driver and the Drunk Driver", *Human Factors: The Journal of the Human Factors and Ergonomics Society*, vol. 48, núm. 2, 2006, pp. 381-391.

Strayer, David L., Frank A. Drews y William A. Johnston, "Cell Phone-Induced Failures of Visual Attention During Simulated Driving", *Journal of Experimental Psychology: Applied*, vol. 9, núm. 1, 2003, p. 23.

Suzuki, Shunryu, *Zen Mind, Beginner's Mind*, 1970 (reimpr., Shambhala, 2011).

Syrotuck, William y Jean Anne Syrotuck, *Analysis of Lost Person Behavior*, Barkleigh Productions, 2000.

Takeuchi, H., Y. Taki, H. Hashizume, Y. Sassa, T. Nagase, R. Nouchi y R. Kawashima,

"The Association Between Resting Functional Connectivity and Creativity", *Cereb Cortex*, vol. 22, núm. 12, 2012, pp. 2921-2929.

———, "Cerebral Blood Flow During Rest Associates with General Intelligence and Creativity", *PLoS One*, vol. 6, núm. 9, 2011, p. e25532.

Taylor, Frederick Winslow, *The Principles of Scientific Management*, Harper, 1911.

Terman, Lewis, *Genetic Studies of Genius*, vol. 1, Stanford Press, 1925.

———, *Genetic Studies of Genius*, vol. 5, Stanford Press, 1967.

———, *Sex and Personality Studies in Masculinity and Femininity*, Shelley Press, 2007.

———, "Are Scientists Different?", *Scientific American*, núm. 192, 1955, pp. 25-29.

———, *Condensed Guide for the Stanford Revision of the Binet-Simon Intelligence Tests*, Nabu Press, 2010.

———, "Genius and Stupidity: A Study of Some of the Intellectual Processes of Seven 'Bright' and Seven 'Stupid' Boys", *The Pedagogical Seminary*, vol. 13, núm. 3, 1906.

———, *The Intelligence of School Children: How Children Differ in Ability, the Use of Mental Tests in School Grading and the Proper Education of Exceptional Children*, Riverside Textbooks in Education, Houghton Mifflin Company, 1919.

Terman, Lewis M. y M. A. Merrill, *Stanford-Binet Intelligence Scale*, Houghton Mifflin Company, 1960.

Terman, Lewis Madison y Maud A. Merrill, *Measuring Intelligence: A Guide to the Administration of the New Revised Stanford-Binet Tests of Intelligence*, Riverside Textbooks in Education, Houghton Mifflin, 1937.

Terman, Lewis y Melita Oden, *The Gifted Child Grows Up: Twenty-Five Years' Follow-up of a Superior Group*, vol. 4 de *Genetic Studies of Genius*, Stanford University Press, 1947.

Terman, Lewis M. y Melita H. Oden, *The Gifted Group at Mid-Life*, Stanford University Press, 1959.

Torrance, Ellis Paul, *Norms Technical Manual: Torrance Tests of Creative Thinking*, Ginn, 1974.

———, "The Creative Personality and the Ideal Pupil", *Teachers College Record*, vol. 65, núm. 3, 1963, pp. 220-226.

Towne, Henry R., "Engineer as Economist", *Transactions of the American Society of Mechanical Engineers*, núm. 7, 1886, pp. 425 y ss. (reimpr., *Academy of Management Proceedings*, vol. 1986, núm. 1, pp. 3-4).

Trabert, Britton, Roberta B. Ness, Wei-Hsuan Lo-Ciganic, Megan A. Murphy, Ellen L. Goode, Elizabeth M. Poole, Louise A. Brinton, Penelope M. Webb, Christina M. Nagle y Susan J. Jordan, "Aspirin, Nonaspirin Nonsteroidal Anti-Inflammatory Drug, and Acetaminophen Use and Risk of Invasive Epithelial Ovarian Cancer: A Pooled Analysis in the Ovarian Cancer Association Consortium", *Journal of the National Cancer Institute*, vol. 106, núm. 2, 2014, p. djt431.

Truzzi, Marcello, "On the Extraordinary: An Attempt at Clarification", *Zetetic Scholar*, vol. 1, núm. 11, 1978.

Tsé, Lao, *Tao Te Ching*, Vintage Books, 1972.

Tsoref, Daliah, Tony Panzarella y Amit Oza, "Aspirin in Prevention of Ovarian Cancer: Are We at the Tipping Point?", *Journal of the National Cancer Institute*, vol. 106, núm. 2, 2014, p. djt453.

Tversky, Amos y Daniel Kahneman, "Advances in Prospect Theory: Cumulative Representation of Uncertainty", *Journal of Risk and Uncertainty*, vol. 5, núm. 4, 1992, pp. 297-323.

———, "Availability: A Heuristic for Judging Frequency and Probability", *Cognitive Psychology*, vol. 5, núm. 2, 1973, pp. 207-232.

———, "The Framing of Decisions and the Psychology of Choice", *Science*, vol. 211, núm. 4481, 1981, pp. 453-458.

———, "Judgment Under Uncertainty: Heuristics and Biases", *Science*, vol. 185, núm. 4157, 1974, pp. 1124-1131.

———, "Loss Aversion in Riskless Choice: A Reference-Dependent Model", *Quarterly Journal of Economics*, vol. 106, núm. 4, 1991, pp. 1039-1061.

———, "Rational Choice and the Framing of Decisions", *Journal of Business*, 1986, pp. S251-S278.

Tyson, Neil deGrasse, "The Perimeter of Ignorance", *Natural History*, vol. 114, núm. 9, 2005.

———, "The Perimeter of Ignorance", charla adaptada de *Natural History Magazine*, pronunciada en la conferencia *Beyond Belief: Science, Religion, Reason and Survival*, Salk Institute for Biological Studies, La Jolla, California, 5 de noviembre de 2006, video en http://bit.ly/NdGTSalk.

Underwood, Geoffrey D. M., *Implicit Cognition*, Oxford University Press, 1996.

Unge, Peter, "*Helicobacter pylori* Treatment in the Past and in the 21st Century", en Barry Marshall (ed.), *Helicobacter Pioneers: Firsthand Accounts from the Scientists Who Discovered Helicobacter*, Wiley, 2002, pp. 203-213.

United States Presidential Commission on the Space Shuttle Challenger Accident, *Report to the President: Actions to Implement the Recommendations of the Presidential Commission on the Space Shuttle Challenger Accident*, National Aeronautics and Space Administration, 1986.

Vallerand, Robert J., "On the Psychology of Passion: In Search of What Makes People's Lives Most Worth Living", *Canadian Psychology/Psychologie Canadienne*, vol. 49, núm. 1, 2008, p. 1.

Vallerand, Robert J., Céline Blanchard, Geneviève A. Mageau, Richard Koestner, Catherine Ratelle, Maude Léonard, Marylene Gagné y Josée Marsolais, "Les Passions de l'Âme: On Obsessive and Harmonious Passion", *Journal of Personality and Social Psychology*, vol. 85, núm. 4, 2003, p. 756.

Vallerand, Robert J. y Nathalie Houlfort, "Passion at Work", en Stephen W. Gilliland, Dirk D. Steiner y Daniel P. Skarlicki (eds.), *Emerging Perspectives on Values in Organizations*, Information Age Publishing, 2003, pp. 175-204.

Vallerand, Robert J., Yvan Paquet, Frederick L. Philippe y Julie Charest, "On the Role of Passion for Work in Burnout: A Process Model", *Journal of Personality*, vol. 78, núm. 1, 2010, pp. 289-312.

Vallerand, Robert J., Sarah-Jeanne Salvy, Geneviève A. Mageau, Andrew J. Elliot, Pascale L. Denis, Frédéric M. E. Grouzet y Celine Blanchard, "On the Role of Passion in Performance", *Journal of Personality*, vol. 75, núm. 3, 2007, pp. 505-534.

Valsiner, Jaan (ed.), *Thinking in Psychological Science: Ideas and Their Makers*, Transaction Publishers, 2007.

Van Der Weyden, Martin B., Ruth M. Armstrong y Ann T. Gregory, "The 2005 Nobel Prize in Physiology or Medicine", *Medical Journal of Australia*, vol. 183, núms. 11-12, 2005, p. 612.

Vernon, P. E. (ed.), *Creativity: Selected Readings*, Penguin Books, 1970.

Vul, Edward y Harold Pashler, "Incubation Benefits Only After People Have Been Misdirected", *Memory & Cognition*, vol. 35, núm. 4, 2007, pp. 701-710.

Vygotsky, Lev S., *Mind in Society: The Development of Higher Psychological Processes*, Harvard University Press, 1980.

Wald, Elijah, *Escaping the Delta: Robert Johnson and the Invention of the Blues*, Amistad, 2004.

Wallace, Alfred Russel, *Is Mars Habitable? A Critical Examination of Professor Percival Lowell's Book "Mars and Its Canals," with an Alternative Explanation*, Macmillan, 1907.

——, *Man's Place in the Universe: A Study of the Results of Scientific Research in Relation to the Unity or Plurality of Worlds*, Chapman and Hall, 1904.

Wallace, David Foster, *This Is Water: Some Thoughts, Delivered on a Significant Occasion, About Living a Compassionate Life*, Little, Brown, 2009.

Wallas, Graham, *The Art of Thought*, Harcourt, Brace, 1926.

Wang, Doris D. y Angélique Bordey, "The Astrocyte Odyssey", *Progress in Neurobiology*, vol. 86, núm. 4, 2008, pp. 342-367.

Wang, Haidong, Laura Dwyer-Lindgren, Katherine T. Lofgren, Julie Knoll Rajaratnam, Jacob R. Marcus, Alison Levin-Rector, Carly E. Levitz, Alan D. Lopez y Christopher J. L. Murray, "Age-Specific and Sex-Specific Mortality in 187 Countries, 1970-2010: A Systematic Analysis for the Global Burden of Disease Study 2010", *The Lancet*, vol. 380, núm. 9859, 2013, pp. 2071-2094.

Wardlow, Gayle Dean, *Chasin' That Devil Music: Searching for the Blues*, Backbeat Books, 1998.

Warren, Robin J., "Helicobacter: The Ease and Difficulty of a New Discovery", discurso de aceptación del premio Nobel, 8 de diciembre de 2005, http://www.nobelprize.org/nobel_prizes/medicine/laureates/2005/warren-lecture.pdf.

Weide, Robert B., *Woody Allen: A Documentary*, documental de PBS "American Masters" transmitido en televisión en 2011, disponible a petición expresa desde 2013.

Weinberg, Steven, "The Revolution That Didn't Happen", *New York Review of Books*, vol. 25, núm. 3, 1998, pp. 250-253.

Weisberg, Robert y Jerry M. Suls, "An Information-Processing Model of Duncker's Candle Problem", *Cognitive Psychology*, vol. 4, núm. 2, 1973, pp. 255-276.

Weisberg, Robert W., *Creativity: Beyond the Myth of Genius*, W. H. Freeman, 1993.

——, *Creativity: Genius and Other Myths*, Series of Books in Psychology, W. H. Freeman, 1986.

——, *Creativity: Understanding Innovation in Problem Solving, Science, Invention, and the Arts*, Wiley, 2006.

——, "On the 'Demystification' of Insight: A Critique of Neuroimaging Studies of Insight", *Creativity Research Journal*, vol. 25, núm. 1, 2013, pp. 1-14.

——, "Toward an Integrated Theory of Insight in Problem Solving", *Thinking & Reasoning*, 24 de febrero 2014, http://www.tandfonline.com/doi/abs/10.1080/13546783.2014.886625#.U9u-vYBdW61.

Weisskopf-Joelson, Edith y Thomas S. Eliseo, "An Experimental Study of the Effectiveness of Brainstorming", *Journal of Applied Psychology*, vol. 45, núm. 1, 1961, p. 45.

Werrell, Kenneth P., "The Strategic Bombing of Germany in World War II: Costs and Accomplishments", *Journal of American History*, vol. 73, núm. 3 diciembre de 1986, pp. 702-713.

Westby, Erik L. y V. L. Dawson, "Creativity: Asset or Burden in the Classroom?", *Creativity Research Journal*, vol. 8, núm. 1, 1995, pp. 1-10.

Westermann, Edward B., *Flak: German Anti-Aircraft Defenses, 1914-1945*, University Press of Kansas, 2001.

White, Matthew, *Atrocities: The 100 Deadliest Episodes in Human History*, W. W. Norton, 2013.

——, *Historical Atlas of the Twentieth Century*, Matthew White, 2003, http://users.erols.com/mwhite28/20centry.htm.

Whitehead, Alfred North, *Religion in the Making: Lowell Lectures 1926* (reimpr., Fordham University Press, 1996).

Whitson, Jennifer A. y Adam D. Galinsky, "Lacking Control Increases Illusory Pattern Perception", *Science*, vol. 322, núm. 5898, 2008, pp. 115-117.

Wolfram, Stephen, "The Personal Analytics of My Life", en blog de Stephen Wolfram, 8 de marzo de 2012, http://bit.ly/wolframanalytics.

Wozniak, Steve con Gina Smith, *iWoz: Computer Geek to Cult Icon; How I Invented the Personal Computer, Co-Founded Apple, and Had Fun Doing It*, W. W. Norton, 2007.

Wright, Orville y Wilbur Wright, *The Early History of the Airplane*, Dayton-Wright Airplane Company, 1922, https://archive.org/details/earlyhistoryofai00wrigrich.

Young, Kristie, Michael Regan y M. Hammer, "Driver Distraction: A Review of the Literature", en *Distracted Driving*, Australasian College of Road Safety, 2007, pp. 379-405.

Yule, Sarah S. B., *Borrowings: A Collection of Helpful and Beautiful Thoughts*, Dodge Publishing, Nueva York, 1889.

Zaslaw, Neal, "Recent Mozart Research and Der neue Köchel", en *Musicology and Sister Disciplines: Past, Present, Future. Proceedings of the 16th International Congress of the International Musicological Society, Londres, 1997*, Oxford University Press, 2000.

———, "Mozart as a Working Stiff", ensayo publicado en la página en internet "Apropos Mozart", 1994, http://bit.ly/zaslaw.

Zemlo, Tamara R., Howard H. Garrison, Nicola C. Partridge y Timothy J. Ley, "The Physician-Scientist: Career Issues and Challenges at the Year 2000", *FASEB Journal*, vol. 14, núm. 2, 2000, pp. 221-230.

Zepernick, Bernhard y Wolfgang Meretz, "Christian Konrad Sprengel's Life in Relation to His Family and His Time: On the Occasion of His 250th Birthday", *Willdenowia-Annals of the Botanic Garden and Botanical Museum Berlin-Dahlem*, vol. 31, núm. 1, 2001, pp. 141-152.

Zuckerman, Harriet, *Scientific Elite: Nobel Laureates in the United States*, Transaction Publishers, 1977.

Zuckerman, Harriet Anne, *Nobel Laureates in the United States: A Sociological Study of Scientific Collaboration*, tesis de doctorado, Columbia University, 1965.

ÍNDICE ANALÍTICO

Esta obra se imprimió y encuadernó
en el mes de septiembre de 2016,
en los talleres de Impregráfica Digital, S.A. de C.V.,
Av. Universidad 1330, Col. Del Carmen Coyoacán,
C.P. 04100, Coyoacán, Ciudad de México.